"十三五"
国家重点出版物出版规划项目

# 泛在网络服务安全理论与关键技术

## Service Security Theory and Key Technologies for Ubiquitous Network

李凤华　李晖　朱辉　著

U0240342

人民邮电出版社

北　京

## 图书在版编目（CIP）数据

泛在网络服务安全理论与关键技术 / 李凤华，李晖，
朱辉著. -- 北京：人民邮电出版社，2020.12
ISBN 978-7-115-55837-4

Ⅰ. ①泛… Ⅱ. ①李… ②李… ③朱… Ⅲ. ①计算机
网络—网络安全 Ⅳ. ①TP393.08

中国版本图书馆CIP数据核字 (2020) 第268238号

## 内 容 提 要

随着通信技术、网络技术和计算技术的持续演进与广泛应用，已形成包含因特网、移动互联网、物联网、卫星通信网/卫星互联网、天地一体化网络等异构互联的泛在网络环境。泛在网络具有开放性、异构性、移动性、动态性等特性，能提供不同层次的多样化和个性化的信息服务，实现了"万物互联、智慧互通"。本书系统阐述了泛在网络安全服务方面的相关理论、技术及应用。本书内容分为7章，首先介绍了泛在网络技术演化、安全挑战和泛在网络安全技术的研究进展，然后提出了数据按需汇聚与安全传输机制、高并发数据安全服务方法、实体身份认证与密钥管理机制和网络资源安全防护机制，最后展望了泛在网络安全服务的未来发展趋势。

本书可作为计算机、通信和网络安全领域的理论研究和工程技术人员，以及研究生和高年级本科生的参考书。

◆ 著　　　　李凤华　李　晖　朱　辉
　　责任编辑　王　夏
　　责任印制　陈　犇

◆ 人民邮电出版社出版发行　　北京市丰台区成寿寺路 11 号
　　邮编　100164　　电子邮件　315@ptpress.com.cn
　　网址　https://www.ptpress.com.cn
　　三河市中晟雅豪印务有限公司印刷

◆ 开本：700×1000　1/16
　　印张：19　　　　　　　　　2020 年 12 月第 1 版
　　字数：372 千字　　　　　　2020 年 12 月河北第 1 次印刷

定价：168.00 元

读者服务热线：(010)81055493　印装质量热线：(010)81055316
反盗版热线：(010)81055315
广告经营许可证：京东市监广登字 20170147 号

# 序

伴随着网络通信和计算技术的快速发展，催生了移动互联网、物联网等网络技术的规模应用，有力支持了网络连接的泛在化需求。网络规模的不断扩张、联网终端数量呈指数增长，有力促进了我国各个行业向数字化、网络化、智能化方向加速转型。为此，泛在网络中信息来源及信息自身是否可信与可靠，信息服务是否可控与安全，不仅是泛在网络发展的基础，更是数字经济快速发展的重要保证。

遵从信息系统的信息获取、信息传输、信息处理、信息利用的四要素经典模型，泛在网络的信息服务包括终端接入、信息汇聚、信息处理与信息服务 4 个核心环节。由于泛在网络具有开放性、异构性、移动性、多安全域等特点，因而带来了一些新的安全挑战，主要包括：泛在网络环境下的服务对象具有差异实体海量、用户角色多样、跨系统交互频繁、应用业务多元等特点，使得传统的认证机制难以直接满足差异化业务的海量用户/实体的安全认证需求；泛在网络中承载的各种数据流在安全性、实时性、能耗等方面的要求差异巨大，使得传统的无差异化安全传输难以支撑泛在网络环境下的高效服务；云计算、大数据处理成为泛在网络信息处理与服务的核心技术，海量用户高并发信息安全服务中的多业务/多算法/多密钥、业务随机交叉状态高效管理成为技术瓶颈；泛在网络环境下的网络资源具有跨平台跨域流转、多方协同共享、频繁访问传输和攻击途径多样等特点，传统的安全防护机制难以直接满足信息跨域流转过程中的受控共享和攻击快速检测的需求等。

本书作者针对上述安全挑战，指出了需要构建相应的处理机制加以解决，包括支持多角色实体跨域安全协同的差异化实体统一认证机制，针对泛在网络的差异化特性构造出数据流的按需汇聚与安全传输机制，支持并行运行算法的异步管理、多算法数据处理同步的高并发业务数据处理机制，支持细粒度延伸访问控制、资源安全隔离和威胁精准感知的网络资源安全防护机制等。为此，本书围绕数据汇聚与安全传输、高并发数据安全服务、实体身份认证与密钥管理、网络资源的安全防护等支撑泛在网络提供高效服务的重要基础技术，对其相关技术演化和研究现状进行梳理总结，介绍了异常数据监测与管理、数据汇聚与调度、数据安全传输、高并发数据处理、高性能安全业务按需服务、移动用户接入与切换认证、群组用户认证与切换、通用认证与密钥管理、访问控制、隔离机制和威胁检测的关键技术，并对未来发展趋势和研究方向进行了展望。

本书作者长期从事泛在网络安全服务方面的理论研究与应用开发，承担了多项该方向的国家重点研发计划、国家自然科学基金等国家重要科研项目，所形成的创新性成果经过体系化总结，凝练成为本书的核心内容。作者所取得的许多技术成果已经应用到天地一体化信息网络、高性能密码服务设备、加密数据库等相关产品中，取得了良好的应用效果，并获得过国家和省级科技奖励。因此，本书对从事泛在网络安全技术研究与实践的读者将会起到很好的指导作用。

2020 年 12 月

# 前 言

随着通信技术、网络技术和计算技术的持续演进和广泛应用，形成了包含因特网、移动互联网、物联网、卫星通信网/卫星互联网、天地一体化网络等异构互联的泛在网络环境。泛在网络具有开放性、异构性、移动性、动态性等特性，并与边缘计算、云计算等技术深度融合。在功能越来越强的智能终端的支持下，泛在网络环境能够提供不同层次的多样化和个性化的信息服务，实现"万物互联、智慧互通"，极大地推动人类社会发展，对社会、政治、经济、文化等领域具有重要战略意义。在泛在网络环境下，信息传播、服务提供、用户管理等面临着新的安全需求和挑战，其安全与可信可控已经上升为国家网络安全战略。

在泛在网络中提供服务时，传输链路承载的差异化数据流、服务端面临的海量用户高并发请求、用户频繁的跨系统跨安全域访问、信息数据的非受控共享等带来的安全性和可用性挑战是传统安全服务模式无法处理的，需要新的泛在网络服务安全技术体系对用户和资源进行高效管理，实现随时随地对无处不在的信息资源的安全访问。安全服务作为一种核心的信息安全技术体系，能够保证泛在环境下用户对各类资源按需、可靠、可信地获取与使用。本书以泛在网络下的数据安全汇聚与传输、高并发数据安全服务、实体身份认证与密钥管理、网络资源安全防护等研究为主线，结合作者多年的科研实践经验，从理论模型到实际应用，系统阐述了泛在网络服务安全相关理论与技术。

本书共 7 章，主要内容如下。

第 1 章概述了泛在网络技术演化与安全服务。系统总结了无线通信、网络互联和信息服务等技术的演化发展历程，对泛在网络的形成与服务面临的安全挑战进行了详细分析，归纳出数据流转、高并发服务、身份认证和资源防护面临的难题。

第 2 章概述了泛在网络安全技术进展。内容包括数据采集与处理、数据汇聚与传输、高并发数据处理、安全业务服务、实体身份认证与密钥管理、泛在网络下的访问控制和入侵检测等模型及相关技术的研究现状。

第 3 章阐述了数据按需汇聚与安全传输。从流量异常爆发检测、数据流识别、采集代理优化部署等环节阐述异常流量数据监测与管理关键技术；从数据汇聚、数据流调度等环节阐述数据汇聚与调度机制；从安全通信节点发现、数据伴随传输与接收、抗协议分析等角度阐述泛在网络环境中数据安全传输的高效方法。

第 4 章阐述了高并发数据安全服务。内容包括高并发业务数据的处理、算法数据处理的同步机制、并行运行算法的处理、线程级加解密运算的业务处理流程等方面的关键技术；阐述了高性能安全业务按需服务的实施方法，包括业务服务、数据存储、密钥迁移等。

第 5 章阐述了实体身份认证与密钥管理。内容包括移动用户接入与切换认证、群组用户认证与切换、通用认证与密钥管理等关键技术，形成了支持多角色实体跨域安全协同的差异化实体的统一认证机制，并结合应用场景给出了相关关键技术的应用示例。

第 6 章阐述了网络资源安全防护。从访问控制模型、延伸访问控制机制、访问冲突消解等方面阐述访问控制的关键技术；从网络隔离、虚拟机资源隔离、任务安全隔离等方面阐述隔离机制的主要方法；从网络系统漏洞风险评估、通用网络安全管理、入侵响应策略等方面阐述了威胁检测方法。

第 7 章阐述了泛在网络安全服务的未来发展趋势。从泛在网络数据安全流转、高并发数据安全服务、实体身份认证与密钥管理、网络资源安全防护这 4 个方面，结合最新技术发展对未来发展趋势和研究方向进行了展望。

本书内容系统且新颖，从泛在网络和服务模式的发展，到信息传播、服务提供、用户管理对泛在网络服务提出的新需求和新挑战，再到各种服务安全模型及其实施，并从理论方法、关键技术、实际应用角度全面阐述了泛在网络服务安全内涵。本书所介绍的部分内容在国家重大工程中得到应用，具有很好的实用性。

本书主要由李凤华研究员、李晖教授、朱辉教授完成，是作者团队多年来的研究成果。第 1 章主要由李晖、李凤华、朱辉完成，第 2 章主要由朱辉、郭云川研究员、曹进教授等完成，第 3 章主要由李凤华、李晖、朱辉、郭云川等完成，第 4 章主要由李凤华、李晖、谢绒娜副教授、耿魁副研究员等完成，第 5 章主要由李晖、曹进、朱辉等完成，第 6 章主要由李凤华、朱辉、房梁副研究员、郭云川、王震副教授等完成，第 7 章主要由李凤华、李晖、朱辉等完成。本书在编写过程中得到李子孚博士、李莉博士等，金伟博士生、陈黎丽博士生等，张月雷硕士生、钱东旭硕士生、高杨硕士生等的协助，在此表示衷心感谢！感谢人民邮电出版社的大力支持，感谢为本书出版付出辛勤工作的所有相关人员！

本书的出版得到国家自然科学基金通用联合基金项目（U1836203）、国家自然科学基金重点项目（61932015）、国家重点研发计划项目（2017YFB0802700、2017YFB0801800）、陕西省重点产业创新链项目（2019ZDLGY12-02）的支持和资助。

本书仅代表作者对泛在网络服务安全的理论与技术的观点，由于作者水平有限，书中难免有不妥之处，敬请各位读者赐教与指正！

李凤华

中国·北京

2020 年 10 月

# 目 录

# 第1章
# 泛在网络技术演化与安全服务

## 1.1 泛在网络技术的发展

### 1.1.1 无线通信技术发展

无线通信技术是泛在网络实现万物互联的基础。蜂窝移动通信技术、低功耗广域网（Low-Power Wide-Area Network，LPWAN）技术、近距离无线通信技术是3类典型的无线通信技术。

#### 1. 蜂窝移动通信技术

移动通信技术从无到有，其发展阶段在不同时期有不同特点。第一代移动通信技术（1G）标准制订于20世纪80年代，蜂窝无线电话系统主要使用模拟技术，通信带宽低，编码受限，机卡不分离，更换成本高。1G无线系统由于受到网络容量的限制，只能传输语音。

20世纪90年代中期，第二代移动通信技术（2G）开始兴起。2G使用了较先进的数字化方式传输，在传统通话功能的基础上，添加了收发短信的功能。在一些2G系统中也支持资料传输与传真，但因为速度缓慢，只适合传输信息量低的电子邮件等信息。与1G相比，2G系统具有带宽较大、机卡分离的特点，使手机得到广泛应用，促进了终端设备的发展。

2008年5月，国际电信联盟正式公布第三代移动通信技术（3G）标准，3G

能够同时传送声音及数据信息，能够支持高速数据传输的蜂窝移动通信。由于技术的进步，3G 技术具有较高的通话质量、较快的网络数据传输速度以及更大的系统容量。同时随着不同网络间的无缝漫游技术逐步成熟与普及，无线通信与互联网可以通过较稳定的方式连接起来，使用移动网络端的用户可以使用更多种类的高等级服务。

我国于 2001 年开始研发第四代移动通信技术（4G），并于 2011 年正式投入使用，4G 可以实现数据、音频、视频的快速传输。根据 ITU 的定义，4G 技术的鉴别标准是网络数据的传输速率可实现 1 Gbit/s，普通用户在具有较高移动速度下，传输速率可实现 100 Mbit/s。运营商从运营模式上认为 4G 不仅需要具有较好的兼容性，还需要较少的时延、更低的运营建设成本、更大的数据吞吐量以及可以抵御多种类型攻击的安全能力，满足用户的多种需求。从兼容角度评估，4G 应能与较多的参与方、多种类型的技术、多种行业的应用场景相融合。通信终端具有更多功能，支持多种类型的多媒体通信，具有较高的信息服务质量，向宽带无线化和无线宽带化演进，使人们能够随时随地使用。

第五代移动通信技术（5G）是最新一代蜂窝移动通信技术，其性能目标是提高数据速率、减少时延、节省能源、降低成本、提高系统容量和大规模设备连接。华为在 5G 研发方面处于领先地位，率先推出了 5G 多模芯片解决方案巴龙 5000，是全球首个提供端到端产品和解决方案的开发商。智慧能源、无线医疗、无线家庭娱乐、联网无人机、社交网络、个人 AI 辅助、智慧城市等诸多应用场景将逐一实现并彻底改变人类的生产生活方式，为社会进步与发展贡献强大的力量。

**2. 低功耗广域网技术**

LPWAN 主要解决智能设备分布区域广、各节点间距离远、通信量较小的场景，如智能抄表。目前主流 LPWAN 技术包括窄带物联网（Narrow Band -Internet of Things，NB-IoT）和长距离广域网（Long Range WAN, LoRaWAN）。

**（1）NB-IoT**

NB-IoT 从 2015 年 9 月在 3GPP 标准组织中提出立项到 2016 年 6 月获得 3GPP RAN 批准冻结标准，是史上建立最快的 3GPP 标准之一。3GPP 对 NB-IoT 的定位在于广覆盖、低功耗、低成本、大连接、低速率、容忍一定时延的通信。相比 LTE 用户，NB-IoT 终端大多非全时在线，不具备高移动性，业务类型以上行为主。NB-IoT 由 LTE 技术改造而来，在控制层面和用户层面减少了部分信令开销以降低终端设备的功耗，采用扩展不连续接收和省电模式（Power Saving Mode，PSM）

以节省终端的能耗，通过窄带设计来提升功率谱密度，利用重复传输提升 NB-IoT 的覆盖能力，对基站和核心网均进行优化，保证了海量用户同时连接的特性，并通过简化协议和射频电路来降低 NB-IoT 终端的成本。

（2）LoRaWAN

LoRaWAN 由 LoRa 联盟提出和维护。第一版 LoRaWAN 于 2015 年 6 月发布，定位为长距离、低功耗、可扩展、高服务质量、安全的无线传输技术。LoRaWAN 的通信距离可以达到蜂窝移动通信的两倍，可接入上千个终端节点。通过简化数据操作和信令交互，大幅降低了终端设备功耗。LoRaWAN 工作于免费频段且是开源设计，降低了开发成本。

在网络覆盖、传输速率、服务质量、架网成本、节点能耗和开发模式 6 个方面，NB-IoT 和 LoRaWAN 各有所长。NB-IoT 的覆盖范围可达到 18～21 km，而 LoRaWAN 的覆盖范围则为 12～15 km。NB-IoT 平均数据速率为 200 kbit/s，大约是 LoRaWAN 的 20 倍。NB-IoT 基于 LTE 网络架构，从基站到核心网服务质量（Quality of Service，QoS）更有保障，而 LoRaWAN 更注重成本和功耗的降低。NB-IoT 节点功能更复杂、硬件成本更高，并使用 LTE 付费频段，而 LoRaWAN 节点简单，硬件成本低，采用公共频谱传输。

3. 短距通信技术

与蜂窝移动通信技术并行发展的还有多种支持物联网的无线连接技术，传输距离从厘米到数百米甚至数千米的量级，为传感器设备与互联网连接提供了丰富的技术手段。典型的技术包括近场通信（Near Field Communication，NFC）、Zigbee、蓝牙（Bluetooth）和无线局域网（Wireless Local Area Network，WLAN）等。

（1）近场通信

NFC 是一种短距高频的无线电技术，NFCIP-1 标准规定 NFC 的通信距离为 10 cm 以内，运行频率为 13.56 MHz，传输速率有 106 kbit/s、212 kbit/s 和 424 kbit/s。NFC 工作模式分为被动模式和主动模式。

被动模式中 NFC 发起设备称为主设备，NFC 目标设备称为从设备。主设备需要电源供电提供射频场，将数据发送到目标设备。从设备不需要供电设备，将主设备产生的射频场转换为电能，为从设备的电路供电，接收主设备发送的数据，并且利用负载调制技术，以相同的速率将数据传回主设备。

主动模式中发起设备和目标设备在向对方发送数据时，都需要供电以主动产生射频场，采用对等网络通信模式，可以获得非常快速的连接速率。

（2）Zigbee

Zigbee 又称紫蜂，是由 Zigbee 联盟基于 IEEE 802.15.4 提出的短距低耗无线通信协议，旨在为短距离（通常是 10～100 m）通信提供双向可靠的协议。Zigbee 技术具有近距离、低复杂度、低功耗、低成本等属性，通信速率一般在 20～250 kbit/s，可以为智慧家庭、医疗保健、农业控制等许多领域提供可靠的通信协议。Zigbee 节点通常可以分为 3 类：协调节点、路由节点和终端节点。

每个 Zigbee 网络需要由一个协调节点来管理整个网络，选择网络中用于不同终端节点设备通信的通道，并作为网络安全控制的信任中心。协调节点有权限允许其他设备加入或离开网络，并为终端节点的端到端安全通信提供密钥管理等功能，协调节点不能休眠并需要保持持续供电。

路由节点由协调节点准许加入网络，负责协调节点和终端节点间的路由维护和数据转发，路由节点同样具有允许其他路由和终端节点加入网络的权限，路由节点也不能休眠直到该节点退出 Zigbee 网络。

终端节点是 Zigbee 网络中最简单和最基本的设备，如运动传感器、温度传感器、智能灯泡等，具有低功率、低能耗的特征。终端节点不转发任何数据，只能通过其父节点（通常是路由节点）在网络内进行通信，也没有权限允许其他设备加入网络。终端节点可以进入低功耗模式并进入休眠状态以节省功耗。

（3）蓝牙

蓝牙工作于全球通用的 2.4G ISM（即工业、科学、医学）频段，可分为经典蓝牙（Bluetooth Classic）和低功耗蓝牙（Bluetooth Low Energy，BLE）。蓝牙 4.0 之前的技术称之为经典蓝牙，使用 BR/EDR（Basic Rate/Enhanced Data Rate），在 2.4G ISM 频段内使用 79 个频点调频传输，每个频道间隔 1 MHz。BR/EDR 模式拥有多个物理层选择，传输速率为 1～3 Mbit/s，功耗为 1～100 mW，支持点到点通信模式，一般用于耳机、鼠标等外设的接入。2009 年发布的蓝牙 3.0 支持交替射频技术，通过集成"IEEE 802.11 PAL"（协议适应层），可在需要时调用 IEEE 802.11 WLAN 来实现 24 Mbit/s 的高速传输，可用于录像机至高清电视等场景的信息传输。

蓝牙 4.0 于 2010 年发布，引入了低功耗蓝牙，专门面向极低功耗要求的无线通信场合。BLE 可容纳 40 个频道，每个频道带宽为 2 MHz。支持多种物理层传输机制，传输速率为 125 kbit/s～2 Mbit/s，功率为 1～100 mW，支持多种安全级别，支持点到点、广播和 Mesh 多种网络拓扑。蓝牙 4.2 版本拓展支持低功耗无线个人区域网上的 IPv6（IPv6 over Low Power Wireless Personal Area Network，6LoWPAN），允许多个蓝牙设备通过一个终端接入互联网或局域网，适合智能家居系统中智能插座、智能开关、智能灯具等智能设备通过智能手机或 PC 接入互联网，使多数智能家居电器可以避免较复杂的 Wi-Fi 连接。

（4）无线局域网

WLAN 基于 IEEE 802.11 系列协议，起步于 1997 年，但是传输速率仅为 1～2 Mbit/s，传输距离为 100 m 左右。1999 年颁布的 IEEE 802.11b 标准传输速率达到 11 Mbit/s，2001 年颁布的 IEEE 802.11a 标准速率可达 54 Mbit/s。2003 年的 IEEE 802.11g 标准在兼容 IEEE 802.11b 的同时也可实现 54 Mbit/s 的传输速率。当前应用最广泛的 WLAN 标准是 IEEE 802.11n，它既可以工作在 2.4 GHz 频段也可以工作在 5.8 GHz 频段，传输速率的理论值可达 600 Mbit/s。IEEE 802.11ac 工作在 5G 频段，理论速率可达 1 Gbit/s。

蜂窝移动通信技术、各种近距离通信技术、低功耗广域接入技术广泛互联形成了异构通信网络，为泛在化网络连接奠定了坚实的技术基础。

## 1.1.2　网络技术的发展

随着通信从点到点通信发展到网络化通信，计算机网络、移动互联网、物联网的演进实现了人、机、物泛在互联，促进了信息的广泛流动，为新型信息服务的不断涌现创造了基础条件。

1. 计算机网络

1969 年，美国国防部高级研究计划署 DARPA 希望研制出一种能够抵御核攻击的通信保障系统，出资研究并建立了世界上第一个分组交换试验网 ARPANET。ARPANET 的成立与使用标志着计算机网络发展进入了新的纪元。1970—1980 年，计算机网络呈现出井喷式发展，人们研究并提出了用于军事的 MILNET、用于新闻的 USENET、用于连接世界教育单位的 BITNET 和用于计算机科学的 CSNET 等多种网络技术。

1982 年，ARPANET 开始采用 IP 协议。1983 年，ARPANET 宣布旧通信协议 NCP 向 TCP/IP 过渡。1991 年，CERN（欧洲粒子物理研究所）的蒂姆·伯纳斯·李（Tim Berners-Lee）开发出万维网（World Wide Web，WWW）及浏览软件。万维网应用的出现使互联网开始向社会大众普及，互联服务中的 Web 服务经历了从

Web1.0 到 Web3.0 的不断变迁。

在 Web1.0 时代，一大批企业推出了以门户信息网站为主的服务，网络中数据传输与服务种类呈现巨幅增长，产生网络门户的概念，雅虎、新浪、搜狐成为网络门户的代表，提供的服务主要包括网上分类信息搜索、电子邮箱业务、股票价格的查询、聊天室、实时新闻、天气预报、体育快讯等。Web1.0 的主要特征是信息由网络到人的单向传播，用户通过网络接收信息。

在 Web2.0 时代，大量博客、社交媒体、购物网站等互联网企业兴起，网民成为内容的主要生产者，涌现了以腾讯、人人网、Facebook 为典型代表的社交应用和以淘宝网为典型代表的大量购物网站。Web2.0 的主要特征是网络扮演了一个平台的角色，信息由人到人传播，每个用户不仅是信息的接收者，也是信息的产生者。

当前，Web3.0 被越来越多地提及。随着多系统协同等技术手段的成熟，网站之间实现了信息交互，用户可在一个平台同时使用、调取多个网站的数据。Web3.0 的主要特征是信息在人和网络以及网络与人之间进行传播，网络理解用户的需求，进行资源筛选、智能匹配，给出用户需要的结果。

随着计算机网络技术的发展，互联网时代数据量飞速增长，大型企业的数据出现集中化的趋势，中心化提供计算能力对于降低计算成本、系统维护成本，提高信息系统的安全性都显现出巨大的优势。20 世纪 90 年代后期出现的网格计算概念就是中心化提供计算能力的计算模型，随后不久，亚马逊发布了弹性计算云，云计算得到了普遍认可，实际上云计算一词最早出现在 1996 年 Compaq 公司的一份文档中[1]。当前，云计算已经成为广泛应用的计算模型和信息服务模型，与不断发展的网络计算和计算技术相结合，催生了泛在网络环境下众多的信息服务模式。

云计算实现了可靠高效的信息处理系统支撑框架，使其具有高度集中化、智能化与服务化等特点，并使互联网的基础设施随之改变。外包计算和云存储是云计算的两种典型应用。外包计算通过将移动终端无法处理的复杂计算外包到云端服务器，解决了一些应用中移动终端计算消耗时间过长、消耗本地资源过多的问题，极大地改善了用户的使用体验。此外，移动终端丰富的功能也产生了大量的数据，给移动终端的存储带来了较大的压力。基于移动互联网的高速传输特性，云存储服务将原本需要存储在移动终端上的大量数据存储到服务器端，大大减轻了移动终端上的数据存储压力。

### 2. 移动互联网

移动互联网是移动通信和互联网相互融合的产物。迄今为止，全球已有 51

亿人使用移动通信服务。我国移动通信用户总数超过 14.4 亿，越来越多的人通过移动设备接入互联网来获取信息，移动互联网正渗透到经济社会生活的各个领域和各个方面。我国移动互联网月度活跃智能设备规模增至 11.3 亿，2018 年全年净增 4 600 万[2]。手机支付业务发展也非常迅速，在使用人数上，中国移动支付用户规模在 2019 年达到 7.33 亿人，预计在 2020 年年底能够达到 7.9 亿人[3]。移动互联网继承了移动通信不受时间、空间的限制以及互联网分享、开放、互动的优势，产生了新的发展空间和商业模式，同时为移动通信网带来无尽的应用空间，也引发传统移动通信行业运营模式和产业经营理念的根本改变。据麦肯锡预测，决定 2025 年经济的 12 大颠覆技术当中，移动互联网名列第一。

伴随着移动通信技术的飞速发展，以及 CPU 计算能力的不断提升和体积的不断减小，使用移动计算设备完成语音、图像、视频、数据传输和处理的能力不断增强，移动计算已成为当前最普及的计算模式之一。移动计算依赖于无线通信技术、移动硬件和移动软件技术，具有如下特性。①便携性：设备和节点便于携带，具有有限的功耗，具备足够的计算和处理能力；②连接性：移动计算设备可通过无线网络连接到互联网，并且具备满足要求的服务质量保障，以保证移动计算的连续性和快捷性；③互操作性：移动计算节点可与移动计算系统中的其他节点互联通信并且协同完成计算任务；④个性化：移动计算设备通常由个人所有，具有个性化特征，移动计算服务需要根据个人偏好完成相应服务。常见的移动硬件包括智能手机、可穿戴设备、笔记本电脑、智能汽车等，智能移动设备的主流操作系统包括 Android、iOS 等，在操作系统之上运行了众多移动应用 APP。

移动互联网的特点主要有 3 个。①个性化和碎片化：用户利用生活与工作的空闲时间，高效接收网络的各类信息，同时能够根据不同场景以及个体，提供更加准确的个性化定制服务；②便捷性和便携性：随着硬件设备的不断发展升级，眼镜、手表、衣服与个人饰品均可能成为移动终端设备，网络用户可以在任何地点连接无线网络；③智能感知性：终端设备可以实现智能定位功能，根据设备所搭载的硬件设备获取环境的各类信息，包括温度感知、声音收集与分析、触摸感应等功能，大幅提高了传统设备的使用性能。移动互联网的典型应用如下。

（1）基于位置的服务（Location-Based Service，LBS）

基于位置的服务是移动互联网中最常见的一种应用，包括在线打车、手机外卖订餐等服务。在线打车服务中，打车服务提供商会将获取到的需要打车服务的用户位置，以及用户需要打车服务的消息发送给附近处于接单状态的出租车司机，由出租车司机接单后根据用户的位置接到用户，从而完成在线打车服务。手机外卖订餐服务中，外卖订餐服务商会获取到需要外卖订餐服务的用户地址，并将向用户提供周围的外卖信息，在用户选择并付款后，完成在线外卖订餐服务。基于位置的服务在给人们带来极大便利的同时，也会给用户的个人隐私信息带来威胁，如何为用户提供安全高效的基于位置服务是未来的研究趋势。

（2）基于智能终端和移动互联网的新服务

智能移动终端，尤其是智能手机，在硬件性能与软件优化的支撑下，获得了更快的处理速度、更大的存储容量和更清晰的显示水平，可以支撑更多的应用种类，使过去很多不可能在手机上进行的数据处理变成了现实。随着针对移动智能终端和移动互联网通信技术的不断研究与开发，诸多传统行业在如云计算、物联网、大数据和人工智能等重点科技领域有了全新的发展机遇与挑战，催生了诸如移动医疗、智慧交通、移动教育等多种新应用，给人们的生产、生活效率带来了极大的提升。

移动互联网已渗透到经济社会生活的各个领域，深刻影响着人们的生产、生活、学习和工作方式，在促进社会经济发展、优化消费结构、丰富群众生活、创造新的产业机会等方面发挥日益重要的作用，成为社会经济发展的新引擎。

3．物联网

物联网是将互联网、无线感知网以及移动通信网共同连接的多网络异构的融合网络。通过互联网，用户终端、装有无线设备的物品均可进行信息交换和通信，实现物体与现有互联网的融合，设备可通过互联网间相互通信，实现服务所需的智能识别、监控定位与动态管理。

物联网的主要特点包括：①物联网的端节点实现信息感知和安全控制，物联网将无处不在的末端设备和设施，通过各种无线或有线、长距离或短距离通信网络连接实现互联互通；②借助互联网架构和云计算等信息服务基础设施达到广泛信息传播，物联网的核心和基础架构仍然是互联网，其本质是通过有线网络与无线网络的无缝连接，实现多种设备之间的跨网络信息交互；③物联网按行业或者所有权等划分，物理或者逻辑边界易于集中，与传统互联网相比，物联网有组织、有中心，每个组织管理的设备是固定的；④在集中的物理或者逻辑边界部署管控/代理设备，可以解决信息跨安全域传播管控、去隐私化处理，易于平衡安全与利益冲突。

目前，全球物联网发展主要有 3 个主要方向：①面向需求侧的消费性物联网，即物联网与互联网相结合，在经济利益的推动下，创新高度活跃，诞生出了可穿戴设备、智能硬件、车联网、智慧家居等应用；②面向供给侧的生产性物联网，即物联网与工业、农业、能源等传统行业深度融合形成行业物联网，成为行业转型升级所需的基础设施和关键要素；③智慧城市的发展进入新阶段，基于物联网的城市立体化信息采集系统建设不断加快，智慧城市成为物联网应用集成创新的综合平台。射频识别（Radio Frequency Identification，RFID）技术、传感器技术、纳米技术、智能嵌入技术将得到更加广泛的应用。

## 1.1.3　万物互联与泛在网络

随着数字通信技术、网络技术和计算技术演进，网络系统与信息系统的基础性和全局性作用不断增强，社交网络、物联网和移动网络通信日益普及。随着芯片制造、无线宽带、射频识别、信息传感、通信网络等信息通信技术的高速发展，信息感知终端计算能力越来越强，并且通过异构泛在的通信网络连接在一起，局域网、移动网、互联网以及物联网等诸多异构网络已经大规模地相互连接，形成了泛在网络环境，具有开放性、异构性、移动性、动态性、多安全域等特性，能够提供多样化、不同层次和个性化的信息服务，对社会、政治、经济、文化等领域有重要战略意义。

美国施乐实验室的首席技术官 Mark Weiser[4]在 1991 年首次对"泛在计算"（Ubiquitous Computing）的概念给出了定义。"泛在计算"通过使用全新的人机交互方式，广泛利用生活中的各类计算设备承载信息的处理功能并协同交互。2009 年 9 月，ITU-T 在 Y.2002（Y.NGN-UbiNet）标准[5]中将泛在网络定义为在预订服务的情况下，能够满足个人或者设备，在任何时间地点通过任意方式，以最少的技术限制接入服务和通信的网络，并提出"5C+5Any"模式。5C 指融合、内容、计算、通信和连接；5Any 指任意时间、任意地点、任意服务、任意网络和任意对象。2010 年 2 月，中国通信标准化协会组建成立"泛在网技术工作委员会"，该委员会的宗旨是开展泛在网体系架构的安全和应用等方面的标准化研究，最终推动泛在网的规模化应用。

云计算、大数据计算等新型计算技术的迅猛发展与移动通信、网络通信等通信手段的逐步交融不断推进着泛在网络的发展。借助泛在网络，通过人、机、物间的广泛互联互通，信息的计算与传播不再局限于单一的封闭环境，而是可以依据自身需求在任何时间、任何地点，使用任意终端设备、通过任意渠道接入任何网络获取相应的数据服务。多系统的服务组合协同将是泛在网络环境下信息服务的主要方式，李凤华于 2012 年将泛在网络的服务模式总结为：信息网络和信息服务模式已经演进为通过"网络之网络"访问"系统之系统"。

泛在网络凭借其强大的信息整合与服务协同能力，为世界范围内的诸多重点行业，如保护环境、城市智能建设、物流快捷运输、医疗安全监护以及能源智能管理等领域提供了强有力的支撑。随着科学技术水平的不断提高，泛在网络将更高效地利用信息与通信技术，极大地推动社会进程的发展。

## 1.2　泛在网络的信息服务

### 1.2.1　网络信息服务模式

中心化的网络信息服务可以节省用户终端的设备成本，成为泛在网络信息服务最普遍的模式。随着通信技术、网络技术的演进，网络信息服务模式经历了从客户端-服务器（Client-Server，CS）模式到浏览器-服务器（Browser-Server，BS）模式再到 CS 模式的发展历程，云计算和微服务也发展成当前的主流服务方式。

#### 1. CS-BS-CS

计算技术发展及其与网络通信技术的融合促进了泛在网络新型服务模式的发展。在 20 世纪 80 年代中期，信息系统服务需求需要将计算机连接在一起协作和共享资源，出现了客户端-服务器服务架构。用户从自己的 PC 客户端通过网络登录到具有更强计算能力的服务器以得到相应的服务。运行在服务器端的应用允许多个用户同时访问相同的数据。此类架构的应用包含一个运行在 PC 上的客户端程序和一个运行在服务器端的服务程序，典型的应用包括电子邮件服务等。不同的信息服务需要开发自己独特的客户端程序，终端和操作系统的多样性使相同的信息服务需要对不同的终端和操作系统开发多个客户端程序。

随着超文本传送协议（Hypertext Transfer Protocol，HTTP）的出现，Web 应用日益普及。Web 服务本身也是 CS 架构，客户端程序是运行在 PC 上的浏览器，服务器端运行的则是 Web 服务器。由于浏览器在 PC 上的普遍安装，利用浏览器作为各种信息服务通用客户端的模式成为一种潮流，出现了 BS 服务架构。BS 架构实际包括"浏览器–Web 服务器–应用服务器"三层，浏览器作为操作终端与用户交互，Web 服务器可以生成个性化的界面提供给用户，收集用户的输入，并将输入发送给应用服务器，随后将应用服务器的服务结果返回到用户浏览器。BS 架构使信息服务开发商不用考虑客户端专用程序的开发，可将精力集中在服务端程序的开发，避免用户安装和适配客户端程序，服务开发和交付速度加快，但是程序运行效率和服务响应速度不如 CS 架构。

智能终端的普及和网络速度的不断提升推动移动互联网应用的蓬勃发展。移动终端已经取代 PC 成为人们使用时间最长的信息终端。由于智能手机屏幕较小，浏览器在智能手机上的用户体验较 PC 而言并不友好。为智能手机等用户终端的信息服务开发相应的移动客户端程序成为必然，因此移动 APP 又回归到 CS 架构，成为移动信息服务的主流服务模式。

2. 云计算与微服务

主机模式中多个用户通过时分的方式共享主机计算资源，这成为虚拟化的起源。虚拟化的概念快速演化以允许主机应用并发执行多个任务。虚拟化最早的商业应用是在 IBM VM/370 操作系统上发布。

云计算服务模式的核心是计算、存储等资源的虚拟化，可以为用户提供按需服务，大量节省企业在信息基础设施上的投资。云计算的主要模式包括基础设施即服务（Infrastructure as a Service，IaaS）、平台即服务（Platform as a Service，PaaS）和软件即服务（Software as a Service，SaaS）。

IaaS 通过引入虚拟化技术，使 CPU、内存、硬盘和网络可以在数据中心构成资源池，通过虚拟化监控器为用户按需提供计算性能，可靠性高、规模可扩展。常用的虚拟化工具包括 Xen、VMware、KVM 等。

PaaS 向租户按需提供应用开发所需的硬件和软件工具，为云计算应用开发屏蔽了底层存储、操作系统调用、网络通信等细节，以编程接口的方式供开发者调用，简化开发流程。PaaS 的典型服务包括云应用容器、云数据库服务、云文件存储、内容分发、在线文本/图像/视频处理、云监控和云数据分析等。

SaaS 使用户可以通过 Internet 访问软件应用。用户可以通过标准的 Web 浏览器访问云服务提供商提供的软件应用，不需要在自己的计算机上安装软件。典型的 SaaS 服务包括文件共享、邮件、日历等。

无服务器计算是对特定 PaaS 功能的推广，属于云原生架构。无服务器计算使用户可以在不考虑服务器的情况下构建并运行应用程序和服务，为用户免除了基础设施管理任务，诸如配置服务器或集群、升级操作系统、设置容量等，用户可为几乎任何类型的应用程序或后端服务构建无服务器应用程序。

微服务架构中的作业通常包含多个通过诸如 HTTP 进行网络交互以协作完成任务的进程。作业是围绕业务能力组织的，可以使用不同的编程语言、数据库、硬件和软件环境来实现。这些作业代码量小，可以发送消息，通过上下文限定，并可由自动化的进程分布式地创建和发布。

微服务是自治的业务功能模块，可有明确的接口，遵从"专心做好一件事"的策略。微服务有利于软件开发过程的持续优化，变动一个应用的小部分功能只需要重新构建和部署很小部分的作业。

微服务的这些特性使云原生应用、无服务器计算和部署轻量级容器完成的应用大多使用微服务架构。海量用户、分布式连续业务交付和监控的需求，要求业务开发、维护和运行具有高效性，微服务架构使服务能力达到极限的单个微服务可以独立地按需扩展，不需要对构成业务的其他微服务进行扩展，从而达到系统资源和开销的优化。

## 1.2.2 泛在网络信息服务特征

泛在网络实现了万物互联，用户通过"网络之网络"访问"系统之系统"。泛在网络信息服务呈现以下特征。

### 1. 用户规模快速增长

集成电路技术的发展使 CPU 体积不断缩小，功能不断增强，促进了终端智能化。通信技术的快速演进使海量的终端连入互联网，人、机、物广泛互联互通，信息系统的用户规模呈指数级增长态势。

### 2. 高并发服务请求

包含人、机、物在内的海量用户访问信息系统完成相关的数据汇聚和业务处理，在短时间内产生大量并发，对信息系统处理并发的能力产生巨大的需求。12306 春运期间的抢票、"双十一"的秒杀等业务都会产生每秒千万级以上的并发请求，对服务器的稳健性提出极高的要求。

### 3. 多系统多轮协同

泛在网络的业务应用通常需要多个系统协同，交互多轮消息才能完成。以移动购物为例,购物业务完成可能包括货物搜索、第三方支付、电子发票开具等多个系统协同,其中涉及多轮信息交互。异构系统互相连接,各系统服务状态维护和管理、降低业务响应时间等对泛在网络信息服务系统的高效架构提出巨大的挑战。

### 4. 服务峰值差异大

许多泛在网络服务请求数并不均匀,由于相关业务时限要求的存在,信息系统服务峰值差异巨大。科研管理系统、会议投稿系统在申请书提交截止期限前必然会出现服务请求量急剧增长,系统稳健性不够会导致系统资源耗尽而崩溃。"双十一"、春运时段的请求量也是平常时段难以比拟的,提供差异化的按需服务能力和动态扩展能力是泛在网络信息服务必须满足的要求。

## 1.2.3 数据跨域受控共享

泛在网络信息服务多系统协同的特征导致数据跨域流动共享。数据的跨域访问控制是保障数据安全共享的前提。在传统访问控制模型基础上,泛在网络的跨域访问控制得到了广泛重视。

### 1. 访问控制模型

20 世纪 70 年代至今,伴随着 IT 技术发展和信息传播方式演化,访问控制技术经历了以单机数据共享为目的的主机访问控制、以单域内部数据共享为目的的面向组织形态的访问控制以及互联网/云计算/物联网/在线社交网络等新型泛在网络环境下的访问控制。

新型复杂应用环境的访问控制模型主要包括两类:基于属性的访问控制和基于关系的访问控制。基于属性的访问控制通过对主体、客体、权限和环境属性的统一建模,描述授权和访问控制约束;基于关系的访问控制通过用户间的关系来控制对数据访问权限的分配。

基于属性的访问控制的主要应用场景是云计算,将时间、空间位置、访问历史等要素作为访问主体、访问客体和环境的属性来控制数据访问行为,通过定义属性间的关系来描述复杂的授权和访问控制约束,确保授权的灵活性、匿名性与可靠性。

基于关系的访问控制中,资源所有者将与访问者之间的关系(包括关系类型、关系强度等)作为控制要素,分配对数据的访问权限,确保数据个性化保护和数据共享需求间的平衡,满足用户个性化、细粒度和灵活的授权要求,但基于关系的访问控制的主要应用场景是在线社交网络。

2. 跨域受控共享

新型应用环境下的访问控制模型主要聚焦于云计算和在线社交网络环境。但这些模型的本质仍是建模单域内数据控制,不适用于控制数据跨域流动;此外,这些模型未将多个要素进行融合控制,忽略了信息所有权和管理权分离等特征,不能直接建模跨管理域、跨安全域、跨业务系统的数据按需受控使用。

泛在网络的业务系统分属不同的部门、企事业单位。由于受控对象和业务场景不同、客观实际应用中管理模式不同,这些业务系统呈现域内互联、域间孤立的特征,使泛在网络中各个业务系统的数据未被充分利用,这与系统互联的信息传播与共享协同本质相悖,因此需要打破不同管理域、不同安全域、不同业务系统间的数据流动壁垒,在确保数据细粒度受控使用的前提下,实现所有被授权的数据使用者能依据自身需求在任何时间、任何地点,使用任意终端设备、通过任意渠道接入任何网络依规获取跨管理域、跨安全域、跨业务系统的数据。

由于跨管理域、跨安全域的信息系统在业务服务、安全管理等方面存在差异,敏感数据会在不同信息系统中存留,产生了新的访问控制问题:如何确保跨域的数据访问者只有在受控模式下才能获得完成业务功能所必须的数据,并确保所获取的数据不被非授权传播。李凤华针对跨域受控共享访问控制模型的研究取得了一系列成果,提出了基于行为的访问控制模型和面向网络空间的访问控制模型,并从信息传播方式演进规律的角度预测了访问控制的未来发展趋势:资源访问请求者请求访问所需资源时,应考虑所处的时间状态、采用的终端设备、从何处接入、经由的网络/广义网络,以及要访问信息资源的安全属性等要素,确保"通过'网络之网络'访问'系统之系统'"的安全。这些工作为跨域受控共享访问控制建模提供了技术思路。

# 1.3 泛在网络环境下面临的新安全挑战

## 1.3.1 数据安全流转

针对泛在网络的差异化特性构造数据流的按需汇聚与安全流转机制,是支撑泛在网络提供高效服务的重要基础。异常数据的监测与管理将为数据按需汇聚与调度提供有力的支撑。

### 1. 数据汇聚与传输

以移动互联网、天地一体化信息网络、专用网络等为代表的大规模网络日趋庞大，产生了海量数据。为了有效地使用这些数据，需要将分布于各个设备的数据汇聚到数据中心。这些数据具有如下特征：①安全性需求差异性，比如不同敏感程度数据的安全性需求不同；②实时性需求差异，比如应急通信的数据实时性较遥感卫星影像数据的实时性高；③能耗需求差异，比如通过卫星汇聚数据的能耗需求高。此外，这些网络中数据汇聚所需要的计算资源、存储资源、带宽资源受限。现有数据汇聚方式采用固定传输路径按照先来先发的方式汇聚数据，并在数据汇聚前对数据执行无差异化的操作（比如要么不压缩，要么采用同一算法压缩），这种静态无差异化汇聚不满足大规模网络中计算资源、存储资源、带宽资源受限条件下的差异化汇聚需求，可能导致对数据安全性的保护过度或欠缺，难以保障时间敏感数据的实时性，消耗过多资源。现有的数据汇聚方式不具有普适性，无法适用于对汇聚需求有差异的场景。

在天地一体化信息网络、物联网环境中带宽受限，没有足够的控制信道进行信令交互，也缺乏充足的带宽按需传输数据；现有安全设备也会阻断某些特殊数据的传输，需要尽可能减少独立信令传输，降低交互次数，同时提高数据抗阻断能力。

互联网中信息传送通过多段传输介质和设备，路径选择是通信网络设计和运行必须要考虑的因素之一，需要找到从源端发出的信息经最小代价传输到目的端。通信网络开放性的特点，使数据包中信息的机密性在网络传输过程中无法得到有效保障，携带的信息可能暴露给路径上的恶意节点，从而使恶意节点可能对网络实施各种攻击。因此信息的发送端应找到一条可信到达目的端的有效路径，确保信息传送过程中每一个节点都可信，保证信息不被非法节点获取。

此外，众多通信数据通过公网环境进行交互，数据包需要经过多个节点进行转发，公网环境中并不能保证各个转发节点的安全性，很可能在一个或者多个转发节点上存在针对特定数据流量的恶意分析行为，从而泄露通信双方的敏感信息。其次，为了安全传输的目的而增加计算量，可能会严重影响通信效率。因此，需要对抗节点流量分析行为，同时保证传输的效率。

准确识别网络中的数据流可以提高数据汇聚效率，以及提供差异化的服务，对于 QoS 控制、入侵监测、边界防护、流量控制具有重要意义。传统基于载荷指纹的流量识别方法不能识别未知数据流，需要结合数据流统计特征的复合式方法以提高检测效率和准确率。

　　2. 异常数据监测与管理

　　大规模复杂信息网络中存在大量重要设备和系统，为了监测这些设备和系统的运行状态，及时发现潜在威胁，需要部署采集代理来采集设备和系统的运行状态及其产生的海量数据和日志。

　　现有的采集代理部署方案主要在数据产生与汇聚等节点上部署采集代理，一般利用镜像等方式实现数据采集。由于不同采集代理的采集能力和攻击者的攻击能力是不同的，若在部署时仅考虑网络拓扑或部署成本等因素，这种采集代理部署方式则不适用于大规模复杂信息网络，容易导致数据的过度采集或欠采集。

　　大规模泛在网络面临的大量攻击具有典型的爆发传播特性。通过爆发传播，蠕虫可在短时间内感染多种设备，从而造成严重的经济损失，甚至大规模的网络瘫痪。例如，2016 年 10 月，Mirai 蠕虫在 6 小时内感染了美国东海岸约 50 万个 IoT 设备，导致 DYN 损失了 1.1 亿美元；2017 年 5 月，WannaCry 蠕虫在 24 小时内攻击了 150 个国家/地区的 300 000 多名用户，造成 80 亿美元的损失。为了尽快检测蠕虫爆发传播，需要通过在泛在网络中部署特定的嵌入式入侵检测系统（Intrusion Detection System，IDS）来收集潜在威胁数据。因此，利用 IDS 在资源有限的泛在网络设备中快速检测蠕虫爆发传播成为亟待解决的问题。

## 1.3.2　高并发数据安全服务

　　泛在网络海量用户的信息安全服务需要应对业务高并发、多业务/多算法/多密钥、业务随机交叉状态高效管理，下面从高并发数据处理、安全业务服务两方面介绍面临的安全挑战。

　　1. 高并发数据处理

　　随着"互联网+"战略的不断推进，互联网经济与各行各业不断融合，各种新业态和新型服务模式不断涌现，尤其是云服务、电子商务、电子支付、共享经济、大数据中心、社交网络的迅猛发展，许多业务系统由原来的分布式处理方式转变为大数据集中的处理方式，带来用户数量和业务的海量增长，以及业务的瞬时处理等特点，对信息系统的高并发、多算法、多数据流随机交叉的处理能力提出了更高的要求。

网上商城经常选择时间点组织"抢拍"或者"秒杀"活动进行促销；云计算应用中海量终端和云计算中心频繁数据交互，需要支持高并发的海量连接，要求单台服务器维持千万级以上并发连接，如果信息系统不能适应高并发多连接的业务需求，信息系统将发生运转困难、业务阻塞等严重问题。

**2. 安全业务服务**

业务系统的稳定性和安全性直接影响着业务的发展，在业务系统提供服务时，应根据业务系统的特点和需求进行资源的动态配置、管理和调度，提供按需服务的能力，以满足当前的业务特点和需求。密码服务是保障业务安全的核心基础。加密终端设备会同时交叉访问多个加密服务器或者与多个加密终端实现交叉通信，云服务密码应用面临多租户，海量用户面临多数据流、多算法随机交叉加解密的需求。在业务系统实现按需服务的同时，密码服务也应根据业务系统的特点和需求进行动态配置、管理和调度，实现提供密码按需服务的能力，才能满足互联网服务目前的峰值差异大、高并发、需求个性化的业务特点和需求。而现有的业务系统的存储、计算、网络、密码系统、密码设备、各类密码计算资源等资源不能根据需求进行动态配置、管理和调度，不能满足各类业务百亿级在线并发随机交叉的需求，不具备满足差异化动态按需密码服务的能力和各类业务系统千万级以上在线并发随机交叉的需求。

对互联网服务而言，典型的特征则是面临着业务类型多样、资源需求个性化、服务多轮交互、在线链接高并发、请求随机交叉、峰值差异大等严峻挑战。因此亟需对各类服务资源实现高效的差异化管理与动态利用、服务资源按需供给。

为了解决计算机系统的安全问题，微软、Intel、IBM 等 190 家公司组建了"可信计算组织（Trusted Computing Group，TCG）"，利用可信平台模块（Trusted Platform Module，TPM）保障软件系统的安全。在 TPM 规范中，TPM 通过与计算机系统等平台进行符合 TCG 软件栈（TCG Software Stack，TSS）规范通信命令的交互，实现 TCG 规范规定的用户身份认证、平台完整性、应用程序完整性和平台之间的可验证性等功能。然而 TCG 规范存在以下问题：①TPM 预置信息问题，TPM 非易失存储器初始信息由厂商预置，进行 Clear 操作会恢复到预置信息，而 TPM 拥有者可能希望 Clear 之后还能保留一些用户的个性化基本信息；②TPM 内部信息的备份与恢复问题，对计算机和 TPM 用户来说，因为计算机更新升级、损坏更换等原因，需要将一台计算机的内容转移或复制到另一台计算机上，此计算机与原计算机的型号可以相同，也可以不同，甚至是不同厂商的产品。TPM 中存储的密钥、证书也存在类似问题，如不能恢复或迁移，硬盘存储的加密数据也会丢失。

## 1.3.3 实体身份认证与密钥管理

泛在网络环境下的服务对象具有差异实体海量、跨系统交互频繁、多用户协作等特点，随着移动接入成为泛在网络接入的主流，移动用户接入认证、群组用户认证等方面面临众多的安全挑战。

### 1. 移动用户接入认证

泛在网络的普及使通信业务的应用范围从人员通信扩展到人机协作通信、超密集接入物联网、车载网络和工业控制网络等。5G 等移动网络标准的目标是超大带宽、高容量、高密度站点和高可靠性。5G 时代，全球约有 50 亿人通过移动设备连接到移动网络，而且由于 5G 网络对物联网设备或 MTC 设备（MTC Device，MD）的支持，每平方千米至少 100 万台设备，总共 1 000 亿台设备将连接到泛在的 5G 网络。普通用户设备（User Equipment，UE）和大规模机器类型通信设备 MD 是泛在网络中最主要的两类终端设备，终端设备最重要的安全机制之一是终端在接入网络过程中实现相互认证并建立会话密钥，以确保后续的安全通信。安全协议的设计要求首先是保证安全性，避免中间人攻击、重定向攻击、DoS 攻击和身份隐私泄露等。其次由于 MD 资源有限，需要考虑轻量化设计，降低计算开销、通信开销，避免产生大量的信令开销，避免在服务网络产生严重的信令拥塞。

5G 时代，异构网络的密度将大大增加，节点之间的距离将降低到 10 m 或更小，5G 超密集异构网络中大量部署小型小区和多个异构网络节点给网络管理和切换安全方面带来了新的挑战：①因为小区之间的距离减小，5G 用户会更频繁地切换，使用现有 4G 切换导致多次信令消息交换，使 5G 异构网络产生过多的切换时延；②毫微微蜂窝网、家庭 eNode B（HeNB）和 5G 异构网络中继节点形成的小型小区并不能被信任，5G 用户和 5G 接入点之间的相互认证需要承受假冒和中间人（MitM）攻击；③5G 异构网络中更多的切换和小型接入点（Access Point，AP）的资源限制要求切换认证机制更快更有效。因此，复杂的 5G 异构网络需要更安全和更有效的切换认证机制，实现 5G 异构网络中 UE 和基站（Base Station，BS）之间的相互认证与密钥协商，是当前面临的一个关键问题。

随着智能设备和移动通信技术的发展，无线通信网络架构不断升级和更新，异构网络（Heterogeneous Network，HetNet）成为泛在网络连接的关键技术。3GPP 提出的 HetNet 是指在宏蜂窝网络层下面部署大量小型小区，包括微小区、微微小区和毫微微小区以及其他 Wi-Fi 和 WiMAX 接入点，以满足对数据容量增长的需求。通过引入小区和其他接入点，HetNet 可以有效解决盲点信号覆盖问题和热点容量增强问题，从而提高无线移动通信系统的容量和资源利用率。

将软件定义网络（Software Defined Network，SDN）技术引入泛在异构网络将大大降低泛在网络的复杂度，以及网络建设、部署和维护成本。只要用户属于同一运营商或与他们的运营商之间达成协议，就可以随时随地连接到网络并享受各种服务，但是目前针对 SDN 技术的新型统一切换认证机制也是一个待解决的关键技术问题。

迄今为止，只有很少的方案考虑了在多元服务系统中采用通用可组合的架构实现用户认证及授权，迫切需要将不同安全需求的服务按照安全强度或需求进行分类，设计一个通用的认证方案，通过拆分协议步骤或组合某部分协议形成新的子协议单独执行，保证该协议可模块化使用，完成不同安全需求及效率的认证，系统仅需部署一个统一的协议即可完成差异化需求的服务认证及授权工作，大大降低了系统复杂性。目前，还没有一种可通过拆分组合使用的通用认证协议实现多安全等级的用户认证及服务授权方案。因此，如何实现统一方案完成差异化需求的服务认证及授权，是泛在网络复杂服务系统面临的一个关键问题。

### 2. 群组用户认证

泛在网络的信息服务呈现跨域、跨系统协作的特点，业务流程中多用户、多设备协同，多轮交互，用户及设备基于业务构成临时性业务群组，其身份认证和建立群组密钥是系统业务流转过程中出于安全性考虑的首要环节。设备群组认证是在确保安全性的基础上提高认证效率的有效手段，群组的划分可依据地理位置或处理业务的协同性等。然而在电子商务系统、电子凭据系统的应用系统中，同一设备可能参与多个业务流程，其在各业务流程中实现的功能不同，因此需要考虑这些系统中对具有多元身份设备的认证问题。当前的设备群组认证方案中，群组组长仅负责认证消息聚合，没有进行初步的身份信息筛查，且认证过程效率较低，因此构造设备多元身份管理机制，并且在认证需求成倍增加的情况下保证群组身份认证的安全性和效率是泛在网络协同安全服务面临的重要挑战。

群组协作中确保群组密钥生成、分发、更新的安全性是群组密钥管理面临的关键问题。当有成员加入或离开后需要及时更新组密钥，保证群组通信系统满足前向安全和后向安全。此外，群组密钥管理协议还必须满足抗合谋攻击的安全需求，且在泛在网络环境中需要具有较低的计算量、通信量和存储量。群密钥管理按结构可分为集中式、半分布式和分布式 3 种类型。集中式结构需要一个中心化的密钥管理服务器，不太适合泛在网络环境的业务特点。半分布式结构中群组被分为多个独立的子组，每个子组内集中式管理。分布式结构完全不存在密钥管理器，开销很大。考虑到泛在网络的特点，高效的半分布式群组密钥管理是兼顾安全性和效率的解决方案。

NB-IoT 系统已成为泛在网络中万物互联的重要技术。由于 NB-IoT 设备具有资源有限、动态拓扑变化、网络环境复杂、以数据为中心、应用密切相关的特点，因此需要有效的接入认证方案来确保 NB-IoT 系统的安全性。

现有的协议中每个 NB-IoT 设备需要执行基本的认证与密钥协商过程以实现与 3GPP 核心网络的相互认证，在与 3GPP 核心网络建立安全连接之后秘密地执行数据传输。该过程需要多轮信令交换，并且导致大量的信令开销和通信开销。NB-IoT 设备从空闲状态进入连接状态以发送或接收几个字节的数据，但消耗的网络信令开销可能远大于发送或接收数据本身的大小。当一定规模的 NB-IoT 设备同时连接到核心网络时，将导致网络节点产生严重的网络拥塞，并严重影响 NB-IoT 系统的服务质量。在 LTE 系统中已经给出了多种基于群组的接入聚合认证协议，但是这些协议还存在很多漏洞，如何实现泛在网络中海量 NB-IoT 设备的快速认证与数据传输是当前面临的一个关键问题。

## 1.3.4　网络资源安全防护

泛在网络环境下的网络资源具有跨平台跨域流转、多方协同共享、频繁访问传输和攻击途径多样等特点，下面重点介绍泛在网络环境下访问控制、入侵检测与响应等方面面临的安全挑战。

### 1. 泛在网络环境下的访问控制

泛在网络环境中运行着各种各样的大型应用系统，如专用系统、应急指挥系统、电子政务系统、电子商务系统等。这些大型应用系统为完成某项任务，往往需要多个子系统协同运作，比如专用系统中，一个简单的业务处理可能会涉及认证系统、业务系统、监管系统等子系统，数据需要在认证系统、业务系统、监管系统之间相互流转和共享，这些子系统大部分属于不同管理域，部署在不同地域。数据跨系统、跨域流转已成为泛在网络环境数据共享的趋势，在数据流转过程中，数据所有者一旦将数据发送给其他实体，就失去了对数据的控制。数据接收者在得到数据后，可以对数据进行任意修改和转发。数据或信息在不同系统、不同域之间的流动形成了数据流或信息流。数据跨系统、跨域流转过程中，共享延伸授权的访问控制面临如下挑战。

（1）延伸授权的访问控制

对数据跨域流转的访问控制，不仅需要在访问请求前判断访问请求实体是否有访问的权限，还需要考虑访问请求实体得到访问权限后对数据资源进一步的延伸控制问题。对数据进行共享延伸的访问控制，访问请求实体不仅要考虑对数据本身的访问权限，还需要考虑对数据在整个流转过程中起源数据的访问权限。

（2）跨域流转的隐私泄露

当数据在不同域之间流转时，不同域之间需要进行角色或属性的映射，这样势必会存在映射关系复杂、映射表维护成本高和隐私泄露的问题。如何降低数据跨域流转中的隐私泄露风险是数据跨域流转延伸访问控制中急需解决的问题。

访问控制作为信息安全的核心技术之一，通过制定有效的访问控制策略，对动态开放环境下的用户访问行为进行有效管控、确保合法用户权益、防止非授权用户访问、实现对敏感资源访问的管控是保障泛在网络安全的关键。

**2. 泛在网络场景下的入侵检测与响应**

随着网络规模的急剧增长，网络攻击技术越来越复杂和多样化，攻击者利用多条路径入侵目标成为常用手段，例如，为了窃取数据，攻击者可以同时使用 SQL 注入攻击和中间人攻击。为了抵御攻击，入侵响应系统被设计用于生成合适的响应策略来消除潜在影响并减小系统风险。现有的响应策略生成方案只考虑了入侵响应中的措施选取和措施部署点选取两个问题，忽略了不同部署点对安全收益的影响，并未考虑到选取措施的部署时序以及选取措施的执行时间，不能有效保证获得足够的响应效用。此外，单一的响应措施难以满足对多条攻击路径的应对需求，因此需要为每条被利用的攻击路径选取一个合理的响应措施，并综合考虑多个响应措施间的相互影响，实现总体优化。

云计算已成为泛在网络服务的主流模式。在当前云计算给用户提供相应服务的过程当中，用户任务之间的安全隔离是通过网络将任务所使用的虚拟资源划分到不同的子网当中的，不同子网的资源不可相互访问，以此来实现用户任务之间虚拟资源的隔离。缺乏能够同时统一管理并且安全隔离虚拟和实体资源的系统，虚拟资源隔离机制过于简单，隔离效果不佳。用户之间资源服务的隔离是不完全可靠的，这给云计算平台和用户带来很大的安全威胁，所以云计算平台的多任务安全隔离机制一直是云环境网络资源安全的重大挑战。

网络安全设备的统一管理也是及时应对入侵威胁的关键环节。但是网络安全设备多样，生产厂商各异，配置命令集标准化差，难以实现统一管理。因此建立安全设备的统一配置管理系统，提高配置管理效率是降低安全风险必须要解决的关键问题。

# 参考文献

[1]  ANTONIO R. Who coined cloud computing?[R]. MIT Technology Review, 2011-10-31.

[2]  比达咨询. 2018 年度中国第三方移动支付市场发展报告[R]. 2019-03-06.

[3]  艾媒咨询. 2020 上半年中国移动支付行业研究报告[R]. 2020-08-27.

[4]  MARK W. The computer for the 21st century[S]. Scientific American. 1991. 265(3): 94-104.

[5]  ITU-T Y. 2002. Overview of ubiquitous networking and of its support in NGN[R]. 2009-10-01.

# 第 2 章
# 泛在网络安全技术进展

泛在网络规模持续拓展，终端数量呈指数增长，推动着各行各业向数字化、网络化、智能化方向加速转型，并持续向社会经济各领域和日常生活中全面推广应用。泛在网络中信息的可靠可用和信息服务的安全性，不仅是泛在网络发展的基础，也是信息化社会高效有序运转的重要前提，更是"互联网+"时代经济快速发展的重要保证。本章围绕数据汇聚与安全传输、高并发数据安全服务、实体身份认证与密钥管理、网络资源的安全防护等支撑泛在网络提供高效服务的重要基础技术，对其相关技术演化和研究现状进行梳理总结。

## 2.1 数据按需汇聚与安全传输

## 2.1.1 数据采集与处理

数据采集与处理是指从数据生成端、中继端或目的端中采集必要的数据（包括原始数据和非原始数据），然后依据数据处理规则或策略进行存储、检索、加工、变换，并获得有价值的信息的过程。以下从网络数据采集、网络数据流识别、数据监测点部署这 3 个方面介绍流量数据监测与管理的研究现状。

1. 网络数据采集

网络数据采集是数据监测和管理的基础，主要采用基于网络流量全镜像的数据采集、基于 SNMP 的数据采集和基于 NetFlow 的数据采集[1]这 3 种方法。

（1）基于网络流量全镜像的数据采集

通过交换机等网络设备的端口镜像或者通过分光器、网络探针等附加设备，实现网络流量的无损复制和镜像采集。流量镜像采集的优点是能够提供丰富的应用层信息，监测粒度最细；缺点是成本高、难度大，对设备要求高，对网络影响大，而且它侧重于协议分析，仅能在短时间内对流经接口的数据包进行分析，无法满足大流量、长期的抓包和趋势分析的要求。所以，流量全镜像的采集虽然拥有分析最细致的优点，但只适用于少量数据、个别端口的监测，无法推广到大型网络中，目前在入侵检测系统中运用较多。

（2）基于 SNMP 的数据采集

通过网络设备代理提供的管理对象信息库，收集与设备及流量信息有关的变量，包括输入输出字节数、非广播包数、广播包数、包丢弃数、包错误数、未知协议包数等。基于 SNMP 的数据采集具有适用面广、部署成本低、难度小等优点，缺点是监测粒度粗，只能采集到网络流量大小、丢包和时延信息，不能深入分析包的类型、流向等信息[2]。

（3）基于 NetFlow 的数据采集

基于网络设备提供 NetFlow 的机制，实现网络流量信息采集，确保流量信息采集满足网络流量监测的需求。该技术首先被用于网络设备对数据交换进行加速，并可同步实现对高速转发的数据流进行测量和统计[3]，兼具全镜像和 SNMP 部署成本低、难度小、监测粒度细的优点，不影响网络运行，适用面较广，适合对网络进行精确监测。

除上述研究工作外，针对复杂网络环境下的威胁数据差异化监测需求，李凤华等[4]提出了采集策略层次模型，将安全数据精准采集问题建模为采集收益和采集成本平衡的非线性优化问题，可实现采集策略自动精化，并提升数据采集的精准性。

2. 网络数据流识别

网络数据流识别主要有基于端口的网络数据流识别、基于数据包载荷的网络数据流识别、基于网络行为的网络数据流识别和基于机器学习的网络数据流识别这 4 类。

（1）基于端口的网络数据流识别

该方法通过匹配数据包中熟知端口号与协议间的映射关系来识别不同的协议，然而，随着端口号伪装、动态端口号协商以及 P2P 应用的广泛应用[5]，此方法逐步失效，已难以适应目前的网络环境。

（2）基于数据包载荷的网络数据流识别

该方法通过对明文中不同数据包的负载内容进行分析，使用的技术包含深层包探测技术和载荷随机性检测技术，一般用于网络应用分类。通过对数据包的载荷进行分析，查看是否包含特定应用字段，进而将其识别为相应的网络类型。该方法需要建立应用层特征映射库，比较数据包有效载荷中控制信息与特征映射库中某一规则关键字是否相同，以此将其对应到相应的应用类型。部分应用识别规则[6]通过不断加入新的应用识别规则来准确识别各种应用类型流量。

深度包检测（Deep Packet Inspection，DPI）是一种基于数据包的深度检测技术，针对不同的网络应用层载荷（如 HTTP、DNS 等）进行深度检测，通过对报文的有效载荷检测决定其合法性。基于数据包载荷常见的检测工具有 PAC、NBAR、OpenDPI、L7-filter、nDPI 和 Libprotoident。Finsterbusch 等[7]使用多种 DPI 工具对包含常见的 14 种网络应用协议的网络流量进行分类，其中 Libprotoident 对 DNS、SMTP 及 HTTP 的识别率达到 100%。Guo 等[8]提出了一种结合深度包检测和深度流检测（Deep Flow Inspection，DFI）的恶意行为检测方法，即 DPI &DFI，并使用 KDD Cup 99 数据集进行基准测试，测试结果显示所提方法对 U2R 和 R2L 攻击类别的检测率较低。针对 P2P 僵尸网络识别问题，Khan 等[9]提出了一种利用机器学习分类器对网络流量特征进行分类的多层流量分类方法，并构建了基于决策树的特征选择框架，可有效检测 P2P 僵尸网络，实验结果表明该方法的平均准确率为 98.7%。

载荷随机性检测技术通过衡量网络流量中数据包的负载内容的随机性，实现加密网络流量识别。Khakpour 等[10]提出了 Iustitia 识别方法，根据文本流熵值最低、加密流熵值最高，以及二进制流熵值介于两者之间的特性，采用基于熵值的方法精细化识别二进制流（如图像、视频和可执行文件），甚至可以识别二进制流传输的文件类型（如 JPEG 和 GIF 图像、MPEG 和 AVI 视频）。Dorfinger 等[11]提出了基于熵估计的实时加密网络流量识别算法，对 Skype 等应用协议的加密网络流量的识别精度可达 94%。赵博等[12]提出了一种基于加权累积和检验的加密流量盲识别方法，该方法利用加密流量的随机性对负载进行累积和检验，根据报文长度加权综合，可实现在线普适识别，实验结果表明加密流量识别率达到 90% 以上。

基于数据包的深度检测技术需要对数据包的载荷进行完整分析，花费时间较长，也存在侵犯用户隐私的危险，这些都使数据包载荷的识别方法受到限制。基于载荷随机性的检测技术虽然可以对加密数据包进行检测，但是所使用的可区分性信息类型过于单一，因此该方法准确率难以改进，距离工程实践要求还有较大差距，并且适用的流量识别场景较少。

（3）基于网络行为的网络数据流识别

网络行为分析的前提是不同应用的传输层行为模式存在差异，如在主机连接方式、平均数据包大小、协议交互轮数等方面表现不同，通过分析网络应用不同的通信行为模式识别应用类型。

Amouri 等[13]提出了一种在网络中采用基于获取正常和恶意数据包计数的方案，该方案采用混杂模式收集数据包计数，在局部检测中，使用基于决策树的嗅探器来生成正确分类的实例（ Correctly Classified Instance，CCI ）。全局阶段收集从专用嗅探器发送到超级节点的 CCI，并应用迭代线性回归生成一个基于时间的配置文件。针对加密流量识别，Xiong 等[14]提出了基于主机行为关联的 P2P 加密流量识别方法，该方法可在高速网络环境中达到实时识别的要求，其识别精度为95%。Korczynski 等[15]对 SSL/TLS 协议单向会话中的主机行为信息建立了一阶齐次马尔可夫链，并使用此马尔可夫链作为会话指纹来识别加密网络流量中的应用类型，实验结果表明此方法可以有效识别使用 SSL/TLS 协议的应用。Mongkolluksamee 等[16]使用 Graphlet 对网络应用的行为模式进行可视化分析。Himura 等[17]将基于形状的特征提取算法应用于 Graphlet 创建特征向量，该方法利用网络应用在传输层上表现的行为模式差异提取网络应用流量特征，但识别过程复杂，时空复杂度高，在实时识别需求较高的网络连接中难以应用。

（4）基于机器学习的网络流量识别

通过对网络流量行为特征进行统计分析发现，其与应用类型存在内在联系，基于此建立相应的模型进行类型识别，主要应用于网络流量分类，主要包括监督、非监督和半监督这 3 种网络流量识别方法。

①监督学习的网络流量识别需要提前获取包含类标签的网络流量数据，并将其作为训练样本数据。训练阶段通过对样本集进行学习建立分类模型，分类阶段根据训练阶段产生的分类模型对未知类型数据进行分类。在网络流量分类过程中，需要从已知类型的数据样本中提取网络流统计特征。训练阶段，对众多样本流特征进行特征选择得到最优特征子集，并通过分类算法对利用最优特征子集表示的样本向量进行分析，从而建立分类模型；分类阶段，通过分类模型将不断到来的流量数据划分为不同的应用类型。网络流量识别中常用的分类算法有 C4.5 决策树

算法、随机森林算法、Naive Bayes 算法、SVM 算法和 BP 神经网络算法等。

针对传统基于 SVM 的流量分类器在实际应用中存在的局限性，Sun 等[18]提出了增量支持向量机（ISVM）模型，该模型能够降低内存和 CPU 的高训练成本，实现流量分类器的高频快速更新。同时，通过引入衰减因子提出了 ISVM 模型的改进版本 AISVM，实验结果表明 ISVM 和 AISVM 模型在流量分类中具有有效性。Yuan 等[19]设置支持向量机在 4 个核函数（LINEAR、POLY、RBF、SIGMOID）下的对比实验，实验结果表明 RBF 核函数处理网络流量分类问题性能更优。

②非监督学习的网络流量识别不需要事先获取已标记应用类型的网络流量数据。Meng 等[20]设置不同机器学习模型下的流量分类对比实验，包含 Auto Class 模型、K 均值模型和 DBSCAN 模型，实验结果表明 Auto Class 模型构建过程耗时较长，但流量类别的预测精度表现最优；K 均值模型构建过程耗时最短，但流量类别的预测精度表现最差；DBSCAN 模型的复杂度和类别预测精度居中，具有良好的可扩展性。Park 等[21]采用文本检索技术，采集负载中某些字符的出现频率作为负载的特征，组合负载特征数据，构建负载流样本集，基于 Jaccard 相似度度量将负载流样本集中的流向量聚类为 $M$ 个簇，并标记每个簇的功能类别，实验结果表明基于负载字符频率的无监督学习算法可提供更细粒度的预测结果。Bernaille 等[22]对比分析基于无监督学习方式处理流量分类问题的谱聚类、K-Means 和高斯混合模型的 3 个实验，设计并实现了流量的在线预测模型。

③半监督学习的网络流量识别通过结合监督和非监督方法，利用少量标记流向量和大量无标记流向量构建网络流量的预测模型。Bian 等[23]提出半监督分类模型，运用 K-Means 聚类算法将流样本集聚类为互不相交的 $M$ 个簇，计算每个簇中各类标记样本的占比，设置簇的类别为其中占比高的标记样本类别，实现聚簇到类别的映射，从而实现网络流量分类。基于聚类的标记传播技术可提升模型的分类准确率，增加了应用类别的覆盖率。Idhammad 等[24]提出了一种基于网络熵估计、共聚类、信息增益比和 exra-tree 算法的在线序列半监督 ML 检测 DDoS 的方法，该方法的无监督部分可以减少与 DDoS 检测无关的正常流量数据，从而降低假阳性率并提高准确率。Ede 等[25]提出了一种半监督的方法 FLOWPRINT，用于从（加密的）网络流量中对移动应用程序进行指纹识别，自动找到与目的地相关的网络流量特征间的时间相关性。

综上所述，3 种机器学习方法在网络流量识别中具有不同的特点。监督学习（分类）的网络流量识别方法的优点是模型建立时间短，分类速度快，准确率高，适合在线分类；缺点是需要提前对网络流量数据进行类型标记作为训练数据，已经建立的模型不能适应网络环境的变化，无法发现新出现的应用类型。无监督（聚类）的网络流量识别方法不需要使用提前标记的网络流量数据，能够快速发现不同应用类型数据间的差异，及时发现网络中新出现的应用类型；不足是所得聚类簇质量很大程度上依赖于算法参数的设置，不合适的参数会严重影响网络流量识别结果，同时无法有效地建立聚类簇与网络应用类型之间的对应规则，使最终识别结果准确率受到影响。半监督的网络流量识别结合了两者的优点，能够以较少的已知类型样本数据对网络流量进行准确识别，但是实时性难以满足在线网络流量识别的要求。现有的各种数据流分析方法各自有着显著的优缺点，只能应用于特定的场合，无法做到灵活的通用配置，远不能满足数据流分析的需要。

### 3. 数据监测点部署

在数据监测过程中，网络数据监测点部署位置的选取对数据监测结果分析有着重要影响。如果选取合适的监测点进行部署，既可以监测到与威胁相关度较高的数据，又可部署尽量少的监测点，获得最优的监测效果；反之，数据冗余增大，并增加开销。近年来，很多学者从不同角度对网络监测点部署问题开展了研究。

Breitbart 等[26]将网络测量部署问题映射为经典优化问题，采用整数规划来解决优化问题。Aqil[27]基于同样的映射，对经典优化问题的难解性利用近似算法进行求解。Hochbaum[28]设计了一个启发式算法求解近似解。此外，为了监视所有（可能是多路径）流，Micka 等[29]提出了一些策略来最小化在边缘放置足够多数量逻辑监视器（称为旋转门）的成本。Aubry 等[30]提出了一个新的概念，称为 k-可识别性，并提出了保证 k-可识别性的充分必要拓扑条件和两个有效的多项式时间算法来解决如下两个密切相关的问题：①在网络中最优放置网络函数以满足所有流的 SFC 要求问题；②最小化总部署成本的优化问题[31]。上述工作侧重于优化问题的描述和求解，没有考虑数据存在异构性，且没有在敌对环境方面给出相关讨论。

在网络安全监测领域中，已有不少采集代理的部署方法。例如，基于访问控制策略的部署方法[32]和基于线性规划的部署方法[33-35]。为了尽早发现复杂网络中病毒的传播，Yu 等[33]提出了一种最小化感染规模的启发式算法——最小化最大感染（Minimizing the Maximum Infection，MMI）算法，该算法具有较快的收敛速度。Zhou 等[34]研究了如何有效地选择传感器部署位置，以便在网络中早期发现动态有害级联问题，并将级联的动态属性因素考虑在内，基于 CELF 算法[30]提出了上界贪婪（Upper Bound Based Greedy，UBG）方法，通过求出收益函数的上界删除不必要的检测时间估计。Thakore 等[35]先对异构的日志信息进行了度量，利用日志与威胁之间的关联关系构建优化目标，并对该方法的伸缩性进行讨论，然后又在度量的基础上提出了一个启发式优化部署算法——最优监控部署贪婪算法（Greedy Algorithm to Compute the Optimal Monitor Deployment，GOMD），该度量方法为统一量化异构数据提供了启发。此外，针对采集已知攻击问题的局限性，Talele 等[32]提出了一种计算网络监控位置的方法，该方法利用主机间可用访问控制策略的通用性来计算大规模系统的采集代理的部署位置。上述研究工作均忽略了攻击者对采集代理部署策略的影响，因此现存的优化部署方案稳健性不足，无法很好地应对敌对环境。针对上述问题，通过引入攻防博弈思想，陈黎丽等[36]提出了一种稳健性采集代理部署策略，该方法基于对采集代理、威胁事件及其关系的度量，构建度量攻防博弈模型，利用目标函数的次模性和非增性，设计了近似求解算法。

## 2.1.2　数据汇集与传输

随着泛在网络规模不断扩大，网络节点之间的通信流量也不断增大，数据汇聚与传输的需求也随之增加。泛在网络的发展使物联网、移动互联网、云数据中心、智慧城市等环境的数据汇集与流转需求呈现典型的差异化，如数据按需汇集、数据实时汇集、多路径拥塞控制、数据安全传输与流转和信息流转管控等。

### 1. 数据按需汇集

在数据按需汇集方面，针对车联网中修剪数据冗余技术难以直接应用到动态网络拓扑中的问题，Ouksel 等[37]提出的供需平衡模型、响应聚合模型和基于概率包含的查询过滤模型，提高了网络响应速度。基于度约束的汇集树构建算法（Degree Constraint Aggregation Tree，DCAT），利用广度优先搜索算法遍历图的每个节点，将与汇集节点更近的节点集合确定为潜在母节点集合，再通过选择度数最小的节点确定最终母节点，可解决无线传感器网络中数据汇聚算法造成的通信时延大的问题。Sun 等[38]提出了一种无线传感器网络传输容量最大化算法，该算法基于 Dijkstra 算法和最大流定理，根据从源节点到汇集节点的传输包数来扩展中继容量，可平衡不同节点的路径长度与转发能力之间的矛盾。为支持在用户指定的时空域上在线聚合网格数据，Tosado 等[39]提出了一种压缩的列式索引和查询处理方法，可有效提升索引处理速度。

### 2. 数据实时汇集

在数据实时汇集方面，KhadirKumar 等[40]提出了一种实时高效的数据聚合方法，该方法基于 ATL（Availability-Throughput-Lifetime）参数对网络中的节点进行调度，利用 ATL 参数并通过估计数据可用性支持度、网络吞吐量支持度和网络生存期支持度对节点进行工作调度，基于以上估计支持度，该方案可实现生存期最大化的数据聚合。Griffin 等[41]将语义 Web 技术与标准化传输协议相结合，为分布式社交数据聚合提供了高效、开源的技术，可实现大规模动态数据流中信息的实时提取。Kolozali 等[42]提出了一个高效语义数据处理框架，该框架能够在语义 Web 环境下，在实时数据聚合和质量分析的基础上实现数据流和复杂事件处理的高效语义集成。Du 等[43]提出了一种基于聚类路由算法的实时高效数据聚合方案（Dynamic Message List Based Data Aggregation，DMLDA），在该方案中，每个过滤节点都会建立一个特殊的数据结构动态列表，通过比较当前消息和列表项，可实现消息冗余性的无延迟判断。Zhang 等[44]提出了一种基于流的信道和时隙调度（Flow-Based Channel and Time Slot Scheduling，FCTS）算法，该算法结合信道分配和时隙分配来实现实时数据传输，共分为两个阶段，第一阶段根据网络干扰冲突模型和并发传输的干扰关系进行信道分配，以最大限度地减少网络冲突；第二阶段根据数据流的紧急程度和空间复用为数据流分配传输时隙以实现数据的实时传输。提升数据汇聚实时性的另一种关键性技术是检测数据相似性，降低数据冗余。当前大多数相似性记录检测算法都基于排序合并来分析数据的相似性，在检测相似数据前使用关键字对数据集进行排序，该方式的主要缺陷之一是生成的关键字不正确。针对该问题，Liu 等[45]提出了一种利用多个编码域合成关键词的方法，实验结果表明该方法可优化相似性检测算法的性能。

### 3. 多路径拥塞控制

多路径拥塞控制算法可分为基于分组丢失、基于时延、基于瓶颈公平性等。

基于分组丢失的多路径拥塞控制算法[46-48]根据链路是否发生分组丢失来判断网络拥塞状况。Wischik 等[46]提出了 semi-coupled 拥塞控制算法，通过多路径总拥塞窗口和侵略因子调整子流拥塞窗口增长模式，该算法可实现负载均衡，但要求子流的往返时延（Round-Trip Time，RTT）相同。在考虑子流 RTT 差异对其吞吐量影响的基础上，Raiciu 等[47]提出了 LIA（Linked Increase Algorithm），通过引入权重因子，在计算联合拥塞窗口时对子流的带宽侵占能力进行动态调整，但该算法没有对权重因子做出限制，当权重因子较大时，LIA 会侵占过多的带宽资源。在 LIA 的基础上，Khalili 等[48]提出了 OLIA（Opportunistic Linked Increase Algorithm，OLIA），从最优化资源池和均衡拥塞响应能力角度出发，为优质路径提供更大的拥塞窗口变化加速度，从而使资源得到更充分的利用，但该算法对网络状态变化反应较快，易于侵占过多的带宽资源。

基于时延的多路径拥塞控制算法根据链路中数据分组传输的 RTT 变化来判断网络拥塞状态。Cao 等[49]将基于时延变化调节拥塞窗口的思想引入 MPTCP 中，可实现较好的拥塞均衡，但该算法与其他算法共存时带宽竞争能力较弱。通过引入加性增长乘性减少策略，Gonzalez 等[50]设计了混合时延的多路径拥塞控制算法，增强了带宽竞争能力，但带宽利用率低于其他多路径拥塞控制算法。在综合考虑时延和吞吐量对拥塞窗口影响的基础上，Li 等[51]设计了最小化子流时延差异和基于遗传算法的速率分配方案，可提升吞吐量，但与其他拥塞控制算法相比，难以保证算法公平性。

基于瓶颈公平性的多路径拥塞控制算法通过瓶颈检测来区分共享瓶颈子流集合与非共享瓶颈子流集合，并对共享瓶颈子流集合与非共享瓶颈子流集合采取不同的拥塞控制策略。Hassayoun 等[52]提出了基于瓶颈公平性的动态窗口耦合算法，该算法通过检测子流分组丢失相关程度，划分共享瓶颈带宽子流集合和非共享瓶颈带宽子流集合，使共享瓶颈子流集合保持 TCP 友好性、非共享瓶颈子流集合可以独立地与 TCP 流竞争带宽资源，从而达到提升吞吐量、保持算法公平性的目的，但其检测子流的方法会对共享瓶颈带宽子流产生误判，从而导致算法性能下降。Ferlin 等[53]提出了多路径共享瓶颈检测算法，通过计算单向时延的方差、偏度、关键频率这 3 个统计量来判断共享瓶颈带宽子流，但由于统计量的门限值通过经验值获取，因此该算法应用场景受限。Zhang 等[54]提出了基于时延趋势线性回归方法检测共享瓶颈子流集合的方案，可以预测共享瓶颈带宽子流，但当网络环境差异较大时该方案可能会带来误判。

除了上述多路径拥塞控制算法外，Xue 等[55]将网络编码引入多路径拥塞控制中，设计了 "couple+" 的拥塞控制方案，使编码子流可以及时发现拥塞，进行负载均衡，但实际应用中需要考虑编解码器的设计问题。针对无线多媒体传感器网络，Trinh 等[56]提出了节能型的多路径拥塞控制算法，采用低能耗的路径传输数据，综合考虑节能和路径特征来调节拥塞窗口，以兼顾节能与服务质量。Xu 等[57]将深度学习算法引入网络研究中，可提升高动态网络的稳健性，但学习规则并未全面考虑实际网络的复杂性。Barakabitze 等[58]通过使用软件定义网络/网络功能虚拟化（Software Defined Network / Network Function Virtualization，SDN/NFV）上的段路由（Segment Routing）转发 MPTCP 子流，为终端用户提供优化的端到端体验质量（Quality of Experience，QoE），但流量分配需要大量的转发机制，这导致存储资源消耗过多，有待进一步优化。

王竹等[59]提出了一种基于链路容量的多路径拥塞控制算法，该算法利用 M/M/1 缓存队列模型调控接收端缓存队列大小，对发送端吞吐量进行调节，可实现多路径联合拥塞控制，提升多路径传输带宽利用率和多路径拥塞控制算法响应速度，并保证多路径传输公平性。

**4. 数据安全传输与流转**

在数据安全传输与流转方面，针对无线传感器网络中传输数据的安全性与可靠性较低的问题，Kumar 等[60]提出了一种基于信任和信誉模型的数据汇聚方案，该方案有助于选择从传感器节点到基站的安全路径，从而大大提高汇聚数据的准确性，且具有更低的能量消耗和更高的精度。Hurrah 等[61]提出了一个稳健的基于信息隐藏和混沌理论的多级安全方法，该方法基于随机系数选择和平均修正方法（Random Coefficient Selection and Mean Modification Approach，RCSMMA），可增强两个节点之间传输信息的稳健性。为实现车联网中的数据安全传输，Zhang 等[62]提出了一种在雾计算环境下的车联网高效安全数据传输机制，该机制在抵抗攻击和提高消息传输效率方面具有更好的表现，可以实现高效安全的数据传输。基于物联网系统中不同实体之间的信任关系、最小信任需求模型，Fang 等[63]提出了一种灵活有效的异构物联网设备认证方案，该方案利用具有更好的存储和计算能力的物联网设备，可为资源有限的物联网设备同时提供安全传输和隐私保护，既可实现双向认证、初始会话密钥协商和数据完整性，又可实现匿名性、上下文隐私性、前向安全性和端到端的安全性。Guan 等[64]提出了 APPA 方案，通过假名和假名证书来保证设备的匿名性和真实性，假名证书可以自主更新，并利用本地认证机构的优势，将假名管理转移到网络边缘的专门雾节点，为设备注册和更新提供实时服务；在数据聚合过程中，采用 Paillier 算法可实现数据的保密性。

**5. 信息流转管控**

在信息流转管控方面，针对云组合服务的信息流安全问题，基于依赖分析的信息流转管控机制，通过数据间的依赖关系分析云组合服务中的信息流动，并使用安全标签进行信息流转管控。Khurshid 等[65]为了保护从设备到云的数据迁移过程，利用用户指定的信息流控制策略对云内数据流进行监控。为了降低通信开销和实现发送方认证，Han 等[66]提出了一种基于属性的信息流转管控（Information Flow Control，IFC）方案，该方案在一组通用的描述性属性上定义了灵活的 IFC 策略，支持"不读"规则和"不写回"规则，通信成本与所需属性的数量呈线性关系而不是与接收方呈线性关系，接收方可以将繁重的计算外包给服务器而不损害数据机密性，授权发送方可以在向接收方发送消息时控制释放它们的属性。Nielson 等[67]开发了一种组合的 Hoare 逻辑和类型系统，用于强制执行与内容相关的信息流策略，同时处理完整性和机密性。Wang 等[68]提出了一种有效的排队策略来控制多类信息的时空传播，同时构造了一种新的非线性积分−微分方程组（Integral-Differential Equation，IDE）方案来刻画在所设计的排队策略下的信息传播。

## 2.2 高并发数据安全服务

### 2.2.1 高并发数据处理

高并发处理是泛在网络的典型应用需求，高并发的研究也逐渐成为行业热点[69-70]。当前主流的高并发数据处理技术分为 4 类：基于线程的数据并发处理、基于事件的数据并发处理、混合编程的数据并发处理和其他数据并发处理技术。

1. 基于线程的数据并发处理

基于线程的数据并发处理技术利用多核多线程可以并发执行的特点，相关的研究主要聚焦于两方面：低开销上下文切换和内存高效使用。

在低开销上下文切换方面，针对线程的内核调度引起的开销，Behren 等[71]开发了一种可与高并发服务器一起使用的可伸缩线程程序包 Capriccio，可实现用户态的线程调度；针对堆栈空间的浪费问题，Capriccio 程序包引入了链接堆栈管理，通过提供可以在运行时增长或收缩的小型不连续的堆栈，提高堆栈空间的利用率。除此之外，还引入了资源感知调度算法，允许线程调度针对系统当前的资源使用情况进行调整。Marco 等[72]提出了一种基于混合整数线性规划（Mixed Integer Linear

Programming, MILP）的数学公式，通过考虑二维网格片上网络（Network on Chip, NoC）的空间拓扑，在最坏情况下映射应用程序在核心上的线程。

在内存高效使用方面，Gu 等[73]提出了共享堆栈的协作线程方法，可以将多线程编程的简单性与事件驱动系统的性能和可伸缩性结合在一起，共享堆栈协作线程可以更有效地利用内存空间，同时可降低程序员多线程编程的难度。Kyuho 等[74]提出了一种新的体系结构 MN-MATE，针对内存性能对 CPU 性能限制的内存墙（Memory Wall）问题，面向多核系统提出了一种高效的系统资源管理技术，通过设计内存分层和基于能耗的混合内存管理机制，并构造相应的文件缓存方法，实现了多核系统中的高性能和低能耗。

虽然基于线程的高并发处理是一种简单、自然、支持高并发性和低开销的编程技术，而且线程更容易接受基于编译器的增强[75-78]，但是也存在时延与并发请求关联性能瓶颈、同步机制实现困难、死锁机制带来性能损耗等问题。

### 2. 基于事件的数据并发处理

基于事件的数据并发处理是将并发场景中每次的数据处理当作一个事件，通过任务完成通知机制并将每个事件的状态变化发送给程序，事件派发机制根据事件状态变化执行对应操作的异步处理技术。基于事件的数据并发处理被广泛应用于各种系统中，比如 Linux 提供的 select、poll、epoll 并发处理接口，Windows 系统的输入/输出完成端口（Input/Output Completion Port，IOCP）模型等。除此之外，学术界也对基于事件的数据并发处理技术展开了广泛的研究。

针对线程库的"堆栈撕裂"问题，Krohn 等[79]设计了一个基于事件并发处理的 Tame 系统，Tame 系统用于统一管理网络程序中的并发事件，可以自动化管理局部变量和调用函数与被调用函数间的模块化接口，且具有平台普适性。Fischer 等[80]设计的 Tasks 系统与 Tame 系统有相同思路，通过在 Java 编程语言中引入了新的关键字、语法形式和闭包设施，使程序能够直观地实现多线程的阻塞等待执行效果，同时也支持预编译和异常机制。

针对基于事件的状态机实现的复杂性问题，Dunkels 等[81]提出了一种新颖的编程抽象 Protothreads。Protothreads 能够以类线程的方式编写事件驱动程序，减少状态机状态和转换的使用数量。

### 3. 混合编程的数据并发处理

Lee[82]总结了基于线程的数据并发处理和基于事件的数据并发处理的缺点：①基于线程编程看似是对顺序计算的一种改进，但基于线程编程抛弃了顺序计算的可理解性、可预测性，而这两点正是顺序计算的重要特点；②基于事件的并发处理技术的问题可以概括为控制流反转、函数分裂、变量重定位、调用栈重构和侵入性原则。Adya 等[83]将这些问题归结为"堆栈撕裂"问题。因此，有很多研究将这两种并发处理技术混合使用。

Li 等[84]使用 Haskell 在应用程序级别将基于事件的并发处理技术和基于多线程的并发处理技术相结合，构建了大规模并发网络服务，该网络服务结合了线程的易用性以及事件的灵活性和高性能，简化了大规模并发软件的开发，具有良好的性能（可扩展到 1 000 万个线程），并且 I/O 性能优于 Linux NPTL。针对消息传递并发与虚拟机（例如 JVM）之间存在不匹配的问题，Haller 等[85]利用 Scala 编程语言的高级抽象机制，实现了在不需要修改 JVM 的前提下将基于线程和基于事件的并发处理相结合的方法。这种并发编程处理技术可以与基础 VM 的基于线程处理技术很好地集成在一起。

4. 其他数据并发处理技术

随着 Web 技术不断发展，物联网、网上交易系统等新兴场景的不断完善，高并发处理技术也需要针对不同的应用场景做出相应的改变。针对物联网服务低时延和高并发性的需求，Zhang 等[86]提出硬件-软件代码签名的标签网络堆栈（Labeled Network Stack，LNS）机制，通过对整个网络堆栈（包括应用程序、TCP/IP 和以太网层）中的有效负载区分不同请求的跨层有效负载标记，减少了标记和优先级处理开销，降低了高优先级请求对低优先级请求的干扰，实现了在尾部等待时间和并发性方面改进的效果。

针对 Web 服务器高并发的需求，Yao 等[87]提出了在高并发环境中 Web 应用系统性能测试指标、性能测试方法和性能优化策略，并根据高并发 Web 应用系统的总体系统结构，从浏览器访问、服务器和数据存储 3 个方面阐述优化方案，对 Web 系统性能提升取得了良好的效果。Fan 等[88]通过对高并发工作负载下 Web 服务器的响应能力与不同的服务器体系结构的关系进行研究，认为具有异步体系结构的 Web 服务器可以实现比基于线程的版本更好的尾部时延。

针对数据库中处理多并发全连接查询的大规模数据分析的业务需求，Candea 等[89]设计了 C join 模型，在该模型中所有进行中的链接查询共享 I/O，计算和元组存储单个物理计划，采用无阻塞运算符的"always on"管道，不断检查当前查询组合状态并实时优化管道，这种设计具有可扩展性、提供可预测的执行时间和减少竞争的特点。

面对 O2O 交易系统采用传统数据库架构和集群负载均衡架构带来的性能瓶颈问题，王小戏[90]设计了依据一致性理论的添加数据分组策略，并实现了支持跨库连接和读写分离的支持高并发高可用的数据库集群 XFabric 和高并发高可用的服务器集群 XCluster。由上可见，合理的业务设计逻辑对高并发也有很大的影响。

针对验证外包数据完整性中存在的高并发高负载需求，Arasu 等[91]提出了基于时延验证和批量处理验证的 Concerto 模型，该模型在保留了在线验证实用性的同时提高了并发性，其性能是传统的对每次请求处理一次的方式的两倍。

针对多媒体交互系统中的高并发需求，Toro[92]介绍了并发约束编程（Concurrent Constraint Programming，CCP）和不确定性定时并发约束（Non-deterministic Timed Concurrent Constrain，NTCC）的事件驱动实时解释器的实现，并进一步给出了 GECOL 2。GECOL 2 将 GECODE 用于并发控制，可以避免使用线程和线程同步，从而使 CCP 和 NTCC 的实现简单而高效。

针对高性能计算（High Performance Computing，HPC）对高并发的需求，Matheou 等[93]实现了一个利用动态数据流/数据驱动技术且基于数据驱动多线程（Data-Driven Multithreading，DDM）的编程框架，该框架根据顺序处理器上的数据可用性来调度线程，具有易扩展、低调度开销和低内存时延的优点。为了解决 CPU 和内存控制器之间的内存访问性能问题，Zhao 等[94]提出了一种支持高并发内存访问（High Concurrency of Memory Accesse，HCMA）的协调批处理算法，该算法利用 FPGA 或 SoC 中的暂存器来规避 MSHR 条目的限制，请求的并发性仅受暂存器内存容量的限制。

针对分布式交易高时延、高中止率和低性能的问题，Yu 等[95]提出了内存分布式分布并发控制协议 Sundial，该协议通过将逻辑租约应用于每个数据元素，来实现根据数据访问模式在运行时动态确定事务之间的逻辑顺序；为降低远程数据访问的开销，Sundial 允许数据库在服务器的本地主内存中缓存远程数据，并保持缓存的一致性。

针对 Hadoop 平台静态存储加密方案密钥管理复杂、加解密性能低的问题，金伟等[96]提出了一种基于商用密码算法的 Hadoop 高性能加密与密钥管理方案，设计了基于异步流水的高并发加解密方法，替代 Hadoop 原有的串行加解密流程，并通过密文排序确保多加密线程的密文同步，可有效提升 Hadoop 平台密钥存取与加解密速度。李凤华等[97]发明了一种支持并行运行算法的数据处理方法及装置，在处理数据时可实现高效并行运算及异步管理。

## 2.2.2　安全业务服务

面向泛在网络环境下的业务服务系统，安全业务服务提供高并发海量业务数据处理和安全性保障机制，以确保业务服务系统的可靠性，并降低安全风险。本节从按需服务和可信计算服务的角度介绍安全业务服务现状。

### 1. 按需服务

按需服务是云计算技术的本质，是为提高效率、避免浪费而出现的；同时，按需服务也是个性化服务的基础。Kansal 等[98]将遗传算法应用于优化评估用户的请求参数和供应商的计算能力，为 LaaS 云服务实例提供了基于需求的动态定价模型，以帮助供应商同时考虑供应商和用户的效用来动态确定所提供云服务的价格。通过研究时延敏感性和代理独立性对按需服务平台的影响，针对 IT 基础架构对面向服务的架构（Service-Oriented Architecture，SOA）从业务策略的角度和在面向服务的开发的上下文中的影响，Crawford 等[99]对当前 SOA 进行了优化，提出了按需的面向服务的架构（on-demand SOA），这种架构是对业务流程转换以及面向服务的开发和基于策略的 IT 管理的支持技术更全面的集成。

针对移动云计算中未充分考虑重复任务、系统自修复能力缺失的现状，Pandey 等[100]将应用视为工作流，并将其抽象为有向无环图，提出了一种基于角色的网络体系结构 Maestro，降低了用户数据安全风险。Bari 等[101]综合考虑了 VNF 开销、服务器能耗开销、服务器间带宽资源开销，将满足上述诸多限制的 SFC 编排问题转化成整数线性规划问题，并使用启发式算法对问题进行求解。针对动态场景下服务功能链资源智能调度问题，魏亮等[102]基于强化学习方法，采用 Q-learning 机制，设计了一种服务功能链映射算法。

Chen 等[103]设计了一种根据特定服务的特征区分安全性的体系结构，通过在适当的级别上保护各种云计算服务，避免了对 IT 资源的不必要消耗。Chen 等[104]提出了一种根据用户资源高效计算卸载机制和网络运营商联合通信与计算资源分配机制组成的综合架构，通过确定用户的最优通信和计算资源配置，在满足 QoS 约束的前提下，以最小的资源占用来减少用户的资源占用；然后针对 JCC 资源分配中的用户准入控制问题，选择合适的用户集满足资源需求。

李凤华等[105]发明了一种密码按需服务方法，用于对密码服务进行需求分析、密码计算资源按需配置与重构、密码作业按需调度，该方法可根据需求对密码计算资源进行动态配置、管理和调度，满足各类业务系统千万级以上在线并发随机交叉需求。

李凤华等[106]发明了一种在线业务按需服务方法，用于对业务服务能力需求分析、服务资源按需配置与重构、业务作业按需调度，该方法可实现在线业务按需服务，更好地满足用户的多种应用需求和各类业务系统百亿级以上在线并发随机交叉需求。

2. 可信计算服务

可信计算就是在计算平台中，首先创建一个安全信任根，再根据信任根一层一层地建立信任链，以此实现信任的逐级扩展，从而构建一个安全可信的计算环境。可信计算[107]最早由美国国防部在《可信计算基系统评价准则》中提出，之后接连推出了可信网络解释[108]和可信数据库解释[109]，成为最早的可信计算技术框架。我国可信计算起步于 2000 年。2003 年，我国研制出第一款可信计算平台模块和可信计算平台[110]。

可信计算的发展经历了多个阶段。最初的可信计算 1.0 基于计算机的可靠性，主要用于故障排除和冗余备份，这是基于最基本的安全预防措施。可信计算 2.0 主要以硬件芯片作为可信根，通过一环套一环的可信扩展，以构建完整可信链的方式实现独立计算机保护。由于在计算机体系结构级别未考虑安全问题，因此很难实现主动防御。沈昌祥等[111]提出了可信计算 3.0 的概念，即"主动防御系统"，可信计算 3.0 确保不需要人工干预即可评估和控制整个过程，即防御和并行计算的"主动免疫计算模型"。

Maene 等[112]概述了所有主要的可信计算设计方案，这些设计方案对学术界和产业界的基础架构进行了硬件更改，并提供了隔离或认证功能，可以保护应用程序免受其他软件的侵害，并让第三方获得该软件未被篡改的证据；在此基础上，Maene 等[112]进一步对安全属性（隔离性、认证、密封、动态信任根、代码机密性、侧通道电阻力、内存保护）和体系结构特征（轻量化、纯硬件 TCB、抢占式、动态布局、可升级的 TCB、向后兼容性）进行描述并比较了不同的体系结构。

为了解决用户数据可能会被大数据处理程序泄露的问题，面向安全的 MapReduce 架构将可信计算、密钥管理系统与大数据处理框架 MapReduce 整合，将用户数据在大数据平台处理前进行加密。同时，可信计算可以实时保护大数据平台的安全，为用户数据和计算结果提供安全保障。

针对信息物理系统（Cyber-Physical Systems，CPS）中存在对用户数据失去控制的风险，Yin 等[113]提出了一种去中心化的可信计算和网络范例 HyperNet，HyperNet 基于区块链和智能合约设计，由智能私有数据中心（Private Data Center，PDC）组成，能够在任何实体之间实现去中心化信任链接，HyperNet 基于通用数据对象标识符（Universal Data object Indentifier，UDI）平台完成安全的数字对象管理和基于标识符驱动的路由机制，实现了保护数据主权的目标。

Alhaidary 等[114]使用攻击树分析了可信计算平台中基于脱机个人身份验证设备（the Offline Personal Authentication Device，offPAD）的认证协议，发现offPAD 可能遭受中间人攻击、重传攻击，并针对这些漏洞提出了基于公钥的解决方案。

## 2.3　实体身份认证与密钥管理

### 2.3.1　移动用户接入认证与密钥管理

随着移动通信系统的演进发展，与网络特征相适应的实体接入认证技术也不断更新换代。2G 采用了 GSM-AKA 协议。作为初代协议，GSM-AKA 协议存在诸多缺陷，包括单向认证、无数据完整性检验机制等。3G 采用了 UMTS-AKA 协议，实现了双向认证、数据完整性保护等功能。但是，UMTS-AKA 仍然存在大量的安全缺陷，容易遭受中间人攻击[115]、伪造基站攻击[116]以及中转攻击[117]等攻击。当前主流的移动用户接入认证技术主要是针对 4G 网络接入认证和 5G 网络接入认证。

1. 4G 网络接入认证

为了实现移动终端与移动管理实体（Mobility Management Entity，MME）间的相互认证，4G 提出了一个新的接入认证协议 EPS-AKA[118]。EPS-AKA 克服了存在于 UMTS 中的安全缺陷，但由于 EPS-AKA 基于 UMTS-AKA 协议所设计，其后向兼容性导致自身不可避免地继承了 UMTS-AKA 的一些缺陷，如不能阻止中转攻击以及中间人攻击等攻击。除了 EPS-AKA 协议外，4G 网络还支持采用非3GPP 接入网 EAP-AKA 接入核心网络[119]。Cao 等[120]详细分析了 EPS-AKA 认证机制以及 EAP-AKA 认证机制，并指出它们存在的一些安全缺陷，例如容易遭受隐私泄露攻击、DoS 攻击等。Alezabi 等[121]提出了针对 LTE-WLAN 互联架构的重认证协议，与标准协议相比，该协议具有更高的安全性和有效性，LTE-WLAN 融合网络接入认证协议方法降低了认证时延和带宽消耗，可用于融合网络中用户的安全接入。

2. 5G 网络接入认证

根据 3GPP 标准[122-123]，5G 网络支持多种异构网络的接入，包括 3GPP 接入（4G 接入网络 E-UTRAN、5G 接入网络 NR 等）和非 3GPP 接入（WLAN 接入网络、WiMAX 接入网络等）。在 5G 网络中，3GPP 提出采用 EAP-AKA 或 5G-AKA 支持终端通过 3GPP 网络和非 3GPP 网络的接入[124]。虽然 EAP-AKA 或 5G-AKA 较之前的认证协议在安全和性能方面都有所改进，但是它仍然存在一些安全缺陷，可遭受可追踪性攻击、缺乏密钥确认攻击以及 IMSI 破解攻击等攻击[125-126]。Borgaonkar 等[127]揭示了针对 3G、4G 以及 5G AKA 协议的逻辑漏洞，攻击者可以利用该漏洞来实施活动监视和定位攻击。Braeken 等[128]提出了一种新版本的 5G AKA 协议，该协议克服了原协议中发现的所有弱点，将序列号替换为随机数，可减少协议中所需的通信步骤，此外，该协议还提供了目前 5G AKA 协议中没有的两个额外的安全特性，即后向安全性和前向安全性。

针对 UE 安全接入由接入点（Access Point，AP）组成 5G-超密度网络（Ultra-Dense Network，UDN）的认证需求，Chen 等[129]提出了一种基于区块链技术和拜占庭（Practical Byzantine Fault Tolerance，PBFT）容错算法的访问点组（Access Point Group，APG）-PBFT 算法，并在该算法的快速认证原理基础上提出了 5G UDN 安全认证方案，可以降低 UE 在 AP 之间移动的认证频率并提高访问效率。Zhang 等[130]提出了适用于 5G 网络中 NB-IoT 终端的无证书多方认证加密方案，该方案将访问认证和数据传输合并为同一过程，不仅实现了访问过程中的多方认证，而且还提供了身份的匿名性和不可否认性。

目前接入认证方案在效率及安全性上仍存在一些问题，如不能同时满足相互认证、密钥协商、隐私保护，以及前向、后向安全等属性，且耗费较多的通信时延和计算开销。同时考虑到多种通信场景，如移动互联网中存在的多种不同的异构网络，而设备接入不同的网络需要不同的接入认证机制，这无疑会增加整个系统的复杂性。因此，将各种类型的无线网络融合起来，在一个通用的网络平台上统一提供服务，针对异构互联网络中的设备研究一种统一、安全、有效的自适应接入认证机制至关重要。

## 2.3.2 群组用户认证与密钥管理

移动网络逐渐呈现终端多元化、网络节点高密度海量化等特点，而群组接入认证技术可在保障大规模实体可信可鉴的基础上提高系统运行效率，因此成为近年来移动网络实体认证的研究重点之一。目前主流的群组用户认证技术主要集中在物联网设备的群组认证和普通用户设备的群组认证。

1. 物联网设备的群组认证

采用聚合消息认证码技术，Lai 等[131]提出了一种轻量级群组认证机制，在该机制中，HSS 可通过验证由群主生成的聚合消息认证码来实现与一群设备的认证和密钥协商，但是该协议存在多种安全问题，如不能抵抗内部伪造攻击和 DoS 攻击等。Lai 等[132]提出了一个 MTC-AKA 方案，在该方案中，相同的群成员分享相同的认证数据，包括一个群临时密钥（GTK），当第一个 MTC 终端附着到 SN 时，SN 将与它一起执行完整的认证过程并代表其他群成员从 HN 处得到 GTK，剩余的 MTC 设备使用 GTK 完成本地认证，但是该方案同样无法抵抗中转攻击以及中间人攻击等。

基于 SE-AKA 的思想，Jiang 等[133]提出了一种基于 EAP 的群 AKA 方案，使一群 MTC 终端可安全有效地通过非 3GPP 接入网络接入 LTE 核心网，然而该方案采用公钥的算法带来了大量的计算开销，并不适合能量有限的 MTC 设备。为了减少公钥算法带来的计算开销，Lai 等[134]提出了一种新颖的轻量级组身份验证方案（GLARM），该方案由两个协议组成，分别在 3GPP 接入和非 3GPP 接入中实现高效且安全的组认证，该方案可以同时对所有设备进行身份验证，有效减少了身份验证开销。在 LTE-A 网络的 MTC 场景下，基于门限秘密共享技术和 ECDH 机制，Li 等[135]提出了一种群组认证与密钥协商协议，通过采用聚合技术，该方案可以有效地减少信令开销，但该协议同样由于采用了公钥加密技术而带来了较多的通信开销。

基于组的安全轻量认证和密钥协议（GSL-AKA），Modiri 等[136]提出了一种用于机器对机器（M2M）的通信协议，该协议仅使用哈希运算计算消息认证码，有效减轻了计算开销，并实现了多种安全目标。Ashkejanpahlouie 等[137]则扩展了安全目标，提出的群组快速验证方案不仅能通过组长汇总访问请求来快速验证一组 MTC 设备，还能实现相互身份验证、MTC 设备的临时身份更新、匿名性以及不可追溯性，同时检测恶意和非法用户，并在协议开始时对其进行过滤进而真正避免拒绝服务攻击。

多设备接入认证方法[138-142]不仅可以同时实现一群设备和 MME 之间的相互认证和密钥协商，而且大大减少了信令开销并避免了网络冲突。在文献[136-139]

中，大量的 MTC 设备（MTCD）形成一个 MTC 群并选择一个群主。当多个 MTC 设备同时请求接入网络时，MME 可通过验证由代表 MTC 群的群主生成的聚合签名来认证 MTCD，同时与每一个 MTCD 建立一个不同的会话密钥，尽管该方案采用聚合技术可以大大减少信令开销和通信开销，但是由于采用公钥技术，该方法并不适应于能量极其有限的机器类型设备。随后，针对 5G 网络中的大规模机器类型通信设备，Cao 等[140]提出了一种安全有效的基于群组认证的方案，基于分组方法与聚合消息验证码（AMAC）技术，该方案可以抵御各种恶意攻击。在 NB-IoT 场景下，基于无双线性对聚合签密方案以及群组认证方式，Cao 等[141]设计了一种安全有效的群组认证与数据传输方案，该方案可以有效减少 NB-IoT 系统的信令开销，从而避免了信令拥塞。针对海量 NB-IoT 设备，Cao 等[142]提出了一种抗量子访问认证和数据分发方案，该方案利用基于格的同态加密技术，能同时实现一组 NB-IoT 设备的访问认证和数据传输，在有效减轻负载的同时实现抗量子攻击。

2. 普通用户设备的群组认证

Ngo 等[143]设计了独立和群认证的两种模型为无线网络服务，该方案通过使用动态密钥以及群密钥管理来提供独立的和基于群的用户认证。Chen 等[144]提出了一种针对移动终端群的认证与密钥协商协议，在该协议中，大量属于同一个家乡网络（Home Network，HN）的移动设备（Mobile Equipment，ME）形成一个群；当第一个 ME 进入服务网络（Service Network，SN）时，SN 通过运行完整的接入认证，从相关的 HN 得到所有群成员的认证信息，因此当其他群成员进入 SN 时，SN 可以本地认证每一个设备，不需要再与 HN 交换信息，从而简化了协议操作，减少重复消息交换和通信时延。Huang 等[145]提出了一个匿名批量认证方案，在该方案中，服务网络可以同时认证来自不同设备的多个请求消息，可以减轻服务网络的负担，但在认证时设备需要向服务网络发送多条请求消息，容易导致信令拥塞问题。

针对 LTE-A 场景，Lai 等[146]提出了一个安全有效的组认证与密钥协商协议，该协议采用非对称加密算法以及 ECDH 对 MTC-AKA 方案进行改进，提出了安全有效的群 AKA 方案（SE-AKA），可克服现有 EPS-AKA 的缺陷，并使用椭圆曲线 ECDH 方案实现前、后密钥安全，采用非对称公钥加密算法保护用户的隐私，但该协议仍需要发送多个设备访问请求消息来同时连接网络，同样无法避免信令拥塞的问题。

针对普通用户设备的群组认证，基于聚合消息认证码（AMAC）技术，Cao

等[147]为 5G 无线网络中的海量设备设计了一种高效且安全的隐私保护访问认证方案，该方案可以完成海量设备与网络之间的访问认证，同时协商每个设备与网络之间的独特密钥。Cao 等[148]进而提出了一种新颖的轻量级安全访问身份验证方案 LSAA，其中包含针对两种 3GPP 标准移动设备的两个基于轻量级扩展 Chebyshev 混沌图的访问身份验证协议：普通用户设备（UE）和海量机器类型通信（mMTC）设备，该协议可以实现多种安全功能，包括相互认证、会话密钥建立、身份隐私保护以及完善的前向/后向保密性（PFS/PBS）。

相较于传统互联网络，5G 网络中连接设备数量巨大且设备具有严格的时延和性能要求，大规模设备的安全和高效访问认证是保证应用安全性的关键。若每个终端都与接入网络执行一次完全接入认证过程，可能会造成信令拥塞，从而对网络中关键节点的性能造成重大影响。此外，这些海量连接的设备，例如医疗监控终端、体感传感器、安防监控终端等，通常计算能力较低且能耗有限，无法支持当前通用的密码学算法。现有的方案很少考虑到大量移动终端同时通过不同的接入网络接入的应用场景。因此，针对海量设备提出轻量级群组认证机制是一个关键问题。

## 2.4 网络资源安全防护

### 2.4.1 泛在网络下的访问控制

访问控制是一种确保关键资源被合法、受控访问的信息安全技术，是保障数据共享和安全的重要手段之一。伴随着 IT 技术发展和信息传播方式演化，访问控制技术经历了 3 个发展阶段：以单机数据共享为目的的主机访问控制、以单域内部数据共享为目的面向组织形态的访问控制，以及互联网/云计算/在线社交网络等泛在应用环境下的访问控制。下面，分别介绍这 3 个阶段中典型的访问控制模型、数据访问安全模型和数据延伸控制模型。

1. 访问控制模型

早期的访问控制模型主要适应于单机数据共享，主要包括强制访问控制（Mandatory Access Control, MAC）和自主访问控制（Discretionary Access Control,

DAC）模型[149]。其中，MAC 模型为主客体设定安全级别，并设计基于安全级别信息的数据读取规则，确保数据的机密性。虽然 MAC 模型能较好地满足机密性，但管理灵活度低。与之相反，DAC 利用访问控制列表（Access Control List, ACL）或访问控制矩阵（Access Control Matrix, ACM）存储主客体间的权限分配关系，用户可将所拥有的权限分配给其他用户，其灵活度较高。

伴随着单机数据共享演化为域内部数据共享，访问控制也从 MAC 和 DAC 模型演化为面向组织形态的访问控制模型，其代表性模型包括基于角色的访问控制（Role-Based Access Control, RBAC）模型和基于大型组织系统的中心化授权管理，Ferraiolo 等[150]提出了基于角色的访问控制（Role-Based Access Control, RBAC）模型。RBAC 模型引入了角色的概念，将角色与特定的权限集合相关联，通过为用户指定角色以实现授权。针对数据流传递时对用户进行动态授权的安全需求，Thomas[151]提出了基于任务的访问控制（Task-Based Access Control，TBAC）模型，为任务处理的过程提供实时的安全管理。Oh 等[152]在 RBAC 模型基础上引入了"任务"这一概念，将 RBAC 和 TBAC 进行有机融合，形成基于"任务–角色"的访问控制（Task-Role-Based Access Control，T-RBAC）模型。T-RBAC 模型将访问权限分配给任务，再将任务分配给角色，即角色通过任务被动态地赋予和收回权限，该模型更适用于任务动态变化下的访问控制。

从 21 世纪开始，互联网和移动互联网日趋繁荣，对分布式数据访问控制和用户移动性控制需求更加强烈，针对这种需求，访问控制也不断演化。针对大型开放式系统，Yuan 等[153]提出了基于属性的访问控制（Attribute-Based Access Control, ABAC）模型，该模型避免了 RBAC 中主体和权限的显式粗粒度授权，通过设计访问控制策略，基于主客体属性控制数据存取行为，可实现细粒度的授权。针对分布式系统协同工作和跨域访问的特点，Freudenthal 等[154]提出了面向分布式应用的访问控制模型，该模型分别利用 PKI、角色定义信任域和受控活动，用跨域角色委派表示活动的权限，并用图方法验证凭证，可实现跨域细粒度访问控制。Shafiq 等[155]提出了基于域的访问控制模型，该模型将多个域的异构 RBAC 策略进行组合和冲突消解，合并为一个全局访问控制策略，对多域下资源的访问进行控制。针对角色和时态对访问授权的影响，学术界逐步提出了基于时态角色的访问控制、基于行为的访问控制等模型。Bertino 等[156]在 RBAC 的基础上加入了时态约束，提出基于时态角色的访问控制（Temporal Role-Based Access Control，TRBAC）模型，使得 RBAC 能够支持时间约束建模。Joshi 等[157]通过对 TRBAC

模型进行扩展，丰富了模型的时态约束，提供更细粒度的直接基于时态的访问控制模型（generalized TRBAC，gTRBAC）。考虑到角色与时态的关联关系，Li 等[158]提出了基于行为的访问控制（Action-Based Access Control，ABAC）模型，该模型通过引入角色在时态下的"行为"概念，对用户进行灵活的授权。

在泛在网络环境（如社交网络、云计算、大数据环境）下，访问控制模型更加多样。当前面向社交网络的访问控制主要采用基于关系的控制，即资源所有者将与访问者间的关系（包括关系类型[159]、关系强度[160]等）作为控制要素，分配对数据的访问权限，确保隐私个性化保护和数据共享需求间的平衡，满足用户个性化、细粒度和灵活的授权要求。刘武等[161]提出了基于信任关系的访问控制模型，该模型通过综合计算用户的信任特征，对用户进行信任评估，实现灵活的访问控制。为了解决基于信任的访问控制模型扩展性不佳、社交图谱刻画薄弱的问题，Fong 等[162]通过引入策略定义语言实现信任授权的访问控制策略组合。

云环境下典型的控制模式是基于属性的访问控制。基于属性的访问控制通过对主体、客体、权限和环境属性的统一建模，描述授权和访问控制约束，主要应用于云计算场景；基于关系的访问控制通过用户间关系来控制对数据访问权限的分配，主要应用于社交网络场景。基于属性的访问控制将时间[163]、空间位置[164]、访问历史[165]、运行上下文[166]等要素作为访问主体、访问客体和环境的属性来控制数据访问行为，通过定义属性间的关系来描述复杂的授权和访问控制约束，确保授权的灵活性、匿名性与可靠性[167-174]。Rivest 等[175]提出了基于时间加密的访问控制机制，该机制支持数据所有者对数据资源加密发送，授权用户可以根据数据所有者的预设时间进行定时解密和访问。Boneh 等[176]提出了一种基于身份加密的访问控制机制，该机制能够抵抗选择密文攻击，并且具有较高的可实施性。Ye 等[177]提出了一种基于属性的访问控制机制，其中用户拥有属性密钥和私钥，解密密钥由属性密钥和用户私钥生成，该机制考虑了用户撤销，可以进行便捷的用户管理。

针对大数据平台的数据隐私保护需求，Colombo 等[178]提出了大数据场景下的隐私感知访问控制（Privacy Aware Access Control，PAAC）实施框架，该框架定义了隐私策略的期望特征，在 MapReduce 系统和 NoSQL 数据存储中实施规范和操作准则。针对敏感数据外包的隐私泄露问题，Xue 等[179]提出了一种基于属性的受控协同访问控制方案，该方案允许数据所有者指定期望的协同交互，实现对外包数据的细粒度、灵活和安全的访问控制。为解决多平台多信息系统中隐私保护策略和能力差异导致的隐私延伸管理困难问题,李凤华等[180]首次提出了隐私计算的概念,通过给出隐私计算的范畴、内涵和框架,科学系统地量化和描述了隐私,为隐私保护方法的研究提供了理论指导。针对动态开放的跨域复杂网络环境,李凤华等[181-182]提出了面向网络空间的访问控制( Cyberspace-oriented Access Control, CoAC )模型,该模型综合考虑了访问控制过程涉及的各种要素,包括访问请求实体、广义时态、接入点、资源、访问设备、网络、网络交互图以及资源传播链等,可对跨域复杂网络中的信息及数据实施细粒度、多层次、灵活可变的访问控制,有效防止由于数据所有权与管理权分离、信息二次/多次转发等带来的安全问题。针对复杂网络环境下对细粒度控制、策略跟随和策略语义归一化等需求,李凤华等[183]提出了面向复杂网络环境下跨网访问控制机制,通过映射面向网络空间的访问控制机制,可实现对复杂网络环境信息流的跨网控制。

2. 数据访问安全模型

在数据访问安全模型方面,研究数据访问中的核心操作及其操作规则,目前学术界主要聚焦以 BLP 为代表的信息流控制,确保数据不被直接或间接泄露。信息流控制的核心思想是将标签附在数据上,并随着数据在整个系统中流动,限制数据流向。防止信息直接泄露的核心思想是准确执行"下读/上写"操作;防止间接泄露的核心概念是无干扰,即确保系统在读/写执行过程中,受保护数据(高密级数据)与不受保护数据(低密级数据)间不相互干扰[184-185]。无干扰方面近期典型工作包括 Giacobazzi 等[186]针对安全程序语言读/写原语所导致的数据间接泄露问题,基于抽象无干扰概念,提出了弱信息流的统一检测框架,有效提高了检测能力。针对内容依赖的信息流,Nielson 等[187]提出了基于 Hoare 逻辑和内容依赖的信息流检测机制,采用指令操作语义证明所提出的 Hoare 逻辑的可靠性。针对三维干扰的数据传输方法,Zhang 等[188]提出了一种基于蜂窝集群结构的干扰感知数据传输协议。针对结构化文档缺乏多级安全控制机制所产生信息泄露问题,苏铓等[189]在 BLP 模型基础上对行为安全级别进行了细化,定义行为的读/写安全与基本的安全规则,采用无干扰理论证明其安全性。针对分布式应用环境下安全策略的信任执行问题,Gollamudi 等[190]提出了安全执行环境下的信息流控制机制,该机制对分布式应用环境进行了高度抽象,反映出分布式应用所依赖的底层安全机制的安全确保和安全限制,通过机密性和完整性的不对称性体现抽象的准确性。针对层次化复杂信息网络中数据跨域流动问题,以及复杂信息网络层次化管理中的指令交互需求,Li 等[191]将指令交互划分为指令生成、分发、分解、执行和反馈这 5 个基本操作，提出了每个操作的语义和安全性保障规则，并证明了规则的安全性。

在数据访问安全模型的冲突检测方面，冲突检测主要包括两类：基于逻辑的冲突检测和基于非逻辑的冲突检测。基于逻辑的冲突检测用逻辑系统（如 Belnap 逻辑、状态修改逻辑等）来表达策略，而后设计基于逻辑的安全策略查询高效评估算法，判断不同策略的相容性。如果相容，则合成，否则基于反例生成等技术溯源冲突点[192-193]。基于非逻辑的策略冲突检测利用图或树等数据结构表示访问控制策略，并用图/树匹配等方式发现权限分配、传递等过程中的冲突，基于优先级、交互式策略协商等方式自动或半自动消解策略[194-197]。在策略冲突检测方面，Celik 等[198]提出了一种策略实施系统 IoTGUARD，用于识别 IoT 安全策略，针对单个应用或一组交互应用的动态模型实施相关策略并监视策略的实施，能对违规策略进行及时有效的处置。针对访问控制中的异常权限配置发现问题，房梁等[199]提出了一种基于谱聚类的异常权限配置挖掘机制，实验结果表明，该机制可实现更准确的权限配置发现。针对在线社交网络中多方访问控制策略冲突，Fang 等[200]提出了一种基于竞价博弈的策略冲突消解机制，可实现用户隐私需求与信息传播收益间的平衡，确保数据的细粒度控制。

现有冲突检测存在效率与可靠性间的平衡问题，策略生成技术只适用于简单语义环境，缺乏有效的策略分发与部署机制，未考虑不同节点间的协同问题。因此，需从复杂语义场景下策略自动生成、冲突检测与快速消解、指令有序分发等方面展开研究，支撑跨层级/跨系统/跨域的访问控制策略按需生成。

3. 数据延伸控制模型

数据延伸控制主要应用于泛在应用环境，是控制跨域跨系统交换数据的授权使用。目前的研究主要聚焦于两方面：基于起源的访问控制（Provenance-Based Access Control，PBAC）和策略粘贴技术。其中，PBAC 将起源数据作为决策依据，保护起源敏感资源；策略粘贴采用密码学技术将访问控制策略绑定到数据中，确保随数据流转。

在 PBAC 方面，Nguyen 等[201-202]提出了形式化策略规约语言和模型、动态权责分离方案和实施框架。在策略粘贴技术中，Pearson 等[203]和 Spyra 等[204]使用加密机制将策略与数据相关联，并对策略进行属性编码和匿名化处理以防止被恶意利用，为全生命周期内数据访问控制提供支持。Bhuyan 等[205]提出了在工作流环境下 RBAC 中数据的起源管理方案，该方案从任务、端口和数据通道层面规范了工作流，分析并评估了 RBAC 数据访问策略的质量，同时形式化数据起源和工作流之间的映射关系，可实现对数据的溯源和对违规数据操作的防护。Bertolissi 等[206]提出了一种多源协作系统中考虑数据融合操作的起源控制约束规范，该规范中数据起源不仅被用来描述数据对象的演变，还会决定由哪些策略来限制对派生数据的访问操作。

在策略粘贴方面[207]，Masoumzadeh 等[208]提出了基于意图的访问控制模型，该模型在 RBAC 的基础上将细粒度的访问控制权限与用户的角色关联，同时考虑了访问数据的目的和约束条件，可实现跨组织边界的敏感数据管理，部署该模型安全策略的理想方法是采用策略粘贴机制。

## 2.4.2　泛在网络入侵检测与响应

面对上述日益泛滥的网络入侵行为，国内外安全研究者提出了入侵检测系统（Intrusion Detect System，IDS）与入侵响应系统（Intrusion Response System，IRS），以保护目标网络与设备。IDS 与 IRS 实时监视网络传输和系统安全状态，当检测到网络或主机存在异常、恶意行为时，发出警报并采取主动反应措施，阻止恶意事件发生，降低安全风险。本节介绍泛在网络场景下的入侵检测与响应，包括云平台、软件定义网络、物联网、卫星网络等场景下的典型入侵检测与响应技术。

### 1. 云平台的入侵检测

针对云平台下用户数据易受黑客攻击的情况，Nada 等[209]提出了有监督学习的高效网络入侵检测系统，并比较了人工神经网络及支持向量机在入侵检测中的效果，通过实验证明，人工神经网络在检测 DDoS 攻击时的准确性较高。针对云平台中多检测系统协同工作时通信异常导致入侵检测系统实时性差、准确率低的问题，Adel 等[210]提出了基于栈式存储与深度学习的入侵检测系统，在部分信息缺失的情况下快速检测入侵的发生，实验结果表明，该入侵检测系统准确率较高、误报率较低。针对云平台运行在虚拟机环境下且依赖于虚拟机系统网络工作的情况，Ma 等[211]提出了基于防火墙技术的反馈式入侵检测与响应系统，该系统通过防火墙与入侵检测系统的协同工作，可有效检测基于多种网络协议攻击的发生，具有较高的准确性。

### 2. 软件定义网络的入侵检测

针对软件定义网络中的跨域 DDoS 攻击，Zhu 等[212]设计了入侵检测系统

Predis，该系统使用改进的 K 最近邻（K Nearest Neighborhood，KNN）分类器检测 DDoS 攻击，并保护跨域场景下域间的隐私信息，实验结果表明，Predis 对 DDoS、DoS、Prob 等攻击具有较好的准确率与回调率。Xu 等[213]针对当前软件定义网络广泛用于存储流表规则的三态内容寻址存储器（Ternary Content Addressable Memory，TCAM）价格昂贵且存储能力有限的问题，提出了基于 IP 溯源缩放的 DDoS 检测与响应系统，自适应地针对潜在攻击目标、攻击源 IP 范围细分粒度，对非目标 IP 范围加粗粒度，以达到有限 TCAM 资源下较优的检测效果。

### 3. 物联网的入侵检测

针对中继设备计算、存储能力限制的特点，Doshi 等[214]提出了基于轻量级特征选取的机器学习检测方法，该检测方法能够有效判别 IoT 中攻击的发生。针对大规模网络环境下入侵响应资源有限的情况，结合攻击图与博弈论，Durkota 等[215]提出了一种基于攻击图的攻防博弈算法，优化防御资源分配方式，在较小安全开销下达到较好的入侵响应效果。针对无线传感网络中难以稳定度量安全需求的问题，Moosavi 等[216]提出了基于博弈论的稳健性优化入侵检测系统，在同一时间内决定对已遭受入侵的节点进行恢复或对正常节点进行防御，将马尔可夫完美平衡应用到入侵检测随机博弈中。针对无线传感网络中节点能源、计算能力、存储能力有限的问题，Granjal 等[217]提出了一种基于互联网集成 CoAP 无线传感网络的入侵检测框架，该框架能够在资源有限的情况下有效检测出多种类别的攻击。

### 4. 卫星网络的入侵检测

在卫星网络中，拓扑具有高动态、自组织、随机拓扑的特点，故其他网络架构下的入侵检测方法不适用于卫星网络。早期，针对卫星网络节点无法有效认证数据流的缺点，Melek 等[218]设计了一种抗 DoS 安全协议，对数据包头的关键字段采用答题机制，过滤恶意伪造的数据包。针对上述方案存在包头中的关键字段缺少保护的机密性问题，Ma 等[219]采用 Rabin 加密算法保护安全协议中的关键字段，防止攻击者通过猜测序号、伪造 MAC 地址等方式构造攻击数据包断开已建立的合法连接。针对卫星网络架构下存在的 ICMP Flooding 攻击，Usman 等[220]设计了基于统计方法的入侵检测与响应机制，在时间窗口内统计 ICMP Echo 数据包以实现异常检测，判定攻击的发生并及时响应。针对当前卫星网络中抗毁性组网及空间恶意终端检测与响应技术的不足，关汉男[221]设计了一种用于空间网络的协同入侵检测系统 CIDS-S，CIDS-S 通过划分安全域，设计基于有限状态机的异常检测算法、自适应黑洞攻击检测算法进行协同检测，具有良好的检测效果。针对卫星网络通信时延长、开销大的问题，Zhu 等[222]提出了在卫星网络框架下基于深度学习的网络入侵检测系统，该系统能够较好地应对未知类型攻击。

# 参考文献

[1] GABSI N, CLÉROT F. An hybrid data stream summarizing approach by sampling and clustering[C]//Conference on Advances in Knowledge Discovery and Management. Berlin: Springer, 2009: 181-200.

[2] CONNE X. SMP/SNMP version2: the evolution of SNMP[J]. 1992, 6(10): 3-5.

[3] Cisco. Introduce to NetFlow switching software[R]. 2001.

[4] 李凤华, 李子孚, 李凌, 等. 复杂网络环境下面向威胁监测的采集策略精化方法[J]. 通信学报, 2019, 40(4): 49-61.

[5] 黄翔昊. 网络流量分类与移动 APP 流量识别的研究[D]. 成都: 电子科技大学, 2020.

[6] 周文刚. 网络流量分类识别若干技术研究[D]. 成都: 电子科技大学, 2014.

[7] FINSTERBUSCH M, RICHTER C, ROCHA E, et al. A survey of payload-based traffic classification approaches[J]. IEEE Communications Surveys & Tutorials, 2014, 16(2): 1135-1156.

[8] GUO Y, GAO Y, WANG Y, et al. DPI & DFI: a malicious behavior detection method combining deep packet inspection and deep flow inspection[J]. Procedia Engineering, 2017, 174: 1309-1314.

[9] KHAN R U, ZHANG X, KUMAR R, et al. An adaptive multi-layer botnet detection technique using machine learning classifiers[J]. Applied Sciences, 2019, 9(11): 2375.

[10] KHAKPOUR A R, LIU A X. An information-theoretical approach to high-speed flow nature identification[J]. IEEE/ACM Transactions on Networking, 2013, 21(4): 1076-1089.

[11] DORFINGER P, PANHOLZER G, JOHN W. Entropy estimation for real-time encrypted traffic identification (short paper)[C]//International Conference on Traffic Monitoring & Analysis. Berlin: Springer, 2011: 164-171.

[12] 赵博, 郭虹, 刘勤让, 等. 基于加权累积和检验的加密流量盲识别算法[J]. 软件学报, 2013, 24(6): 1334-1345.

[13] AMOURI A, ALAPARTHY V T, MORGERA S D. Cross layer-based intrusion detection based on network behavior for IoT[C]//2018 IEEE 19th Wireless and Microwave Technology Conference. Piscataway: IEEE Press, 2018: 1-4.

[14] XIONG G, HUANG W, ZHAO Y, et al. Real-time detection of encrypted thunder

traffic based on trustworthy behavior association[C]//International Conference on Trustworthy Computing & Services. Berlin: Springer, 2012: 132-139.

[15] KORCZYNSKI M, DUDA A. Markov chain fingerprinting to classify encrypted traffic[C]//IEEE Conference on Computer Communications, Piscataway: IEEE Press, 2014: 781-789.

[16] MONGKOLLUKSAMEE S, VISOOTTIVISETH V, FUKUDA K. Enhancing the performance of mobile traffic identification with communication patterns[C]// Computer Software & Applications Conference. Piscataway: IEEE Press, 2015: 336-345.

[17] HIMURA Y, FUKUDA K, CHO K, et al. Synoptic graphlet: bridging the gap between supervised and unsupervised profiling of host-level network traffic[J]. IEEE/ACM Transactions on Networking, 2013, 21(4): 1284-1297.

[18] SUN G, CHEN T, SU Y, et al. Internet traffic classification based on incremental support vector machines[J]. Mobile Networks and Applications, 2018, 23(4): 789-796.

[19] YUAN R, LI Z, GUAN X, et al. An SVM-based machine learning method for accurate internet traffic classification[J]. Information Systems Frontiers, 2017, 12(2): 149-156.

[20] MENG Z, ZHANG H, BO Z, et al. Encrypte traffic classification based on an improved clustering algorithm[J]. Communications in Computer & Information Science, 2012, 320: 124-131.

[21] PARK B, HONG W K, WON Y J. Toward fine-grained traffic classification[J]. IEEE Communications Magazine, 2015, 49(7): 104-111.

[22] BERNAILLE L, TEIXEIRA R, SALAMATIAN K. Early application identification[C]// Proceedings of Conference on Future Networking Technologies. [S.n.:s.l.], 2016: 1-12.

[23] BIAN X. PSO optimized semi-supervised network traffic classification strategy[C]// 2018 International Conference on Intelligent Transportation, Big Data & Smart City. Piscataway: IEEE Press, 2018: 179-182.

[24] IDHAMMAD M, AFDEL K, BELOUCH M. Semi-supervised machine learning approach for DDoS detection[J]. Applied Intelligence, 2018, 48(10): 3193-3208.

[25] EDE T V, BORTOLAMEOTTI R, CONTINELLA A, et al. FlowPrint: semi-supervised mobile-App fingerprinting on encrypted network traffic[C]//Network and Distributed System Security Symposium. Piscataway: IEEE Press, 2020: 1-18.

[26] BREITBART Y, CHAN C Y, GAROFALAKIS M, et al. Efficiently monitoring bandwidth and latency in IP networks[C]//Proceedings IEEE INFOCOM 2001.

Piscataway: IEEE Press, 2001: 1-10.

[27] AQIL A. Resource efficient frameworks for network and security problems[D]. California: University of California, Riverside, 2017.

[28] HOCHBAUM D S. Approximation algorithm for NP-Hard problems[M]. Boston: PWS Publishing Company, 1997.

[29] MICKA S, YAW S, FASY B T, et al. Efficient multipath flow monitoring[C]//2017 IFIP Networking Conference and Workshops. Piscataway: IEEE Press, 2017: 1-9.

[30] AUBRY F, LEBRUN D, VISSICCHIO S, et al. SCMon: leveraging segment routing to improve network monitoring[C]//Proceedings IEEE INFOCOM. Piscataway: IEEE Press, 2016: 1-9.

[31] TOMASSILLI A, GIROIRE F, HUIN N, et al. Provably efficient algorithms for placement of service function chains with ordering constraints[C]//Proceedings IEEE INFOCOM. Piscataway: IEEE Press, 2018: 774-782.

[32] TALELE N, TEUTSCH J, ERBACHER R, et al. Monitor placement for large-scale systems[C]//The 19th ACM Symposium on Access Control Models and Technologies. New York: ACM Press, 2014: 29-40.

[33] YU Y, XIAO G. On early detection of strong infections in complex networks[J]. Journal of Physics A Mathematical & Theoretical, 2014, 47(6): 881-892.

[34] ZHOU C, LU W X, ZHANG J Z, et al. Early detection of dynamic harmful cascades in large-scale networks[J]. Journal of Computational Science, 2018(28): 304-317.

[35] THAKORE U, GABRIEL A W, WILLIAM H S. A quantitative method-ology for security monitor deployment[C]//2016 46th Annual IEEE/IFIP International Conference on Dependable Systems and Networks. Piscataway: IEEE Press, 2016: 1-12.

[36] 陈黎丽, 王震, 郭云川, 等. 安全数据采集代理顽健部署策略研究[J]. 通信学报, 2019, 40(6): 51-65.

[37] OUKSEL A, DOUG L. Reducing redundant data transmissions in wireless ad hoc networks: comparing aggregation and filtering[J]. Wireless Networks, 2015, 21(7): 2155-2168.

[38] SUN J, LI H, AN J, et al. An efficient transmission scheme for data aggregation in wireless sensor networks[C]//2016 IEEE Symposium on Computers and Communication. Piscataway: IEEE Press, 2016: 64-68.

[39] TOSADO J E, GUZUN G, CANAHUATE G, et al. On-demand aggregation of gridded data over user-specified spatio-temporal domains[C]//Proceedings of the 24th ACM SIGSPATIAL International Conference on Advances in Geographic Information Systems. New York: ACM Press, 2016: 1-4.

[40] KHADIRKUMAR N, BHARATHI A. Real time energy efficient data aggregation and scheduling scheme for WSN using ATL[J]. Computer Communications, 2020, 151: 202-207.

[41] GRIFFIN K, DABROWSKI M, BRESLIN J. Real-time data aggregation in distributed enterprise social platforms[C]//Working Conference on Virtual Enterprises. Berlin: Springer, 2013: 711-718.

[42] KOLOZALI S, BERMUDEZ-EDO M, FARAJIDAVAR N, et al. Observing the pulse of a city: a smart city framework for real-time discovery, federation, and aggregation of data streams[J]. IEEE Internet of Things Journal, 2018, 6(2): 2651-2668.

[43] DU T, QU Z, GUO Q, et al. A high efficient and real time data aggregation scheme for WSNs[J]. International Journal of Distributed Sensor Networks, 2015, 11(6): 261381.

[44] ZHANG B, WU Y, YU L, et al. Flow-based channel and timeslot co-scheduling for real-time data aggregation in MWSNs[C]//2019 IEEE International Conference on Smart Internet of Things. Piscataway: IEEE Press, 2019:1-7.

[45] LIU Z, FANG L, YIN L, et al. Research on similarity record detection of device status information based on multiple encoding field[C]//International Conference on Security, Privacy and Anonymity in Computation, Communication and Storage. Berlin: Springer. 2017: 54-63.

[46] WISCHIK D, RAICIU C, GREEHAKGH A, et al. Design, implementation and evaluation of congestion control for multipath TCP[C]//Proceedings of the 8th USENIX Conference on Networked Systems Design and Implementation. Berkeley: USENIX Association, 2011: 8-22.

[47] RAICIU C, HANDLEY M, WISCHIK D. Coupled congestion control for multipath transport protocols: RFC6356[S]. IETF, (2011-10)[2020-02-04].

[48] KHALILI R, GAST N. G, POPOVIC M, et al. MPTCP is not pareto-optimal: performance issues and a possible solution[J]. IEEE/ACM Transactions on Networking, 2013, 21(5): 1651-1665.

[49] CAO Y, XU M, FU X. Delay-based congestion control for multipath TCP[C]//2012 20th IEEE International Conference on Network Protocols. Piscataway: IEEE Press, 2013:1-10.

[50] GONZALEZ R, PRADILLA J, ESTEVE M, et al. Hybrid delay-based congestion control for multipath TCP[C]//2016 18th Mediterranean Electrotechnical Conference. Piscataway: IEEE Press, 2016: 1-6.

[51] LI H, WANG Y, SUN R. Delay-based congestion control for multipath TCP in

heterogeneous wireless networks[C]//2019 IEEE Wireless Communications and Networking Conference Workshop. Piscataway: IEEE Press, 2019: 1-6.

[52] HASSAYOUN S, IYENGAR J, ROS D. Dynamic window coupling for multipath congestion control[C]//Proceedings of the 19th Annual IEEE International Conference on Network Protocols. Piscataway: IEEE Press, 2011: 341-352.

[53] FERLIN S, ALAY O, HAYES D, et al. Revisiting congestion control for multipath TCP with shared bottleneck detection[C]//Proceedings IEEE INFOCOM 2016. Piscataway: IEEE Press, 2016: 1-9.

[54] ZHANG S, LEI W, ZHANG W, et al. Shared bottleneck detection based on trend line regression for multipath transmission[J]. arXiv Preprint, arXiv:1812.05816, 2018.

[55] XUE K, HAN J, ZHANG H, et al. Migrating unfairness among subflows in MPTCP with network coding for wired-wireless networks[J]. IEEE Transactions on Vehicular Technology, 2017, 66(1): 798-809.

[56] TRINH B, MURPHY L, MUNTEAN G. An energy-efficient congestion control scheme for MPTCP in wireless multimedia sensor networks[C]//2019 IEEE 30th Annual International Symposium on Personal, Indoor and Mobile Radio Communications. Piscataway: IEEE Press, 2019: 1-7.

[57] XU Z, TANG J, YIN C, et al. Experience-driven congestion control: when multipath TCP meets deep reinforcement learning[J]. IEEE Journal on Selected Areas in Communications, 2019, 37(6): 1325-1336.

[58] BARAKABITZE A A, MKWAWA I H, SUN L F, et al. Quality SDN: improving video quality using MPTCP and segment routing in SDN/NFV[C]//4th IEEE Conference on Network Softwarization and Workshops. Piscataway: IEEE Press, 2018: 182-186.

[59] 王竹, 袁青云, 郝凡凡, 等. 基于链路容量的多路径拥塞控制算法[J]. 通信学报, 2020, 41(5): 59-71.

[60] KUMAR M, DUTTA K. LDAT: LFTM based data aggregation and transmission protocol for wireless sensor networks[J]. Journal of Trust Management, 2016, 3(1): 1-20.

[61] HURRAH N N, PARAH S A, SHEIKH J A, et al. Secure data transmission framework for confidentiality in IoTs[J]. Ad Hoc Networks, 2019, 95: 101989.

[62] ZHANG W, LI G. An efficient and secure data transmission mechanism for Internet of vehicles considering privacy protection in fog computing environment[J]. IEEE Access, 2020, 8: 64461-64474.

[63] FANG D, QIAN Y, HU R Q. A flexible and efficient authentication and secure data

transmission scheme for IoT applications[J]. IEEE Internet of Things Journal, 2020, 7(4): 3474-3484.

[64] GUAN Z T, ZHANG Y, WU L F, APPA: an anonymous and privacy preserving data aggregation scheme for fog-enhanced IoT[J]. Journal of Network and Computer Applications, 2019, 125(1): 82-92.

[65] KHURSHID A, KHAN A. N, KHAN F G, et al. Secure‐CamFlow: a device‐oriented security model to assist information flow control systems in cloud environments for IoTs[J]. Concurrency and Computation: Practice and Experience, 2019, 31(8): e4729.

[66] HAN J, BEI M, CHEN L, et al. Attribute-based information flow control[J]. The Computer Journal, 2019, 62(8): 1214-1231.

[67] NIELSON H R, NIELSON F. Content dependent information flow control[J]. Journal of Logical and Algebraic Methods in Programming, 2017, 87: 6-32.

[68] WANG J, SRINIVAS P, LU L, et al. Multiclass information flow propagation control under vehicle-to-vehicle communication environments[J]. Transportation Research Part B: Methodological, 2019, 129: 96-121.

[69] KILLIAN C E, ANDERSON J W, BRAUD R, et al. Mace: language support for building distributed systems[C]//Proceedings of the 2007 ACM SIGPLAN Conference on Programming Language Design and Implementation. New York: ACM Press, 2007: 179-188.

[70] LI H B, PENG Y X, LU X C. The composability problem of events and threads in distributed systems[C]// 2010 2nd International Conference on Education Technology and Computer. Piscataway: IEEE Press, 2010: 1-7.

[71] BEHREN R V, CONDIT J, ZHOU F, et al. Capriccio: scalable threads for Internet services[C]//The 9th ACM Symposium on Operating Systems Principles. New York: ACM, 2003: 268-281.

[72] MARCO P, SOMNATH M. An analytical model for thread-core mapping for tiled CMPs[J] Performance Evaluation, 2019, 134: 102003.

[73] GU B C, KIM Y T, HEO J Y, et al. Shared-Stack cooperative threads[C]// Proceedings of the 2007 ACM Symposium on Applied Computing. New York: ACM Press, 2007: 1181-1186.

[74] KYUHO H P, SUNGKYU K P, HYUNCHUL S, et al. Efficient memory management of a hierarchical and a hybrid main memory for MN-MATE platform[C]//Proceedings of the 2012 International Workshop on Programming Models and Applications for Multicores and Manycores. Piscataway: IEEE Press, 2012: 83-92.

[75]    BEHREN J R V, BREWER E A, BORISOV N, et al. Ninja: a framework for network services[C]//General Track of the Conference on Usenix Technical Conference. Berkely: USENIX Association, 2002: 87-102.

[76]    WELSH M, CULLER D E, BREWER E A. SEDA: an architecture for well-conditioned, scalable Internet services[C]//Proceedings of the eighteenth ACM symposium on Operating systems principles. New York: ACM Press, 2001: 230-243.

[77]    BEHREN R V, CONDIT J, BREWER E. Why events are a bad idea (for high-concurrency servers)[C]//Proceedings of the 9th conference on Hot Topics in Operating Systems. Berkeley: USENIX Association, 2003: 1-4.

[78]    OUSTERHOUT J K. Why threads are a bad idea (for most purposes)[C]// Proceedings of the Presentation Given at the 96 Usenix Annual Technical Conference. Berkeley: USENIX Association, 1996: 1-15.

[79]    KROHN M N, KOHLER E, KAASHOEK M F. Events can make sense[C]//2007 USENIX Annual Technical Conference on Proceedings of the USENIX Annual Technical Conference. Berkeley: USENIX Association, 2007: 1-14.

[80]    FISCHER J, MAJUMDAR R, MILLSTEIN T. Tasks: language support for event-driven programming[C]//Proceedings of the 2007 ACM SIGPLAN Symposium on Partial Evaluation and Semantics-Based Program Manipulation. New York: ACM Press, 2007: 134-143

[81]    DUNKELS A, SCHMIDT O, VOIGT T, et al. Protothreads: simplifying event-driven programming of memory-constrained embedded systems[C]//Proceedings of the 4th International Conference on Embedded Networked Sensor Systems. New York: ACM Press, 2006: 29-42.

[82]    LEE E A. The problem with threads[J]. Computer, 2006, 39(5): 33-42.

[83]    ADYA A, HOWELL J, THEIMER M, et al. Cooperative task management without manual stack management[C]//Proceedings of the General Track of the Annual Conference on USENIX Annual Technical Conference. Berkeley: USENIX Association, 2002: 289-302.

[84]    LI P, ZDANCEWIC S. Combining events and threads for scalable network services[C]//Proceedings of the 2007 ACM SIGPLAN Conference on Programming Language Design and Implementation. New York: ACM Press, 2007: 189-199.

[85]    HALLER P, ODERSKY M. Scala actors: unifying thread-based and event-based programming[J]. Theoretical Computer Science, 2009, 410(2-3): 202-220.

[86]    ZHANG W L, LIU K, SHEN Y F, et al. Labeled network stack: a high-concurrency and low-tail latency cloud server framework for massive IoT devices[J]. Journal of Computer Science and Technology, 2020, 35(1): 179-193.

[87] YAO Y, XIA J. Analysis and research on the performance optimization of Web application system in high concurrency environment[C]//IEEE Information Technology, Networking, Electronic & Automation Control Conference. Piscataway: IEEE Press, 2016: 321-326.

[88] FAN Q, WANG Q. Performance comparison of Web servers with different architectures: a case study using high concurrency workload[C]//Hot Topics in Web Systems & Technologies. Piscataway: IEEE Press, 2016: .

[89] CANDEA G, POLYZOTIS N, VINGRALEK R. Predictable performance and high query concurrency for data analytics[J]. The VLDB Journal, 2011, 20(2): 227-248.

[90] 王小戏. 面向 O2O 交易系统的高并发高可用优化设计与实现[D]. 上海: 上海交通大学, 2016.

[91] ARASU A, EGURO K, KAUSHIK R, et al. Concerto: a high concurrency key-value store with integrity[C]//The 2017 ACM International Conference. New York: ACM Press, 2017: 251-266.

[92] TORO M. Towards non-threaded concurrent constraint programming for implementing multimedia interaction systems[J]. arXiv Preprint: arXiv:1510.03057, 2015.

[93] MATHEOU G, EVRIPIDOU P. Data-driven concurrency for high performance computing[J]. ACM Transactions on Architecture & Code Optimization, 2017, 14(4): 1-26.

[94] ZHAO Y, LIU Y, LI W, et al. HCMA: supporting high concurrency of memory accesses with scratchpad memory in FPGAs[C]//2019 IEEE International Conference on Networking, Architecture and Storage. Piscataway: IEEE Press, 2019: 1-5.

[95] YU X, XIA Y, PAVLO A, et al. Sundial: harmonizing concurrency control and caching in a distributed OLTP database management system[J]. Proceedings of the VLDB Endowment, 2018, 11(10): 1289-1302,

[96] 金伟, 余铭洁, 李凤华, 等. 支持高并发的 Hadoop 高性能加密方法研究[J]. 通信学报, 2019, 40(12): 29-40.

[97] 李凤华, 史国振, 李晖, 等. 一种支持并行运行算法的数据处理方法及装置[P]. ZL201310389237.9.

[98] KANSAL S, KUMAR H, KAUSHAL S, et al. Genetic algorithm-based cost minimization pricing model for on-demand IaaS cloud service[J]. The Journal of Supercomputing, 2018, 76: 1536-1561.

[99] CRAWFORD C H, BATE G P, CHERBAKOV L, et al. Toward an on demand service-oriented architecture[J]. IBM Systems Journal, 2010, 44(1): 81-107.

[100] PANDEY P, VISWANATHAN H, POMPILI D. Robust orchestration of concurrent

application workflows in mobile device clouds[J]. Journal of Parallel and Distributed Computing, 2018, 120: 101-114.

[101] BARI M F, CHOWDHURY S R, AHMED R, et al. On orchestrating virtual network functions in NFV[C]// 2015 11th International Conference on Network and Service Management. Piscataway: IEEE Press, 2015: 1-8.

[102] 魏亮, 黄韬, 张娇, 等. 基于强化学习的服务链映射算法[J]. 通信学报, 2018, 39(1): 90-100.

[103] CHEN J Y, WANG Y, WANG X M. On-demand security architecture for cloud computing[J]. IEEE Computer, 2012, 45(7): 73-78.

[104] CHEN X, LI W Z, LU S L, et al. Efficient resource allocation for on-demand mobile-edge cloud computing[J]. IEEE Transactions on Vehicular Technology, 2018, 67(9): 1-12.

[105] 李凤华, 谢绒娜, 李晖, 等. 一种密码按需服务的方法、装置与设备[P]. 201710459406.X.

[106] 李凤华, 李晖, 朱辉, 等. 一种在线业务按需服务的方法、装置与设备[P]. 201710457824.5.

[107] Department of Defense Computer Security Center. Department of defense trusted computer system evaluation criteria[Z]. DoD 5200.28-STD. USA: DOD, 1985

[108] National Computer Security Center. Trusted network interpretation of the trusted computer system evaluation criteria[Z]. NCSC-TG-005. USA: DOD, 1987

[109] National Computer Security Center. Trusted database interpretation of the trusted computer system evaluation criteria[Z]. NCSC-TG-005. USA: DOD, 1987

[110] 沈昌祥, 张焕国, 王怀民, 等. 可信计算的研究与发展[J]. 中国科学:信息科学, 2010, 000(002): 139-166.

[111] 沈昌祥, 张大伟, 刘吉强, 等. 可信 3.0 战略: 可信计算的革命性进展[J]. 中国工程科学, 2016, 18(6): 53-57.

[112] MAENE P, GOTZFRIED J, CLERCQ R D, et al. Hardware-based trusted computing architectures for isolation and attestation[J]. IEEE Transactions on Computers, 2018, 67(3): 361-374.

[113] YIN H, GUO D, WANG K, et al. Hyperconnected network: a decentralized trusted computing and networking paradigm[J]. IEEE Network, 2018, 32(1): 112-117.

[114] ALHAIDARY M, RAHMAN S M, ZAKARIAH M, et al. Vulnerability analysis for the authentication protocols in trusted computing platforms and a proposed enhancement of the OffPAD protocol[J]. IEEE Access, 2018, 6(1): 6071-6081.

[115] GHOSH A, RATASUK R, MONDAL B, et al. LTE-advanced: next-generation wireless broadband technology[J]. IEEE Wireless Communications, 2010, 17(3):

10-22.

[116] MEYER U, WETZEL S. A man-in-the-middle attack on UMTS[C]//Proceedings of the 3rd ACM Workshop on Wireless Security. New York: ACM Press, 2004: 90-97.

[117] ZHANG M, FANG Y. Security analysis and enhancements of 3GPP authentication and key agreement protocol[J]. IEEE Transactions on Wireless Communications, 2005, 4(2): 734-742.

[118] 3GPP. Technical specification group service and system aspects; 3GPP system architecture evolution (SAE); security architecture (Rel 15) 3GPP TS 33.401 V15.8.0[S]. (2019-06)[2020-10].

[119] 3GPP. Technical specification group services and system aspects; architecture enhancements for non-3GPP accesses (Rel 16), 3GPP TS 23.402 V16.0.0[S]. (2019-06)[2020-10].

[120] CAO J, MA M, LI H, et al. A survey on security aspects for LTE and LTE-a networks[J]. IEEE Communications Surveys & Tutorials, 2014, 16(1): 283-302.

[121] ALEZABI K, HASHIM F, MOHD A B, et al. On the authentication and re-authentication protocols in LTE-WLAN interworking architecture[J]. Transactions on Emerging Telecommunications Technologies, 2017, 28(4): e3031.

[122] 3GPP. Technical specification group services and system aspects; system architecture for the 5G system; stage 2 (Rel 16), 3GPP TS 23.501 V16.1.0[S]. (2019-06) [2020-10].

[123] 3GPP. Technical specification group radio access network; NR; NR and NG-RAN overall description; stage 2 (Rel 15), 3GPP TS 38.300 V15.6.0[S]. (2019-06) [2020-10].

[124] 3GPP. Technical specification group services and system aspects; security architecture and procedures for 5G system (Rel 15), 3GPP TS 33.501 V15.5.0[S]. (2019-06)[2020-10].

[125] BASIN D, DREIER J, HIRSCHI L, et al. A formal analysis of 5G authentication[C]// Proceedings of 2018 ACM SIGSAC Conference on Computer and Communications Security. New York: ACM Press, 2018: 1383-1396.

[126] HUSSAIN S, ECHEVERRIA M, CHOWDHURY O, et al. Privacy attacks to the 4G and 5G cellular paging protocols using side channel information[C]//In Network and Distributed Systems Security (NDSS). [S.n.:s.l.], 2019: 1-15.

[127] BORGAONKAR R, HIRSCHI L, PARK S, et al. New privacy threat on 3G, 4G, and upcoming 5G AKA protocols[J]. Proceedings on Privacy Enhancing Technologies, 2019, 2019(3): 108-127.

[128] BRAEKEN A, LIYANAGE M, KUMAR P, et al. Novel 5G authentication protocol

to improve the resistance against active attacks and malicious serving networks[J]. IEEE Access, 2019, 7: 64040-64052.

[129] CHEN Z, CHEN S, XU H, et al. A security authentication scheme of 5G ultra-dense network based on block chain[J]. IEEE Access, 2018, 6: 55372-55379.

[130] ZHANG Y, REN F, WU A, et al. Certificateless multi-party authenticated encryption for NB-IoT terminals in 5G networks[J]. IEEE Access, 2019, 7: 114721-114730.

[131] LAI C, LI H, LU R, et al. LGTH: a lightweight group authentication protocol for machine-type communication in LTE networks[C]//Proceedings of IEEE Global Communications Conference. Piscataway: IEEE Press, 2013: 832-837.

[132] LAI C, LI H, LI X, et al. A novel group access authentication and key agreement protocol for machine-type communication[J]. Transactions on Emerging Telecommunications Technologies, 2015, 26(3): 414-431.

[133] JIANG R, LAI C, LUO J, et al. EAP-based group authentication and key agreement protocol for machine-type communications[J]. International Journal of Distributed Sensor Networks, 2015, 6: 1-14.

[134] LAI C, LU R, ZHENG D, et al. GLARM: group-based lightweight authentication scheme for resource-constrained machine to machine communications[J]. Computer Networks, 2016, 99: 66-81.

[135] LI J, WEN M, ZHANG T. Group-based authentication and key agreement with dynamic policy updating for MTC in LTE-A networks[J]. IEEE Internet of Things Journal, 2016, 3(3): 408-417.

[136] MODIRIM M, MOHAJERI J, SALMASIZADEH M. GSL-AKA: group-based secure lightweight authentication and key agreement protocol for M2M communication[C]//2018 9th International Symposium on Telecommunications. Piscataway: IEEE Press, 2018: 275-280.

[137] ASHKEJANPAHLOUIE F K, TALOUKI M A, GHAHFAROKHI B S. A secure group-based authentication protocol for machine-type communication in LTE/LTE-A networks[C]//Proceedings of the International Conference on Smart Cities and Internet of Things. Piscataway: IEEE Press, 2018: 1-12.

[138] CAO J, MA M, LI H. A group-based authentication and key agreement for MTC in LTE networks[C]//IEEE GLOBECOM 2012. Piscataway: IEEE Press, 2012: 1017-1022.

[139] CAO J, MA M, LI H. GBAAM: group-based access authentication for MTC in LTE networks[J]. Security and Communication Networks, 2015, 8(17): 3282-3299.

[140] CAO J, MA M, LI H, et al. EGHR: efficient group-based handover authentication protocols for mMTC in 5G wireless networks[J]. Journal of Network and Computer

Applications, 2018, 102: 1-16.

[141] CAO J, YU P, MA M, et al. Fast authentication and data transfer scheme for massive NB-IoT devices in 3GPP 5G network[J]. IEEE Internet of Things Journal, 2019, 6(2): 1561-1575.

[142] CAO J, YU P, XIANG X, et al. Anti-quantum fast authentication and data transmission scheme for massive devices in 5G NB-IoT system[J]. IEEE Internet of Things Journal, 2019, 6(6): 9794-9805.

[143] NGO H H, WU X P, LE P D, et al. An individual and group authentication model for wireless network services[J]. Journal of Convergence Information Technology, 2010, 5(1): 82-94.

[144] CHEN Y W, WANG J T, CHI K H, et al. Group-based authentication and key agreement[J]. Wireless Personal Communications, 2010, 62(4): 1-15.

[145] HUANG J, YEH L, CHIEN H. ABAKA: an anonymous batch authenticated and key agreement scheme for value-added services in vehicular ad hoc networks[J]. IEEE Transactions on Vehicular Technology, 2011, 60(1): 248-262.

[146] LAI C, LI H, LU R, et al. SE-AKA: a secure and efficient group authentication and key agreement protocol for LTE networks[J]. Computer Networks, 2013, 57(17): 3492-3510.

[147] CAO J, MA M, LI H. LPPA: lightweight privacy-preservation access authentication scheme for massive devices in fifth Generation (5G) cellular networks[J]. International Journal of Communication Systems, 2019, 32(3): e3860.

[148] CAO J, YAN Z, MA R, et al. LSAA: a lightweight and secure access authentication scheme for both UEs and mMTC devices in 5G networks[J]. IEEE Internet of Things Journal, 2020, 7(6): 5329-5344.

[149] KLEIN M H. Department of defense trusted computer system evaluation criteria[J]. Department of Defense. Fort Meade, Md, 1983, 20755.

[150] FERRAIOLO D, KUHN D R, CHANDRAMOULI R. Role-based access control[M]. Artech House, 2003.

[151] THOMAS R K, SANDHU R S. Task-based authorization controls (TBAC): a family of models for active and enterprise-oriented authorization management[C]// IFIP Advances in Information and Communication Technology. Berlin: Springer, 1997: 166-181.

[152] OH S, PARK S. Task-role based access control (T-RBAC): an improved access control model for enterprise environment[C]//The 11th International Conference in Database and Expert Systems Applications. Piscataway: IEEE Press, 2000: 264-273.

[153] YUAN E, TONG J. Attributed based access control (ABAC) for Web

services[C]//IEEE International Conference on Web Services. Piscataway: IEEE Press, 2005: 561-569.

[154] FREUDENTHAL E, PESIN T, PORT L, et al. DRBAC: distributed role-based access control for dynamic coalition environments[C]//The 22nd International Conference on Distributed Computing Systems. Piscataway: IEEE Press, 2002: 411-420.

[155] SHAFIQ B, JOSHI J B, BERTINO E, et al. Secure interoperation in a multidomain environment employing RBAC policies[J]. IEEE Transactions on Knowledge and Data Engineering, 2005, 17(11): 1557-1577.

[156] BERTINO E, BONATTI P, FERRARI E. TRBAC: a temporal role-based access control model[J]. ACM Transactions on Information and System Security, 2001, 4(3): 191-233.

[157] JOSHI J B, BERTINO E, LATIF U, et al. A generalized temporal role-based access control model[J]. IEEE Transactions on Knowledge and Data Engineering, 2005, 17(1): 4-23.

[158] LI F H, WANG W, MA J F, et al. Action-based access control model[J]. Chinese Journal of Electronics, 2008, 17(3): 396-401.

[159] CHENG Y, PARK J, SANDHU R. An access control model for online social networks using user-to-user relationships[J]. IEEE Transactions on Dependable and Secure Computing, 2015, 13(4): 424-436.

[160] SQUICCIARINI A C, LIN D, SUNDARESWARAN S, et al. Privacy policy inference of user-uploaded images on content sharing sites[J]. IEEE Transactions on Knowledge and Data Engineering, 2014, 27(1): 193-206.

[161] 刘武, 段海新, 张洪, 等. TRBAC:基于信任的访问控制模型[J]. 计算机研究与发展, 2011, 48(8): 1414-1420.

[162] FONG P W L. Relationship-based access control: protection model and policy language[C]//The First ACM Conference on Data and Application Security and Privacy. New York: ACM Press, 2011: 191-202.

[163] HONG J, XUE K, XUE Y, et al. TAFC: time and attribute factors combined access control for time-sensitive data in public cloud[J]. IEEE Transactions on Services Computing, 2017: 158-175.

[164] XUE Y, HONG J, LI W, et al. LABAC: a location-aware attrib-ute-based access control scheme for cloud storage[C]//2016 IEEE Global Communications Conference. Piscataway: IEEE Press, 2016: 1-6.

[165] DECAT M, LAGAISSE B, JOOSEN W. Scalable and secure concurrent evaluation of history-based access control policies[C]//Proceedings of the 31st Annual Computer Security Applications Conference. Piscataway: IEEE Press, 2015:

281-290.

[166] VERGINADIS Y, PATINIOTAKIS I, GOUVAS P, et al. Context-aware policy enforcement for PaaS-enabled access control[J]. IEEE Transactions on Cloud Computing, 2019, PP(99): 1.

[167] WANG Y, LI F, XIONG J, et al. Achieving lightweight and secure access control in multi-authority cloud[C]//2015 IEEE Trustcom/BigDataSE/ISPA. Piscataway: IEEE Press, 2015: 459-466.

[168] ATLAM H F, ALENEZI A, WALTERS R J, et al. Developing an adaptive risk-based access control model for the Internet of things[C]//2017 IEEE International Conference on Internet of Things and IEEE Green Computing and Communications and IEEE Cyber, Physical and Social Computing and IEEE Smart Data. Piscataway: IEEE Press, 2017: 655-661.

[169] 杨腾飞, 申培松, 田雪, 等. 对象云存储中分类分级数据的访问控制方法[J]. 软件学报, 2017, 28(9): 2334-2353.

[170] LIU J K, AU M H, HUANG X, et al. Fine-grained two-factor access control for Web-based cloud computing services[J]. IEEE Transactions on Information Forensics and Security, 2015, 11(3): 484-497.

[171] ALAM Q, MALIK S U R, AKHUNZADA A, et al. A cross tenant access control (CTAC) model for cloud computing: Formal specification and verification[J]. IEEE Transactions on Information Forensics and Security, 2016, 12(6): 1259-1268.

[172] 孙奕, 陈性元, 杜学绘, 等. 一种具有访问控制的云平台下外包数据流动态可验证方法[J]. 计算机学报, 2017, 40(2): 337-350.

[173] NATH R, DAS S, SURAL S, et al. PolTree: a data structure for making efficient access decisions in ABAC[C]//Proceedings of the 24th ACM Symposium on Access Control Models and Technologies. New York: ACM Press, 2019: 25-35.

[174] BHATT S, SANDHU R. ABAC-CC: attribute-based access control and communication control for Internet of things[C]//Proceedings of the 25th ACM Symposium on Access Control Models and Tech-nologies. New York: ACM Press, 2020: 203-212.

[175] RIVEST R L, SHAMIR A, WAGNER D A. Time-lock puzzles and timed-release crypto[J]. 1996.

[176] BONEH D, FRANKLIN M. Identity-based encryption from the Weil pairing[C]//Annual International Cryptology Conference. Berlin: Springer, 2001: 213-229.

[177] YE J, ZHANG W, WU S, et al. Attribute-based fine-grained access control with user revocation[C]//Information and Communication Technology-EurAsia Conference.

Berlin: Springer, 2014: 586-595.

[178] COLOMBO P, FERRARI E. Privacy aware access control for big data: a research roadmap[J]. Big Data Research, 2015, 2(4): 145-154.

[179] XUE Y, XUE K, GAI N, et al. An attribute-based controlled collaborative access control scheme for public cloud storage[J]. IEEE Transactions on Information Forensics and Security, 2019, 14(11): 2927-2942.

[180] 李凤华, 李晖, 贾焰, 等. 隐私计算研究范畴及发展趋势[J]. 通信学报, 2016, 37(4): 1-11.

[181] 李凤华, 王彦超, 殷丽华, 等. 面向网络空间的访问控制模型[J]. 通信学报, 2016, 37(5): 9-20。

[182] LI F, LI Z, HAN W, et al. Cyberspace-oriented access control: a cyberspace characteristics-based model and its policies[J]. IEEE Internet of Things Journal, 2018, 6(2): 1471-1483.

[183] 李凤华, 陈天柱, 王震, 等. 复杂网络环境下跨网访问控制机制[J]. 通信学报, 2018, 39(2): 1-10.

[184] 林果园, 贺珊, 黄皓, 等. 基于行为的云计算访问控制安全模型[J]. 通信学报, 2012, 33(3): 59-66.

[185] 吴泽智, 陈性元, 杨智, 等. 信息流控制研究进展[J]. 软件学报, 2017, 28(1): 135-159.

[186] GIACOBAZZI R, MASTROENI I. Abstract non-interference: a unifying framework for weakening information-flow[J]. ACM Transactions on Privacy and Security, 2018, 21(2): 1-31.

[187] NIELSONH R, NIELSON F. Content dependent information flow control[J]. Journal of Logical and Algebraic Methods in Programming, 2017, 87: 6-32.

[188] ZHANG J, CAI M, HAN G, et al. Cellular clustering-based interfer-ence-aware data transmission protocol for underwater acoustic sensor networks[J]. IEEE Transactions on Vehicular Technology, 2020, 69(3): 3217-3230.

[189] 苏铓, 李凤华, 史国振. 基于行为的多级访问控制模型[J]. 计算机研究与发展, 2014, 51(7): 1604-1613.

[190] GOLLAMUDI A, CHONG S, ARDEN O. Information flow control for distributed trusted execution environments[C]//2019 IEEE 32nd Computer Security Foundations Symposium. Piscataway: IEEE Press, 2019: 304-318.

[191] LI F, LI Z, FANG L, et al. Securing instruction interaction for hierarchical management[J]. Journal of Parallel and Distributed Computing, 2020, 137: 91-103.

[192] BRUNS G, HUTH M. Access control via Belnap logic: Intuitive, expressive, and analyzable policy composition[J]. ACM Transactions on Information and System

Security, 2011, 14(1): 1-27.

[193] 吴迎红, 黄皓, 吕庆伟, 等. 基于开放逻辑 R 反驳计算的访问控制策略精化[J]. 软件学报, 2015, 26(6): 1534-1556.

[194] HU H, AHN G J, JORGENSEN J. Multiparty access control for online social networks: model and mechanisms[J]. IEEE Transactions on Knowledge and Data Engineering, 2012, 25(7): 1614-1627.

[195] SUCH J M, CRIADO N. Resolving multi-party privacy conflicts in social media[J]. IEEE Transactions on Knowledge and Data Engineering, 2016, 28(7): 1851-1863.

[196] SARKIS L C, SILVA V T D, BRAGA C. Detecting indirect conflicts between access control policies[C]//Proceedings of the 31st Annual ACM Symposium on Applied Computing. New York: ACM Press, 2016: 1570-1572.

[197] 李瑞轩, 鲁剑锋, 李添翼, 等. 一种访问控制策略非一致性冲突消解方法[J]. 计算机学报, 2013, 36(6): 1210-1223.

[198] CELIK Z B, TAN G, MCDANIEL P D. IoTGuard: dynamic enforcement of security and safety policy in commodity IoT[C]// The Network and Distributed System Security Symposium. New York: ACM Press, 2019: 1-5.

[199] 房梁, 殷丽华, 李凤华, 等. 基于谱聚类的访问控制异常权限配置挖掘机制[J]. 通信学报, 2017, 38(12): 63-72.

[200] FANG L, YIN L, ZHANG Q, et al. Who is visible: resolving access policy conflicts in online social networks[C]//2017 IEEE Global Communications Conference. Piscataway: IEEE Press, 2017: 1-6.

[201] NGUYEN D, PARK J, SANDHU R. A provenance-based access control model for dynamic separation of duties[C]//2013 Eleventh Annual Conference on Privacy, Security and Trust. Piscataway: IEEE Press, 2013: 247-256.

[202] SUN L, PARK J, NGUYEN D, et al. A provenance-aware access control framework with typed provenance[J]. IEEE Transactions on Dependable and Secure Computing, 2015, 13(4): 411-423.

[203] PEARSON S, CASASSA-MONT M. Sticky policies: an approach for managing privacy across multiple parties[J]. Computer, 2011, 44(9): 60-68.

[204] SPYRA G, BUCHANAN W J, EKONOMOU E. Sticky policies approach within cloud computing[J]. Computers & Security, 2017, 70: 366-375.

[205] BHUYAN F A, LU S, REYNOLDS R, et al. A security framework for scientific workflow provenance access control policies[J]. IEEE Transactions on Services Computing, 2019, PP(99): 1.

[206] BERTOLISSI C, DEN HARTOG J, ZANNONE N. Using provenance for secure data fusion in cooperative systems[C]//Proceedings of the 24th ACM Symposium on

Access Control Models and Technologies. New York: ACM Press, 2019: 185-194.

[207] MIORANDI D, RIZZARDI A, SICARI S, et al. Sticky policies: a survey[J]. IEEE Transactions on Knowledge and Data Engineering, 2019, PP(99): 1.

[208] MASOUMZADEH A, JOSHI J B D. PuRBAC: purpose-aware role-based access control[C]//OTM Confederated International Conferences on the Move to Meaningful Internet Systems. Berlin: Springer, 2008: 1104-1121.

[209] NADA A, SARA A, AIMAN E, et al. Supervised machine learning techniques for efficient network intrusion detection[C]//IEEE International Conference on Computer Communications and Networks. Piscataway: IEEE Press, 2019: 1-8.

[210] ADEL A, MARTINE B, MICHEL D, et al. A deep learning approach for proactive multi-cloud cooperative intrusion detection system[J]. Future Generation Computer Systems, 2019, 98: 308-318.

[211] MA X Y, FU X, LUO B, et al. A design of firewall based on feedback of intrusion detection system in cloud environment[C]//IEEE Global Communications Conference. Piscataway: IEEE Press, 2019: 1-6.

[212] ZHU L H, TANG X Y, SHEN M. Privacy-preserving DDoS attack detection using cross-domain traffic in software defined networks[J]. IEEE Journal on Selected Areas in Communications, 2018, 36(3): 628-643.

[213] XU Y, LIU Y. DDoS attack detection under SDN context[C]//IEEE International Conference on Computer Communications. Piscataway: IEEE Press, 2016: 1-9.

[214] DOSHI R, APTHORPE N, FEAMSTER N. Machine learning DDoS detection for consumer Internet of things devices[C]//IEEE Symposium on Security and Privacy Workshops. Piscataway: IEEE Press, 2018: 29-35.

[215] DURKOTA K, LISÝ V, KIEKINTVELD C, et al. Game-theoretic algorithms for optimal network security hardening using attack graphs[C]//International Conference on Autonomous Agents and Multi-Agent Systems. New York: ACM Press, 2015: 1773-1774.

[216] MOOSAVI H, BUI F M. A game-theoretic framework for robust optimal intrusion detection in wireless sensor networks[J]. IEEE Transactions on Information Forensics and Security, 2014, 9(9): 1367-1379.

[217] GRANJAL J, PEDROSO A. An intrusion detection and prevention framework for internet-integrated CoAP WSN[J]. Security and Communication Networks, 2018, 1-14.

[218] MELEK O, REFIK M. Denial of service prevention in satellite networks[C]//IEEE International Conference on Communications. Piscataway: IEEE Press, 2004: 4387-4391.

[219] MA T, LEE Y H, MA M. Protecting satellite systems from disassociation DoS attacks[J]. Wireless Personal Communications, 2013, 69(2): 623-638.

[220] USMAN M, QARAQE M, ASGHAR M R, et al. Mitigating distributed denial of service attacks in satellite networks[J]. Transactions on Emerging Telecommunications Technologies, 2020, 31(6): .

[221] 关汉男. 基于 LEO 的空间网络安全体系及关键技术研究[D]. 上海: 上海交通大学, 2014.

[222] ZHU J L, WANG C F. Satellite networking intrusion detection system design based on deep learning method[C]//International Conference on Communications, Signal Processing, and Systems. Piscataway: IEEE Press, 2017: 2295-2304.

# 第 3 章
# 数据按需汇聚与安全传输

  泛在网络的开放性、异构性、移动性等特点，导致泛在网络中承载的各种数据流在安全性、实时性、能耗等方面的要求差异巨大。若采用传统的静态无差异化方法汇聚与传输泛在网络中的数据流，将会导致对数据安全性的保护过度或保护不足。保护过度会导致过度的计算和通信资源开销，保护不足会损失安全性。因此，针对泛在网络的差异化特性构造出数据流的按需汇聚与安全传输机制，是支撑泛在网络提供高效服务的重要基础。本章围绕泛在网络环境下数据汇聚与传输的安全需求，介绍异常数据监测与管理、数据汇聚与调度、数据安全传输 3 个核心环节的关键技术。同时，这些技术还可应用于物联网、移动互联网、天地一体化信息网络，具有普适性。

## 3.1 异常数据监测与管理

  本节介绍网络流量异常爆发检测、网络数据流识别、采集代理优化部署等方面的关键技术。其中，网络流量异常爆发检测方法[1]采用合适的调度策略，提升检测方法的稳健性和可扩展性，可实现对网络流量异常爆发的有效检测；基于模式匹配的网络数据流识别[2]利用有限状态自动机生成方法和数据流特征刻画技术，解决数据流分析与识别困难问题；采集代理优化部署[3]采用保证系统稳健性的方法，通过对异构安全数据统一度量，达到基于有限采集代理的最优监测效果。有效的异常数据检测与管理方法可以有力支撑数据的按需汇聚与调度。

## 3.1.1 网络流量异常爆发检测

随着物联网设备的大量普及，网络流量攻击逐渐具有爆发传播的特性，通过特定的蠕虫病毒在短时间内感染多台设备，可以造成大规模的网络瘫痪，对网络的可用性造成严重威胁。更有甚者，恶意攻击者通常会针对网络中的监控机制，策略性地发起爆发传播，对数据汇聚与安全传输产生严重的不良影响。面对上述挑战，网络管理者通过在物联网中部署特定的嵌入式入侵检测系统（Intrusion Detection System，IDS）来收集物联网设备节点上的潜在威胁数据，并通过在不同时间段激活不同节点组合上的 IDS 来进行入侵检测。网络流量异常爆发检测方法充分考虑恶意流量传播轨迹的不确定性、计算资源的有限性等因素，通过采用合适的调度策略对突发异常的数据流量进行非规则动态监测。该方法较传统检测方法具有良好的稳健性和可扩展性，能够提高网络流量异常爆发检测的有效性。

**1. 网络流量异常爆发检测框架**

将攻击因素引入对抗式爆发检测，并将检测表述为斯塔克尔伯格（Stackelberg）博弈。图 3-1 给出了网络流量异常爆发检测的实施过程框架，其实施步骤主要包括 4 个阶段：预处理和初始化、策略计算、策略生成和策略执行；相应的执行组件包括外部模块和监测代理。其中，外部模块的 3 个部分分别与前 3 个实施步骤对应：在预处理和初始化阶段产生传播时延初始化表；在策略计算阶段调用敌对爆发检测（Adveriable Outbreak Detection，AOD）算法计算最优对抗策略；在策略生成阶段选择监测代理，即选择传感器。执行组件中的监测代理与策略执行阶段对应，即激活所选择的传感器并执行对抗策略。

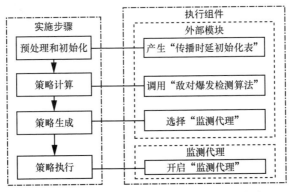

**图 3-1 网络流量异常爆发检测的实施过程框架**

2. 网络流量异常爆发检测方法

网络流量异常爆发检测方法主要通过产生传播时延初始化表和 AOD 算法来实现。在预处理和初始化阶段中，通过使用蒙特卡罗方法[①]模拟物联网病毒的爆发传播过程，记录多次模拟过程中传播时延的平均值，产生传播时延初始化表；在策略计算阶段中，通过建立 Stackelberg 模型并采用 AOD 算法，构造混合整数线性规划，利用贪心算法来加速求解，获得一个近似解。

（1）生成传播时延初始化表

激活 $k$ 个最优的监测代理进行爆发检测的问题可看作一个零和博弈。防守者（也是监测网络流量异常的监测者）希望尽早检测到被攻击者感染的节点，而攻击者试图让感染扩散持续的时间尽可能长。假设当检测到感染节点时，恶意信息扩散过程立刻终止。

将网络表示为具有 $N$ 个节点的无向图 $G(V, E)$，其中，$V$ 表示网络中所有部署了监测代理的节点集合，$E$ 表示边的集合。由于本节采用博弈论来检测网络流量异常，下面简单介绍博弈论中的纯策略和混合策略等相关概念。

纯策略与纯策略空间：防守者的纯策略是所开启的监测代理节点的集合，用集合 $D \subseteq V$ 表示，防守者的所有纯策略构成的纯策略空间为 $\mathcal{D}$。若每次开启的监测代理节点的数量为 $k$，则纯策略空间 $\mathcal{D}$ 的基数为 $C_k^{|V|}$。攻击者的纯策略是在节点集 $V$ 中选取网络任意节点作为感染源；本节中假设攻击者每次仅选取 1 个节点作为感染源，用集合 $A \subseteq V$ 表示，其中 $|A|=1$；攻击者的纯策略空间为 $\mathcal{A}$，其中 $|\mathcal{A}|=|V|$。

混合策略：防守者的混合策略为防守纯策略空间 $\mathcal{D}$ 上的概率分布，用 $\boldsymbol{x} = \langle x_D \rangle$ 描述，向量 $\boldsymbol{x}$ 的每维表示以 $x_D$ 的概率选择集合 $D$ 中所有节点作为监测代理节点，其中 $\sum_{D \in \mathcal{D}} x_D = 1$。攻击者的混合策略用 $\boldsymbol{y} = \langle y_A \rangle$ 描述，向量 $\boldsymbol{y}$ 的每维表示以 $y_A$ 的概率选择集合 $A$ 中所有节点作为传染源。

如果 $D \cap A = \varnothing$，表示防守者选择的节点集和攻击者选择的节点集没有重合，即防守者检测不到感染事件，攻击者成功，攻击者获得的收益 $P(A) \leftarrow -P(D)$；否则，表示防守者检测到了攻击者，防守者的收益为 $P(D) \leftarrow -P(A)$。同时，由于感

---

[①] 蒙特卡罗方法是一种以概率统计理论为指导的数值计算方法，其基本思想是：当所求解问题是某种随机事件出现的概率，或者是某个随机变量的期望值时，通过某种"实验"的方法，以这种事件出现的频率估计这一随机事件的概率，或者得到这个随机变量的某些数字特征，并将其作为问题的解。

染的概率性，节点 $v \in D$ 能否被父节点成功感染尚不确定。因此，可以通过蒙特卡罗方法模拟 $m$ （ $0 < m \leqslant m_c$ ， $m_c$ 为蒙特卡罗模拟次数的最大值）次感染过程，记录每次感染结果，并存储在传播时延初始化表中（见表 3-1），该表记录了网络中每个节点 $v \in V$ 作为感染源节点成功感染其他节点的时间。

表 3-1　传播时延初始化表

| 节点 | $v_0$ | $v_1$ | ... | $v_j$ | ... | $v_n$ |
|---|---|---|---|---|---|---|
| $v_0$ | 0 | $\alpha(0,1)$ | ... | $\alpha(0,j)$ | ... | $\alpha(0,n)$ |
| $v_1$ | $\alpha(1,0)$ | 0 | ... | $\alpha(1,j)$ | ... | $\alpha(1,n)$ |
| ... | ... | ... | ... | ... | ... | ... |
| $v_i$ | $\alpha(i,0)$ | $\alpha(i,1)$ | ... | $\alpha(i,j)$ | ... | $\alpha(i,n)$ |
| ... | ... | ... | ... | ... | ... | ... |
| $v_n$ | $\alpha(n,0)$ | $\alpha(n,1)$ | ... | $\alpha(n,j)$ | ... | 0 |

用 $\alpha(i,j)$ 表示感染源节点 $v_i \in V$ 传播到网络节点 $v_j \in V$ 所用的时间，即

$$\alpha(i,j) = 0 , \quad i = j \tag{3-1}$$

根据传播时延初始化表，定义攻击者选择集合 $A$ 中所有节点作为传染源在第 $m$ 次蒙特卡罗过程中被防御者选择集合 $D$ 中所有节点作为监测代理节点所检测到的时间为

$$t_m(A,D) = \min \left\{ \min \left\{ \alpha\left(v_i, v_j\right) \middle| I_t \bigcap D \neq \varnothing \text{ with } I_0 = A \right\}, T_{\max} \right\} \tag{3-2}$$

其中， $I_t \subseteq V$ 是一组在 $t \geqslant 0$ 阶段被感染的节点集合， $T_{\max}$ 是防守者监测到节点被感染的最大时间。

由于恶意信息成功传播到邻居节点具有一定的概率，使用蒙特卡罗方法进行检测，监测时间 $\tau(A,D)$ 表示攻击者选择集合 $A$ 作为传染源，被防守者选择集合 $D$ 中的监测代理节点检测到的时延，计算式为

$$\tau(A,D) = \frac{1}{m_c} \sum_{m=1}^{m_c} t_m(A,D) \tag{3-3}$$

防守者的收益函数为

$$P(D) = \tau(A,D) \tag{3-4}$$

若防御者采用混合策略 $x$ ，且攻击者选择集合 $A$ 中的所有节点作为传染源，

则攻击者的期望效用为

$$U_a(x, A) = P(A) \sum_{D \in \mathcal{D}} \left(1 - z_{D,A}\right) x_D \tag{3-5}$$

其中，$z_{D,A}$ 表示防守者的混合策略 $x$ 中防守者在集合 $D$ 中选择的监测代理节点与攻击者在集合 $A$ 中选择的传染源是否重叠。$z$ 是标志位，当 $D \cap A \neq \varnothing$ 时，$z = 1$；当 $D \cap A = \varnothing$ 时，$z = 0$。

同理，考虑防守者选择集合 $D$ 中的所有节点作为监测代理节点和攻击者混合策略 $y$，攻击者的期望效用为

$$U_a(D, y) = \sum_{A \in \mathcal{A}} \left(1 - z_{D,A}\right) y_A P(A) \tag{3-6}$$

当双方使用混合策略时，攻击者的预期效用为

$$U_a(x, y) = \sum_{D \in \mathcal{D}} x_D U_a(D, y) = \sum_{A \in \mathcal{A}} y_A U_a(x, A) \tag{3-7}$$

给定防守者的混合策略 $x$ 和攻击者选择集合 $A$ 中所有节点作为传染源，攻击者的期望收益为

$$U_d(x, A) = \sum_{D \in \mathcal{D}} \left(1 - z_{D,A}\right) x_D P(D) \tag{3-8}$$

其中，防守者收益函数中的参数 $z_{D,A}$ 与攻击者收益函数中的参数 $z_{D,A}$ 相同，这里不再赘述。

给定攻击者的混合策略 $y$ 和防守者选择集合 $D$ 中的所有节点作为监测代理节点，攻击者的期望收益为

$$U_d(D, y) = P(D) \sum_{A \in \mathcal{A}} \left(1 - z_{D,A}\right) y_A \tag{3-9}$$

当双方都是混合策略时，攻击者的期望收益为

$$U_d(x, y) = \sum_{D \in \mathcal{D}} x_D U_d(D, y) = \sum_{A \in \mathcal{A}} y_A U_d(x, A) \tag{3-10}$$

在所述场景中，仅考虑以下情况：在攻击者扩散恶意信息过程中，防守者选取的策略是确定的，不会随着传播时间的推移而改变。如果防守者的策略随着时间的推移而变化，则防守者的开销也会随着时间的推移而变化，将导致整个博弈过程的复杂度急剧增加。

（2）AOD 算法

AOD 算法是在策略计算阶段使用的敌对爆发检测算法。在敌对爆发检测问题中需要考虑攻击因素，并将攻击者和防守者（网络管理者）之间的博弈表述为 Stackelberg 博弈。Stackelberg 博弈是两阶段完全信息动态博弈，博弈的时间是序贯的。其主要思想是双方根据对方可能的策略来选择自己的策略，以保证自己在对方策略下的利益最大化，从而达到纳什均衡。在该博弈模型中，先决策者为领导者，在领导者之后，剩余的参与者根据领导者的决策进行决策，称为追随者，然后领导者再根据追随者的决策调整自己的决策，如此往复，直到达到纳什均衡。在本章的 Stackelberg 博弈中，领导者是先执行传感器调度的防守者，追随者是观察防守者策略并做出反应的攻击者。由于 Stackelberg 博弈是零和博弈，因此 Stackelberg 均衡与纳什均衡是等价的。

随着节点规模 $|V|$ 的不断扩大，攻击者策略空间随着 $|V|$ 增加，防守者策略的空间随着预算 $k$ 呈指数增长。为了求解上述问题，本节引入 AOD 算法，AOD 算法的主要思想是将问题划分为防守者最优响应（Defender Optimal Response，DOR）和防守者近似响应（Defender Approximation Response，DAR），在近似响应中加入新变量以获取最优近似响应值。当近似响应不能识别出任何能提高最优响应值的新变量时，算法终止。AOD 算法可以有效地降低最优解求解时间。AOD 算法的简要流程为：在给出初始策略后，利用线性规划求解小规模博弈均衡，然后迭代循环调用近似响应和最优响应。应当注意的是，必须先调用近似响应，如果找不到近似响应，则调用最优响应。当防守者没有找到更好的策略时，算法终止。最终结果收敛于全局最优解，AOD 算法如算法 3-1 所示。

**算法 3-1** AOD 算法

输入：$V, A, B$

输出：参与双方的混合策略 $(x, y)$

1. 初始化：$\mathcal{D}', \mathcal{A}$

2. repeat；

3.     $(x, y) \leftarrow \text{CoreLP}(\mathcal{D}', \mathcal{A})$；

4.     $D^+ \leftarrow \text{DAR}(y)$；

5.     if $D^+ = \varnothing$ then

6.         $D^+ \leftarrow \text{DOR}(y)$；

7.         $\mathcal{D}' \leftarrow \mathcal{D}' \cup D^+$；

8. until $D^+ = \varnothing$ ;

9. return $(x, y)$ ;

防守者最优策略求解包括两部分：最优响应模块和近似响应模块。最优响应模块负责求解防守者的最优策略，该策略是对攻击者混合策略的最佳响应。给定攻击者的混合策略后，防守者需要找到一个纯策略作为自己的最佳响应。如果防守者选择的监测代理节点集合 $D$ 满足 $U_d(D, y) > U_d(x, y)$ ，那么该策略就是有效的，就把它添加到防守者已选取的策略空间 $\mathcal{D}'$ 中。因此，最优响应通过在 $\mathcal{D}'$ 上最小化 $U_d(D, y)$ 来找到改进策略。然而，由于防守者的最佳响应为 NPC 问题，为了加快计算速度，需要近似响应模块来寻找可以增加防守者收益的纯策略。利用贪心算法来计算提高防守者收益的纯策略，即 $U_d(D, y) > U_d(x, y)$ ，对于单调次模函数[②]，通过贪心算法，集合 $D$ 至少获得一个常数因子 $\left(1 - \dfrac{1}{e}\right)$ ，该常数因子是基于最优解获取的观察点值，证明过程如定理 1 所示。

**定理 1** 贪心算法保证近似响应的精确度为 $1 - \dfrac{1}{e}$ 。

**证明** 首先，为每一个防守者部署监测代理 $D$ 定义一个非负的收益函数

$$\mathcal{F}(D) = U_d(D, y) - U_d(\varnothing, y) = \sum_{A \in \{B | B \in \mathcal{A}' \wedge B \cap D \neq \varnothing\}} y_A P(A) \tag{3-11}$$

其中，$\mathcal{A}'$ 表示攻击者已选取的策略空间，$\mathcal{F}(D)$ 表示部署监测代理 $D$ 相对于防守者未部署监测代理时防御者策略的边际收益。

其次，考虑攻击者的混合策略 $y_A$ ，证明 $\mathcal{F}(D)$ 是次模函数。

设 $D_1$ 和 $D_2$ 是防守者选取的两个监测代理的集合，$D_1 \subseteq D_2 \subseteq V$ ，$v \in V \setminus D_2$ 。$\overline{\mathcal{A}_1} = \{A \in \mathcal{A}' | A \cap D_1 = \varnothing\}$ 和 $\overline{\mathcal{A}_2} = \{A \in \mathcal{A}' | A \cap D_2 = \varnothing\}$ 分别表示不能被 $D_1$ 和 $D_2$ 监测到的攻击策略空间。由于 $D_1 \subseteq D_2$ ，即 $D_1$ 能监测到的攻击策略一定会被 $D_2$ 监测到，因此可以得出 $\overline{\mathcal{A}_2} \subseteq \overline{\mathcal{A}_1}$ 。只要函数 $\mathcal{F}(D)$ 是次模的，那么一定满足

$$\mathcal{F}(D_1 \cup \{v\}) - \mathcal{F}(D_1) \geqslant \mathcal{F}(D_2 \cup \{v\}) - \mathcal{F}(D_2) \tag{3-12}$$

最后，可以得到如下结果

---

② 次模函数是具有单调递减性且输入为集合的函数，即随着输入集合中元素的增加，函数增量的差异减小。

$$\mathcal{F}\left(D_1 \cup \{v\}\right) - \mathcal{F}\left(D_1\right) = \sum_{A \in \left\{B | B \in \mathcal{A}' \wedge \left(B \cap \left(D_1 \cup \{v\}\right) \neq \varnothing\right)\right\}} y_A P(A) - \sum_{A \in \left\{B | B \in \mathcal{A}' \wedge \left(B \cap D_1 \neq \varnothing\right)\right\}} y_A P(A) =$$

$$\sum_{A \in \left\{B | B \in \overline{\mathcal{A}_1} \wedge \left(B \cap \{v\} \neq \varnothing\right)\right\}} y_A P(A) \tag{3-13}$$

同理可得

$$\mathcal{F}\left(D_2 \cup \{v\}\right) - \mathcal{F}\left(D_2\right) = \sum_{A \in \left\{B | B \in \mathcal{A}' \wedge \left(B \cap \left(D_2 \cup \{v\}\right) \neq \varnothing\right)\right\}} y_A P(A) - \sum_{A \in \left\{B | B \in \mathcal{A}' \wedge \left(B \cap D_2 \neq \varnothing\right)\right\}} y_A P(A) =$$

$$\sum_{A \in \left\{B | B \in \overline{\mathcal{A}_2} \wedge \left(B \cap \{v\} \neq \varnothing\right)\right\}} y_A P(A) \tag{3-14}$$

由于 $\overline{\mathcal{A}_2} \subseteq \overline{\mathcal{A}_1}$ 和 $y_A P(A) \geqslant 0$ ，因此，式（3-12）成立。$\mathcal{F}(D)$ 是次模函数，根据文献[4]，该贪心算法的精确度为 $\left(1 - \dfrac{1}{e}\right)$。防守者近似响应的贪心算法如算法 3-2 所示。

**算法 3-2　防守者近似响应的贪心算法**

输入：$y$

输出：$D$

1. $D_{\mathrm{appro}} = \varnothing$;

2. for $v \in V$ do

3. 　　$D \leftarrow \{v\}$;

4. 　　while $|D| < k$ do

5. 　　　　$v^* \leftarrow \arg\max_v U_d\left(D \cup \{v\}, y\right)$;

6. 　　　　$D \leftarrow D \cup \{v^*\}$;

7. 　while $|D| < B$ do

8. 　　$D \leftarrow D \cup \{v\}$ 从 $V$ 中随机选择出 $v$;

9. 　　if $U_d\left(D, y\right) > U_d\left(x, y\right)$ then

10. 　　　　$D_{\mathrm{appro}} = D_{\mathrm{appro}} \cup \{D\}$;

11. 　　　　return $D_{\mathrm{appro}}$;

12. 　else

13. 　　　　return null;

贪心算法尝试迭代地选择一个有效的防御策略。输入 $y$ 为攻击者的非零混合策略。防守者在第 1 行中的策略集 $D_{\mathrm{appro}}$ 开始时为空，每次循环时都在 $D_{\mathrm{appro}}$ 中添加激活的监测代理。第2行~第6行用于更新。第5行迭代地选择带来最大边际效用的节点。如果没有节点满足条件，则在第8行随机选择节点，然后在第9行~第10行生成一条满足条件的策略。最后，需要判断所找到的策略是否有效。

3. 网络流量异常爆发检测应用实例

设在目标网络拓扑中有7个节点：$V = \{v_0, \cdots, v_6\}$，每一个节点代表一个已经部署的监测代理。防守者的策略为从目标网络的7个设备节点中选取 $k(k \leq 7)$ 个开启监测代理，防守者共有 $C_7^k$ 条备选策略。攻击者的策略为从目标网络的7个节点中选取一个点作为感染源，攻击者共有7条备选策略。为了便于计算，设 $k=3$，防守者从备选策略中选取每条策略的概率总和为1。

（1）确定调度策略中目标函数和约束条件

防守者收益函数是最小化防守者监测到攻击者的时间。攻击者收益函数是最大化攻击者被防守者监测到的时间。根据防守者和攻击者双方的收益函数，利用加权求和的方法计算期望收益，构建整个系统的目标函数。

根据式（3-15）~式（3-19）构建整个系统的效用函数

$$\max \quad U \tag{3-15}$$

$$\text{s.t.} \quad U \leq U_d(x, A) \quad \forall A \in \mathcal{A} \tag{3-16}$$

$$\sum_{v \in V} D_v = k \tag{3-17}$$

$$\sum_{D \in \mathcal{D}} x_D = 1 \tag{3-18}$$

$$x_D \geq 0 \quad \forall D \in \mathcal{D} \tag{3-19}$$

其中，攻击者选取的攻击策略是选择集合 $A$ 为传染源；防守者的监测策略是选取集合 $D$ 为监测代理集合；$U$ 是系统目标函数，即防守者的效用函数；$U_d$ 是防守者的收益函数；$x$ 是防守者的混合策略，能够以 $x_D$ 的概率选取集合 $D$。

（2）生成调度策略

由于攻击者策略空间 $\mathcal{A}$ 的秩 $|\mathcal{A}|=7$，且可开启监测代理数量 $k=3$，因此防守者策略空间的秩为35。求解目标函数的步骤如下。

**步骤1** 攻击者的策略共有7条备选策略，将全部策略 $\{v_0\}$、$\{v_1\}$、$\{v_2\}$、$\{v_3\}$、$\{v_4\}$、$\{v_5\}$、$\{v_6\}$ 作为攻击者初始策略；使用随机选取方法初始化防守策略，即从防守者的 $C_7^3$ 条备选策略中随机选取一条策略 $\{v_4, v_5, v_3\}$ 作为防守者初始策略。

**步骤 2** 根据初始策略可使用线性规划计算，获得当前目标函数收益、防守者当前混合策略、攻击者当前混合策略，并以上述三者为基准，在此基准上利用贪心算法查找能够改善目标函数收益的新的防守者策略，循环至参与双方备选策略空间为空，求解获得防守者调度监测代理的混合策略。

通过调用 IBM 的优化引擎 Cplex，计算出防守者的最终混合策略为选取策略 $\{v_2, v_5, v_6\}$ 的概率为 0.278 624（即以 0.278 624 的概率开启监测代理 $v_2, v_5, v_6$），选取 $\{v_3, v_5, v_6\}$ 的概率为 0.024 847 1，选取 $\{v_0, v_3, v_6\}$ 的概率为 0.246 089，选取 $\{v_2, v_3, v_6\}$ 的概率为 0.029 415，选取 $\{v_2, v_3, v_5\}$ 的概率为 0.162 656，选取 $\{v_1, v_3, v_4\}$ 的概率为 0.230 108，选取 $\{v_3, v_4, v_6\}$ 的概率为 0.028 260 4。

网络流量异常爆发检测方法具有良好的稳健性和可扩展性，可在攻击者考虑了网络中的监控策略并有策略地发起爆发式传播等场景下，提高检测网络流量异常爆发的效率。

## 3.1.2 网络数据流识别

为了提供良好的网络环境和网络服务，更高效地实现数据流按需汇聚与差异化调度，提升网络的稳定性和安全性，需要准确、高效地识别数据流。基于模式匹配的网络数据流识别方法，利用生成有限状态自动机和数据流特征刻画，可以有效解决按需汇聚、网络监控、安全管理场景下的数据流分析与识别难题。

### 1. 网络数据流识别流程

基于模式匹配方法的网络数据流识别主要流程为：①初始化阶段根据正则文法设定流模式，对于任意一种类型的网络数据流，用流模式描述其特征；②有限状态自动机构造阶段从每一个流模式中生成一个解析树，从解析树中构造一个有限状态自动机；③模式匹配阶段将捕获的网络数据流送入任意一种类型的流模式对应的有限状态自动机中，使有限状态自动机的状态随每个数据包变化，得到判定结果。

### 2. 网络数据流识别的工作方式

图 3-2 给出了一个基于模式匹配的数据流识别方法，包含流模式、解析树、采集器和匹配引擎。流模式负责将网络数据流的特征表示成由流字符和流操作符组成的元字符序列，其中流字符表示单个数据包特征，流操作符表示流字符之间的关系；解析树负责将流模式解析为树形结构，可简化有限状态自动机的生成；采集器负责捕获网络数据流，根据流模式将数据流转化为特征流序列，并发送至

匹配引擎；匹配引擎判定数据流是否符合相应的流模式描述特征。

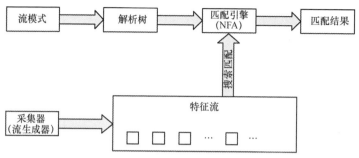

图 3-2　基于模式匹配的网络数据流识别方法

3. 网络数据流识别应用示例

下面以超文本传输协议（Hyper Text Transfer Protocol，HTTP）、文件传输协议（File Transfer Protocol，FTP）和 QQ 协议的网络数据流识别的场景为例，对基于模式匹配的网络数据流识别方法进行详细说明。基于模式匹配的网络数据流识别框架如图 3-3 所示，主要功能包括采集网络数据流、生成网络数据特征流、构建匹配引擎和对数据流特征进行匹配判定。

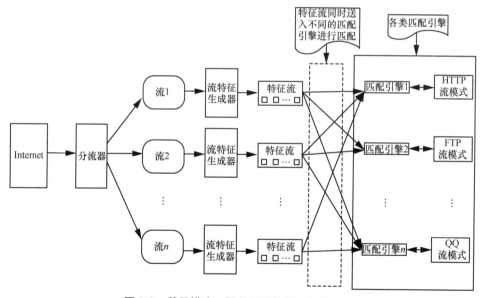

图 3-3　基于模式匹配的网络数据流识别框架

（1）采集网络数据流

分流器按照四元组<源地址，目的地址，源端口，目的端口>对数据流进行分流，分别发送至不同的流特征生成器进行处理。

（2）生成网络数据流特征

首先，用户根据不同网络协议的特征，使用正则文法设定特定网络协议的流模式，构建流特征生成器。流模式由表示单个数据包特征的流字符和表示流字符之间关系的流操作符组成。其中，流字符包括数据头的包头信息、数据包的载荷信息和数据包的统计信息等。流操作符包括括号操作符、星操作符、问号操作符和加号操作符等。对网络协议数据流的特征进行分析，并根据不同协议对应的流模式，提取网络协议数据流的特征，并形成特征流，然后送入不同的匹配引擎进行匹配。

（3）构建匹配引擎

针对不同网络协议的流模式生成相应的有限状态自动机，采用有限状态自动机实现对流模式描述的网络数据流的识别。首先，利用 Lex、Yace、Flex 或 Bison 等工具，将描述网络协议数据流的流模式按照正则文法转化为能够表示流模式的解析树，叶子节点对应流字符，非叶子节点对应流操作符；然后，利用 Glushkov 算法，从解析树中构造有限状态自动机，从而构建匹配引擎。有限状态自动机包括状态集合、转移集合和操作集合，状态集合包括有限状态自动机中所有的状态，且含有至少一个初始状态和至少一个终止状态，转移集合包含所有的条件流字符，其中的每个转移表示从一个源状态到另一个目的状态的跳转。

（4）对数据流特征进行匹配判定

将不同的网络数据特征流同时送入 HTTP 流模式、FTP 流模式和 QQ 流模式等对应的匹配引擎中的有限状态自动机进行匹配。根据网络协议流字符的特征信息定义，各匹配引擎将每个数据包转化为一个"流特征元"，并与网络协议流字符进行比较。若网络协议流字符与流元的所有对应特征的值都匹配，则发生状态转移，否则不发生状态转移。重复此过程，直到有限状态自动机达到终止状态，此时判定该数据流符合相应流模式描述的特征；若有限状态自动机未达到终止状态，则判定该数据流不符合相应流模式描述的特征。

基于模式匹配的网络数据流识别方法具有识别准确率高、方便更新的优点，能在各类网络安全、网络监控以及负载均衡等设备中实现网络数据流的识别的，对于服务质量控制、入侵检测、边界防护、流量控制、计费管理以及用户行为分析等都具有重要意义。

### 3.1.3　采集代理优化部署

大规模的泛在网络包含大量的设备节点，为了监测网络的实时运行情况，只有部署一定数量的监测代理、采集代理，监测中心才能感知整个网络态势。如图 3-4 所示，采集代理将采集数据上传到监测代理，也可以直接传送到监测中心。监测代理接收来自采集代理的数据，对局部数据进行分析处理或将数据上传至监测中心。监测代理一般部署在骨干网汇集节点或数据中心，数量有限；采集代理部署在设备内部、设备边界或域边界，数量较多。因此，采集代理的优化部署方法[3]可将采集代理部署在合理的位置，以尽可能好地采集安全数据，并保证发生攻击时监测效果具备稳健性。

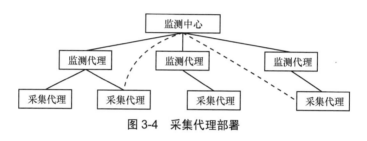

图 3-4　采集代理部署

将安全数据与威胁事件进行映射，并构建如图 3-5 所示的威胁–采集树，以对异构的安全数据进行统一度量。

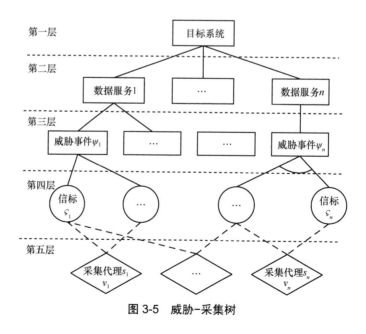

图 3-5　威胁–采集树

威胁-采集树是利用树的形式将数据服务、威胁事件、威胁事件特征信标和采集代理之间的对应关系进行描述,包括目标系统、数据服务、威胁事件、信标和采集代理 5 个层次。其中,第一层是目标系统,即管理员需要保护的系统;第二层是目标系统中运行的不同类型的数据服务;第三层是针对数据服务可能发生的威胁事件;第四层是每个威胁事件所对应的威胁特征信标;第五层是能够获取威胁信标的采集代理。

**1. 采集代理部署流程**

采集代理部署流程主要包括如下步骤。

(1)依据成本约束或者服务质量约束,确定部署采集代理的个数。

(2)根据风险点、采集代理个数,构建监测目标函数,确定采集代理的部署点,并实施部署采集代理。

(3)采集代理部署之后,根据采集代理的部署位置、采集代理能力和攻击者能力,生成采集代理的调度策略,并依据调度策略对采集代理进行调度。

**2. 采集代理部署算法**

采集代理部署算法包括采集代理个数确定、采集代理位置确定、采集代理部署、调度策略生成 4 个部分。

(1)采集代理个数确定。首先,选择最大化采集效用为目标方程,使采集代理获取的威胁检测原子数据项能够尽可能多地检测出潜在威胁事件,所有部署采集代理的成本之和小于总预算,最后根据背包算法计算出采集代理的个数。

(2)采集代理位置确定。首先,将监测者最小化攻击者的最大攻击影响作为采集代理部署的优化目标函数,即

$$\min_{S_d} \max_i R_i(S_d) \tag{3-20}$$

$$\text{s.t.} \quad |S_d| \leqslant k \tag{3-21}$$

然后,在求解过程中使用贪心算法确定采集代理位置,贪心算法流程如图 3-6 所示,选取一个尽可能小的数值 $z$,对于每个 $z$ 的取值,可找到成本最低的采集代理集合 $S_d$,对于所有的潜在威胁事件 $i$ 可以满足 $R_i(S_d) \leqslant z$。对于 $z > 0$,定义

$$\hat{R}_{i,z}(S_d) = \max\{R_i(S_d), z\} \tag{3-22}$$

其中,函数 $R_i$ 在 $z$ 的位置被截断,其平均值为

$$\overline{R}_{i,z}(S_d) = \frac{1}{m}\sum_{i=1}^{N}\hat{R}_{i,z}(S_d) \qquad (3-23)$$

确定采集代理位置的具体过程描述如下。

①计算该问题中所能取到的最大值 $z_{max}$ 和最小值 $z_{min}$。其中，最大值 $z_{max}$ 是指当所有设备节点都没有部署采集代理时，攻击方效用的最大值；最小值 $z_{min}$ 是指当所有设备节点上都部署采集代理时，攻击方效用的最小值。

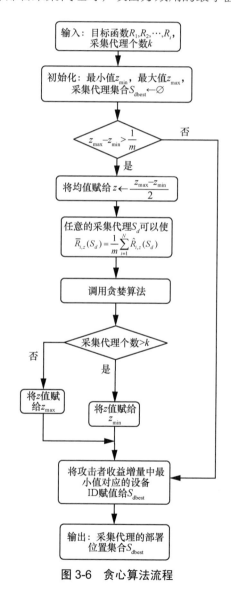

图 3-6　贪心算法流程

②计算最大值 $z_{max}$ 和最小值 $z_{min}$ 的平均值 $z$，并针对任意一组采集代理集合 $S_d$，计算对应的收益 $\overline{R}_z(S_d)$。调用贪心算法，根据均值 $z$ 与 $\overline{R}_z(S_d)$ 依次找出每一轮中增量绝对值最大的设备节点 ID 的组合，并且将其赋值给 $S_{dbest}$；若所选采集代理数目小于 3，则将 $z$ 当前值赋给 $z_{max}$ 或 $z_{min}$。

③再次调用贪心算法，依次循环，找到满足目标函数的部署集合。需要注意的是，每次调用贪心算法时，都是从空集开始的。例如，若计算结果设备 ID 为 1、3 和 4，这 3 个点即为部署位置。

（3）采集代理部署。根据采集代理位置确定计算的结果，将采集代理部署在相应的设备节点上。

（4）调度策略生成。根据采集代理的部署位置、采集代理的能力和攻击者的能力，生成采集代理的调度策略，具体步骤如下。

①根据系统对最大化开启采集代理的效用和最小化开启采集代理所消耗的资源，设定相关阈值，计算需要开启的采集代理个数。

②根据攻击者从开始攻击到被监测者监测到的时间构建整个系统的目标函数，即监测者的效用函数。

③根据攻击者可能选取的感染源、攻击路径和攻击目标，监测者选取开启用于监测的采集代理和代理个数，构建目标函数的约束条件。

④根据目标函数和目标函数的约束条件，计算监测者选取的监测策略和该策略被选取的概率，以及攻击者选取的攻击策略和该策略被选取的概率。

⑤根据监测者选取的监测策略和该策略被选取的概率，生成采集代理的调度策略。

**3. 采集代理部署应用示例**

本例用到的符号及其含义见表 3-2。

表 3-2　符号及其含义

| 符号 | 含义 |
| --- | --- |
| $V$ | 系统中所有的设备节点集合 |
| $v$ | 系统中任意一个的设备节点 |
| $\Psi$ | 潜在威胁事件集合 |
| $\psi$ | 潜在威胁事件 |
| $S$ | 内嵌式采集代理集合 |

（续表）

| 符号 | 含义 |
|---|---|
| $S_d$ | 采集代理的部署集合 |
| $s_i$ | 第 $i$ 个采集代理 |
| $C$ | 所有特征信标集合 |
| $\varsigma$ | 特征信标 |
| $\tau$ | 最小特征信标集合 |
| $\gamma(\psi)$ | 检测潜在威胁事件的证据 |
| $\mathrm{Conf}(\psi, S_d)$ | 置信度 |
| $\mathrm{Risk}_\psi$ | 潜在威胁事件 $\psi$ 的风险 |
| $P_\psi$ | 潜在威胁事件 $\psi$ 发生的概率 |
| $I_\psi$ | 潜在威胁事件 $\psi$ 的影响值 |

假设在目标网络拓扑中，共有 5 个可以部署采集代理的设备。其中，$s_1$ 代表防火墙，其上运行的数据服务是 UFW（Uncomplicated Firewall）服务；$s_2$ 和 $s_3$ 代表管理服务器，其上运行的数据服务是 SSH（Secure Shell）服务；$s_4$ 代表 Web 服务器，其上运行的数据服务是 Apache HTTP 服务；$s_5$ 代表数据库，其上运行的数据服务是 MySQL 服务。根据 Web 网络 OWASP（Open Web Application Security Project）中 top10，选取排名靠前的 4 类作为本例的网络潜在威胁事件，其中，$\psi_1$ 表示暴力破解，$\psi_2$ 表示 DDoS（Distributed Denial of Service）攻击，$\psi_3$ 表示 XSS（Cross Site Scripting）攻击，$\psi_4$ 表示 SQL（Structured Query Language）注入。

（1）风险点确定

依据目标网络拓扑图、数据服务、威胁事件，计算威胁事件风险值，构建威胁–采集树，确定风险点。

①威胁事件特征信标生成。数据服务可以根据目标网络拓扑中设备中运行的服务（包括 UFW 服务、SSH 服务、Apache HTTP 服务、MySQL 服务）进行分类。可获取的采集项数据可以分为三类：网络流量信息（发送数据包的个数、接收数据包的个数等）、设备状态信息（CPU 利用率、内存利用率等）和日志信息。日志信息包括但不限于 SSH、MySQL、HTTP、Web、防火墙、IDS 等日志信息。根据上述提取方法从采集项数据中提取特征数据，形成威胁事件特征信标集合。

以 SSH 服务日志为例，生成潜在威胁事件"暴力破解"的特征信标的步骤如下。

第一步，对采集项数据进行分析，提取出关键字段，从关键字段中提取出可用于检测威胁的威胁检测原子数据项"failed password"。

第二步，提取 SSH 连接失败日志数据中"暴力破解"事件对应的标志性特征，使用统计等方法进行分析，生成能够判断潜在威胁事件的原子谓词"SSH 尝试失败次数>阈值"。

第三步，利用逻辑连接词连接，生成威胁检测规则（"SSH 尝试失败次数>阈值"and "SSH 开始尝试次数>阈值"）；利用威胁检测规则，检测威胁事件。本例中的其他威胁事件特征信标的详细提取过程不再赘述，直接给出本威胁检测规则所涉及的威胁事件特征信标。

$\varsigma_1$：SSH 尝试失败次数>阈值

$\varsigma_2$：SSH 开始尝试次数>阈值

$\varsigma_3$：SYN 半连接个数>阈值

$\varsigma_4$：XSS 尝试通过资源上的 URL 字符串/logfile/index.php?page =capture_data.php

$\varsigma_5$：XSS 尝试通过表格 NET_STAT_INFO 注入

$\varsigma_6$：XSS 尝试通过资源上的 URL 字符串/logfile/index.php

$\varsigma_7$：包含 MySQL 版本的字符串

$\varsigma_8$：接收到网络数据包的个数>正常值

$\varsigma_9$：HTTP PHP 文件 POST 请求

$\varsigma_{10}$：MySQL 注入 HTTP 获取尝试

$\varsigma_{11}$：CPU 利用率>正常值

$\varsigma_{12}$：表格 NET_STAT_INFO 尝试 SQL 注入

$\varsigma_{13}$：MySQL 注入类型询问

威胁事件特征信标和采集代理之间的对应关系可以用一个威胁–采集树模型进行表示，如图 3-7 所示。

②风险值计算。依据威胁事件特征被监测到的置信度和潜在威胁事件的影响计算潜在威胁事件风险值，计算方法包括相乘法、矩阵法、加权和法等。

计算潜在威胁事件被监测到的置信度的步骤如下。

第一步，确定最小特征信标集合被采集代理监测到的概率。根据威胁检测原子数据项与采集代理的关系，通过随机赋值方法，确定威胁检测原子数据项被采集代理监测到的概率。利用概率传递、概率计算方法，计算最小特征信标集合被采集代理监测到的概率，见表 3-3。

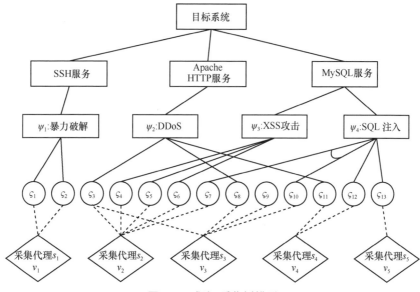

图 3-7 威胁–采集树模型

表 3-3 最小特征信标集合被采集代理监测到的概率

| 最小特征信标集合 | 被监测到的概率 |
| --- | --- |
| $\{\varsigma_1\}$ | 0.3 |
| $\{\varsigma_2\}$ | 0.8 |
| $\{\varsigma_3\}$ | 0.5 |
| $\{\varsigma_4\}$ | 0.5 |
| $\{\varsigma_5\}$ | 1 |
| $\{\varsigma_6\}$ | 0.3 |
| $\{\varsigma_7,\varsigma_{10}\}$ | 0.9 |
| $\{\varsigma_8\}$ | 0.7 |
| $\{\varsigma_9\}$ | 0.2 |
| $\{\varsigma_{11}\}$ | 0.8 |
| $\{\varsigma_{12}\}$ | 0.3 |
| $\{\varsigma_{13}\}$ | 0.8 |

根据图 3-7 可知,威胁事件特征信标与采集代理的关系如下。

$\varphi(s_1) = \{\varsigma_1,\varsigma_2\}$

$\varphi(s_2) = \{\varsigma_3,\varsigma_4,\varsigma_5,\varsigma_6,\varsigma_7\}$

$$\varphi(s_3) = \{\varsigma_3, \varsigma_8, \varsigma_9, \varsigma_{10}\}$$

$$\varphi(s_4) = \{\varsigma_{11}, \varsigma_{12}\}$$

$$\varphi(s_5) = \{\varsigma_{13}\}$$

设置采集代理的真实性并计算所采集数据的置信度。为了清晰地阐述如何有效地设置采集代理的真实性，下面给出一个示例：以跳数作为衡量设备的物理位置距离网络边缘的标准，数据库的物理位置一般距离网络边缘比较远，且逻辑访问关系的限制会比较多，故数据库服务器被攻击的可能性小。防火墙数据一般处于内网与外网的边缘，且容易受到非法访问和攻击，故防火墙被攻击的可能性大。根据系统中设备被攻击的可能性，利用三角范式，确定设备对应采集代理获取采集项数据的真实性和威胁检测原子数据项的真实性，取值范围为 0～1。其中，当采集项数据中无法按照威胁特征信标生成有效信标时，默认情况下该数据服务的真实性设置为 0。需要说明的是，使用 0.1～0.3 表示真实性小，0.4～0.6 表示真实性中等，0.7～0.9 表示真实性大。因此，将部署在数据库服务器上的采集代理获取威胁检测原子数据项的真实性设置为 0.9，将部署在防火墙服务器上的采集代理获取威胁检测原子数据项的真实性设置为 0.3。每个威胁检测原子数据项真实性与生成它的采集代理的真实性保持一致，见表 3-4。

表 3-4　采集代理的真实性

| 采集代理 | 真实性 |
|---|---|
| $s_1$ | 0.3 |
| $s_2$ | 0.3 |
| $s_3$ | 0.5 |
| $s_4$ | 0.5 |
| $s_5$ | 0.9 |

第二步，根据威胁检测原子数据项的真实性和威胁事件特征信标，通过模糊统计、概率分析等方法，确定已监测到数据对应的潜在威胁事件的真实性。由于每个威胁检测原子数据项是由不同的采集代理采集的采集项数据生成的，因此每个威胁检测原子数据项真实性与生成它的采集代理的真实性保持一致。当最小特征信标集合包含了两个或两个以上的特征信标时，则以最低的真实性作为整个最小特征信标集合的真实性。例如，最小特征信标 $\{\varsigma_7, \varsigma_{10}\}$ 中 $\varsigma_7$ 来自 $s_2$，$s_2$ 的真实性为 0.3，$\varsigma_{10}$ 来自 $s_3$，$s_3$ 的真实性为 0.5，因此最小特征信标 $\{\varsigma_7, \varsigma_{10}\}$ 的真实性为 0.3。

被采集代理监测到的最小特征信标集合的真实性见表 3-5。

表 3-5　被采集代理监测到的最小特征信标集合的真实性

| 最小特征信标集合 | 真实性 |
|---|---|
| $\{\varsigma_1\}$ | 0.3 |
| $\{\varsigma_2\}$ | 0.3 |
| $\{\varsigma_3\}$ | 0.5 |
| $\{\varsigma_4\}$ | 0.3 |
| $\{\varsigma_5\}$ | 0.3 |
| $\{\varsigma_6\}$ | 0.3 |
| $\{\varsigma_7,\varsigma_{10}\}$ | 0.3 |
| $\{\varsigma_8\}$ | 0.5 |
| $\{\varsigma_{11}\}$ | 0.5 |
| $\{\varsigma_{12}\}$ | 0.5 |
| $\{\varsigma_{13}\}$ | 0.9 |

第三步，根据被监测到的威胁检测原子数据项的概率和已监测到数据对应的潜在威胁事件的置信度，利用加权求和方法，计算潜在威胁事件被采集代理监测到的置信度为

$$P_\psi = \prod_{\tau_i \in \gamma(\psi)} \left(1 - P_{\tau_i}\mathrm{Conf}_{\tau_i}\right) \tag{3-24}$$

其中，$P_\psi$ 表示任一潜在威胁事件 $\psi$ 被采集代理监测到的置信度，$\tau_i$ 表示 $\psi$ 对应的第 $i$ 个最小特征信标集合，$\gamma(\psi)$ 表示 $\psi$ 对应的所有最小特征信标集合的集合，$P_{\tau_i}$ 表示 $\tau_i$ 被采集代理监测到的概率，$\mathrm{Conf}_{\tau_i}$ 表示 $\tau_i$ 的真实性。

潜在威胁事件被采集代理监测到的置信度分别为

$$P_{\psi_1} = (1-0.3\times0.3)(1-0.3\times0.8) = 0.691\,6 \tag{3-25}$$

$$P_{\psi_2} = (1-0.5\times0.5)(1-0.7\times0.5)(1-0.5\times0.8) = 0.75\times0.65\times0.6 = 0.292\,5 \tag{3-26}$$

$$P_{\psi_3} = (1-0.3\times0.5)(1-0.3\times1)(1-0.3\times0.3) = 0.85\times0.7\times0.91 = 0.541\,45 \tag{3-27}$$

$$P_{\psi_4} = (1-0.3\times0.9)(1-0.5\times0.3)(1-0.9\times0.8) = 0.73\times0.85\times0.28 = 0.173\,74 \tag{3-28}$$

在本例中，潜在威胁事件影响主要从 3 个方面对其进行评估：系统机密性（Confidentiality）、系统完整性（Integrity）、系统可用性（Availability），取值分别为 0～5，影响级别为 I 级～V 级。其中 I 级代表极低影响，II 级代表低影响，III

级代表中影响，IV 级代表高影响，V 级代表极高影响。通过对 3 个方面的考虑，同时参照 OWASP 中 top10 列表中的信息，给出本例中每个潜在威胁事件的影响值，见表 3-6。

表 3-6 每个潜在威胁事件的影响值

| 潜在威胁事件 | 影响值 |
|---|---|
| $\psi_1$ | 14 |
| $\psi_2$ | 20 |
| $\psi_3$ | 5 |
| $\psi_4$ | 10 |

潜在威胁事件 $\psi$ 的风险值为

$$\text{Utility}_{\text{attacker}} = \text{Risk} = P_\psi I_\psi \tag{3-29}$$

其中，$P_\psi$ 表示潜在威胁事件 $\psi$ 被采集代理监测到的置信度，$I_\psi$ 表示潜在威胁事件 $\psi$ 的影响值。

根据潜在威胁事件被检测到的置信度和潜在威胁事件的影响，计算潜在威胁事件风险值为

$$\text{Risk}_\psi\left(S_d\right) = \prod_{\tau_i \in \gamma(\psi)} \left(1 - P_{\tau_i}\text{Conf}_{\tau_i}\right)I_\psi \tag{3-30}$$

潜在威胁事件 $\psi_1$ 的风险值为 $\text{Risk}_{\psi_1} = 0.691\ 6 \times 14 = 9.682\ 4$。

潜在威胁事件 $\psi_2$ 的风险值为 $\text{Risk}_{\psi_2} = 0.292\ 5 \times 20 = 5.85$。

潜在威胁事件 $\psi_3$ 的风险值为 $\text{Risk}_{\psi_3} = 0.541\ 45 \times 5 = 2.707\ 25$。

潜在威胁事件 $\psi_4$ 的风险值为 $\text{Risk}_{\psi_4} = 0.173\ 74 \times 10 = 1.737\ 4$。

③风险点确定。首先，根据式（3-30）中计算的潜在威胁事件风险值，选取风险值大于阈值（1.5）的潜在威胁事件。后续简化等式的表述，使用函数 $R$ 来替代 $\text{Risk}_\psi$，$S_d$ 表示采集代理的部署集合。

$$\max_{S_d \subseteq V} R(S_d) \tag{3-31}$$

图 3-7 中的第 3～5 层给出了潜在威胁事件与威胁特征信标的对应关系、威胁特征信标与目标网络设备节点的关系。依据图 3-7，潜在威胁事件 $\psi_1$ 对应的威胁特征信标是 $\varsigma_1$ 和 $\varsigma_2$，$\psi_2$ 对应的威胁特征信标是 $\varsigma_3$、$\varsigma_8$ 和 $\varsigma_{11}$，$\psi_3$ 对应的威胁特征信标是 $\varsigma_4$、$\varsigma_5$ 和 $\varsigma_6$，$\psi_4$ 对应的威胁特征信标是 $\{\varsigma_7, \varsigma_{10}\}$、$\varsigma_{12}$ 和 $\varsigma_{13}$；威胁特征信

标 $\varsigma_1$ 和 $\varsigma_2$ 对应的网络设备节点是 $v_1$ ，威胁特征信标 $\varsigma_3$ 、 $\varsigma_4$ 、 $\varsigma_5$ 、 $\varsigma_6$ 和 $\varsigma_7$ 对应的网络设备节点是 $v_2$ ，威胁特征信标 $\varsigma_8$ 、 $\varsigma_9$ 和 $\varsigma_{10}$ 对应的网络设备节点是 $v_3$ ，威胁特征信标 $\varsigma_{11}$ 和 $\varsigma_{12}$ 对应的网络设备节点是 $v_4$ ，威胁特征信标 $\varsigma_{13}$ 对应的网络设备节点是 $v_5$ 。最后，依据图 3-7 和式（3-30），可确定风险点分别为网络设备节点 $v_1$ 、 $v_2$ 、 $v_3$ 、 $v_4$ 、 $v_5$ 。

（2）采集代理部署

①采集代理个数确定。首先选择最大化采集效用为目标函数，使采集代理获取的威胁检测原子数据项能够尽可能多地检测出潜在威胁事件，选择所有部署采集代理的成本之和小于总预算，采集代理的资源消耗不超过预设值。

②采集代理位置确定。考虑到敌对环境的设置，在确定采集代理的位置时，将防守者的目标函数设置为最小化攻击者所造成的最大影响，如式（3-20）和式（3-21）所示。在求解过程中，依次按照"采集代理部署算法"部分中给出的步骤进行计算，计算结果的设备标号为 1、3、4，这 3 个点即为部署位置。

③采集代理部署。根据步骤②中的计算，将采集代理部署在 $v_1$ 、 $v_3$ 、 $v_4$ 的设备节点上。

采集代理部署方法通过目标网络拓扑图、成本约束、QoS 约束、风险点、采集代理能力、监测约束确定采集代理部署位置，从而提升数据采集和监测能力，降低数据采集、监测和分析所消耗的资源。

## 3.2 数据汇聚与调度

本节介绍数据汇聚、数据流调度、数据汇聚节点部署等环节的关键技术。数据按需汇聚方法[5]综合考虑汇聚节点各维特征，动态确定数据的传输路径和传输时机，实现受限条件下的数据差异化按需汇聚。在数据按需汇聚方法的基础上，数据实时汇聚方法[6]通过遵循时间最短原则和引入数据压缩等技术，解决了数据汇聚实时性问题。多路径拥塞控制方法[7]通过动态调节接收端缓存队列大小，对发送端吞吐量进行调节，在确保多路径传输公平性的基础上实现多路径联合拥塞控制。网络流量均衡分割方法[8]则满足快速增长的网络带宽的要求，降低流量初始分割节点的负载，提高系统的整体性能。泛在网络环境下汇聚节点部署方法[9]

可有效解决按照峰值需求部署所导致的设备利用率低、资源消耗高的问题，以及数据逐层汇聚所导致的实时性和有效性不满足要求的问题。

## 3.2.1 数据按需汇聚

为了有效使用以物联网、移动互联网、天地一体化信息网络为代表的大规模泛在网络所产生的海量数据，需要将分布于各个设备的数据汇聚到数据中心。已有的数据汇聚方式主要采用固定传输路径，在数据汇聚前对其执行无差异化的操作，按照先来先发的方式汇聚数据。当出现计算资源、存储资源或带宽资源受限的情况时，已有的数据汇聚方式难以满足差异化的汇聚需求。数据按需汇聚综合考虑了汇聚节点的可用资源、安全保障能力、数据传输的安全性需求、实时性需求、中继节点的传输能力、待传输数据的特征信息等因素，动态确定数据的传输路径和传输时机，实现大规模网络中计算资源、存储资源和带宽资源受限条件下的数据差异化按需汇聚。

1. 数据按需汇聚流程

数据按需汇聚流程如图 3-8 所示。

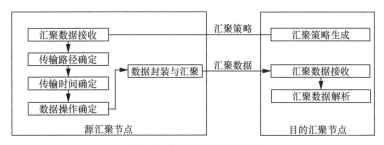

图 3-8　数据按需汇聚流程

在汇聚数据接收、传输路径确定、传输时间确定阶段，源汇聚节点根据场景信息、汇聚策略、原始待汇聚数据、原始待传输数据（即未经过消冗、压缩、加密、签名和完整性校验的数据）的特征信息、中继节点的传输能力中的一个或多个要素，确定原始待汇聚数据的传输路径和传输时机。

在数据操作确定阶段，根据实际情况对原始待汇聚数据执行消冗、压缩、加密、签名和完整性校验码生成等操作，得到实际汇聚数据。

在数据封装与汇聚阶段，当汇聚节点生成实际汇聚数据（将原始待传输数据进行消冗、压缩、加密、签名和完整性校验的数据）后，结合目标节点和发送数据进行资源约束判断并对目标数据进行封装，根据原始待汇聚数据的传输路径和传输时机，发送封装后的实际汇聚数据。

在汇聚数据接收和汇聚数据解析阶段，当目的汇聚节点接收到封装后的数据报文后，根据数据报头信息解析并提取目标数据（目的汇聚节点接收到的经过消冗、压缩、加密、签名和完整性校验之后的数据），按照源汇聚节点操作顺序的逆顺序执行完整性校验、验签、解密、解压缩等操作。

**2. 数据按需汇聚的功能模块**

数据按需汇聚方法涉及路径确认、目标数据生成和传输等模块组件。其中，路径确认模块根据场景信息、汇聚策略、原始采集数据的特征信息、中继节点的传输能力等信息，确定原始待汇聚数据的传输路径和传输时机；目标数据生成模块根据场景信息、汇聚策略、原始待汇聚数据的特征信息、传输路径、传输时机等信息，确定并执行对所述原始待汇聚数据的消冗、压缩、加密、签名和完整性校验码生成等操作，生成传输数据；传输模块对实际汇聚数据进行封装，并根据所述的原始待汇聚数据的传输路径和传输时机传输封装后的实际汇聚数据。

**3. 数据按需汇聚应用示例**

在数据从源汇聚节点到目的汇聚节点的传输过程中，可能经过若干个中继汇聚节点。下面，结合源汇聚节点和中继汇聚节点的数据传输，对数据按需汇聚方法进行详细说明。数据按需汇聚主要由确定传输路径、实时性需求计算和资源约束判断 3 个部分组成。

（1）确定传输路径

传输路径应满足从源汇聚节点到中继汇聚节点可达、中继汇聚节点的实时性要求、中继汇聚节点的安全性要求、中继汇聚节点的能耗要求、原始待汇聚数据的安全性需求、原始待汇聚数据的实时性需求，以及原始待汇聚数据的能耗需求中的至少一种需求。源汇聚节点在选择候选传输路径时，路径上的中继传输节点的可用传输带宽大于或等于本次汇聚带宽。传输路径确定的方式包括判断当前汇聚节点到目的汇聚节点的可达性，将可达路径作为候选传输路径，可采用 ping 命令、traceroute 命令、心跳检测命令、中继传输节点的可达节点列表作为可达性的判断方法。汇聚的安全性需求包括可鉴别性需求、机密性需求、完整性需求、不可否认性需求和特定的安全算法。若中继汇聚节点对安全性有所要求，则选择满足相关需求的传输路径作为候选传输路径。若定义了中继节点的数据传输能耗要求，则源汇聚节点需评估所选传输路径的能耗，具体计算式为 $\omega_2 \times$ 传输距离 $\times$ 数据量，其中 $\omega_2$ 为单位数据量在给定传输介质上单位传输距离的能耗，其值依赖于传输介质类型，可采用历史统计数据获得。源汇聚节点依据每条传输路径的预期能耗，选择满足中继能耗要求的传输路径作为候选传输路径。

（2）实时性需求计算

若汇聚策略中定义了上级汇聚节点的实时性要求或数据源定义了原始待汇聚数据的实时性需求，则依据相关需求计算本次汇聚的数据实时性需求。具体计算方式为：分别选取上级汇聚节点的实时性要求和原始待汇聚数据实时性需求中的最大值和最小值，对其加权求和作为本次汇聚的数据实时性需求。其中，数据实时性需求规定数据从当前汇聚节点到目的汇聚节点的最高时延，可用离散值（如高、中、低）表示，也可用连续值表示。如果用离散值表示，则可依据业务实时性映射表等转化为连续值。实时性需求的计算主要参考如下 4 类时延：发送方处理时延、发送时延、传输时延和接收方处理时延。其中，发送时延是指数据进入发送缓冲区到离开当前汇聚节点的时间间隔，其具体计算式为（待汇聚的数据量大小+发送缓冲区数据量大小）拟选择传输路径可用带宽；传输时延是指数据离开当前汇聚节点到到达目的汇聚节点的时间间隔，其具体计算式为 $\omega_1 \times$ 传输距离，其中 $\omega_1$ 为单位距离内的传输时延，可通过历史统计数据获得；发送方处理时延和接收方处理时延是指数据处理完成的时间间隔，分别包括消冗、压缩、加密、完整性校验码生成，以及解压缩、解密、完整性校验等操作所需的时间。

（3）资源约束判断

若汇聚策略中定义了计算资源约束，则对原始待汇聚数据和实际汇聚数据计算所需要的计算资源。若汇聚原始待汇聚数据所需要的计算资源小于或等于汇聚节点的可用计算资源或满足计算资源约束，则汇聚原始待汇聚数据；若汇聚实际汇聚数据所需要的计算资源小于或等于汇聚节点的可用计算资源或满足计算资源约束，则汇聚实际汇聚数据。汇聚数据的计算资源主要包括汇聚节点发送该数据需要的计算资源、中继节点传输该数据所需要的计算资源、目标汇聚节点接收该数据所需要的计算资源。

数据按需汇聚方法能够在大规模网络中计算资源、存储资源和带宽资源受限的情况下，满足数据汇聚过程中的差异性汇聚需求，合理保障数据的安全性、实时性，提高资源利用率。

## 3.2.2 数据实时汇聚

数据汇聚是通过汇聚节点将数据源的数据向上汇聚至数据中心的过程。在现有的数据汇聚方式中，各汇聚节点在汇聚数据时，均采用统一的方式将数据源的数据无差异地传输至数据中心。但该方式未考虑待传输数据的特征和实时性需求，不能有效保障数据的传输实时性，也不适用于计算资源、网络资源和存储资源受限的场景，甚至会导致数据汇聚时出现汇聚超时或汇聚失败等问题。数据实时汇聚方法通过引入时间最短原则和数据压缩等技术，能够解决数据汇聚实时性要求高的难题。

**1. 数据实时汇聚流程**

数据实时汇聚的主要流程为：①汇聚策略接收阶段，接收上级汇聚节点发送的汇聚策略；②汇聚参数确定阶段，将当前时刻对应的待汇聚数据作为目标数据，如果目标数据存在实时性要求且汇聚策略中的消冗标识为消冗时，则根据时间最短原则确定目标数据对应的数据压缩算法和消冗算法；③数据汇聚阶段，在达到汇聚时机时，利用目标数据对应的消冗算法和数据压缩算法分别对目标数据进行消冗和压缩，将压缩后的目标数据和目标数据对应的数据压缩算法标识进行封装并发送至上级汇聚节点。

**2. 数据实时汇聚的部署方式**

数据实时汇聚涉及汇聚策略接收模块、汇聚参数确定模块和数据汇聚模块。汇聚策略接收模块负责接收上级汇聚节点发送的汇聚策略，并发送至汇聚参数确定模块，汇聚策略中包括预设消冗标识和上级汇聚节点所支持的数据压缩算法；汇聚参数确定模块负责数据发送缓冲队列中待汇聚数据的获取和目标数据对应的数据压缩算法和消冗算法的选取，并将目标数据和其对应的数据压缩算法和消冗算法发送至数据汇聚模块；数据汇聚模块负责将目标数据消冗和压缩后，发送至上级汇聚节点。

**3. 数据实时汇聚应用示例**

当前汇聚节点和上级汇聚节点之间的数据实时汇聚由汇聚策略接收、数据压缩算法和消冗算法选取、数据封装和发送 3 个部分组成。

（1）汇聚策略接收

①对由不同行政区域组成的指定区域数据源进行汇聚前，需预先配置好各汇聚节点间的逻辑关系。②该区域中的任意一个当前汇聚节点向上级汇聚节点汇聚

数据之前，接收上级汇聚节点发送的汇聚策略。汇聚策略中包括预设消冗标识和上级汇聚节点所支持的数据压缩算法。预设消冗标识是由上级汇聚节点根据其存储资源、网络资源和计算资源等确定的，若上级汇聚节点的存储资源、网络资源或计算资源受限，则上级汇聚节点可将预设消冗标识设置为消冗。若预设消冗标识为消冗，则表明当前汇聚节点在向上级汇聚节点发送数据之前，需要先对数据进行消冗处理。

（2）数据压缩算法和消冗算法选取

①当前汇聚节点从其对应的数据发送缓冲队列中获取当前时刻对应的待汇聚数据，并将其作为目标数据。②如果目标数据存在实时性要求且预设消冗标识为消冗，则当前汇聚节点根据时间最短原则从当前汇聚节点的上级汇聚节点所支持的数据压缩算法和自身所支持的消冗算法中确定目标数据对应的数据压缩算法和消冗算法，以使压缩和消冗之后，能够在规定的时延内将目标数据传输至上级汇聚节点，满足目标数据的实时性要求；如果目标数据存在资源受限且预设消冗标识为消冗时，则根据资源最少原则从当前汇聚节点的上级汇聚节点所支持的数据压缩算法和自身所支持的消冗算法中确定目标数据对应的数据压缩算法和消冗算法，以使压缩和消冗之后，能够使目标数据的汇聚所需的资源最少，满足目标数据的资源受限要求。

（3）数据封装和发送

①为了避免网络堵塞，当前汇聚节点根据历史链路状态统计数据确定目标数据的汇聚时机，如果当前时刻满足预先确定的汇聚时机，则利用目标数据对应的消冗算法和数据压缩算法分别对目标数据依次进行消冗和压缩，并将压缩后的目标数据和目标数据对应的数据压缩算法标识以预先约定好的封装格式封装成数据包发送至其对应的上层汇聚节点。②上级汇聚节点按照预先约定的封装格式解析数据包，并以目标数据对应的数据压缩算法对数据包进行解压缩。

数据实时汇聚方法使当前汇聚节点能够在规定的时延内将待汇聚数据传输至上级汇聚节点，可以满足待汇聚数据的实时性要求，有效提升整个汇聚系统的工作效率。

## 3.2.3　多路径拥塞控制

多路径传输的链路差异性和 TCP 友好性约束等因素导致将现有的单路径拥塞

控制机制直接用于多路径传输,会带来带宽分配不公平问题。此外,现有的基于分组丢失、基于时延、基于瓶颈公平性的多路径拥塞控制算法,存在分组丢失严重、带宽竞争能力弱、共享瓶颈子流集合误判等问题。多路径拥塞控制方法在 M/M/1 缓存队列模型调节接收端缓存队列大小、对发送端吞吐量进行调节等技术的基础上,实现了多路径联合拥塞控制,可提升多路径传输的带宽利用率,并保证多路径传输公平性。

### 1. 多路径拥塞控制的系统框架

在发送端与接收端通过多路径 TCP 建立多条链路,利用拥塞控制算法维护多条链路数据的收发管理,该拥塞控制算法包括子流级反馈调节和连接级反馈调节两级反馈调节。子流级反馈是指发送端通过接收端反馈的 ACK 情况,更新子流通信参数,再通过预估链路容量调节子流发送窗口和发送速率;连接级反馈是指发送端通过检测所有子流的数据发送量,预估接收端缓冲区占有量,再根据拥塞控制算法原理调节子流的数据分配量,维持多路径传输的公平性。

多路径拥塞控制的系统框架如图 3-9 所示。该系统由接收端和发送端两部分组成,主要包括子流监测模块、网络监测模块、拥塞控制模块。其中,子流监测模块的主要功能是监测子流数据分组收发情况,计算相关通信参数,如往返时延、发送窗口等;网络监测模块的主要功能是维护每条链路的 TCP 状态,监测多路径传输子流的数据发送量;拥塞控制模块的主要功能是利用通信参数调节子流发送窗口和发送速率,通过上一轮子流的数据发送量预估接收缓冲区占有量,进而调节当前子流数据发送量。

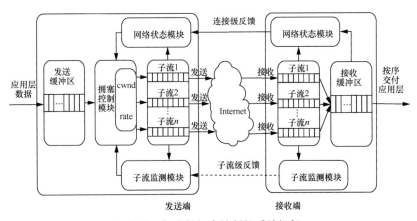

图 3-9 多路径拥塞控制的系统框架

2. 多路径拥塞控制应用示例

多路径拥塞控制方法主要包括链路建立、调控参数计算、运行状态转移 3 个部分，具体过程如下。

（1）链路建立

在多路径拥塞控制框架中，发送端与接收端通过 MPTCP 建立多条链路。

（2）调控参数计算

通过调控传输速率 PacingRate 和拥塞窗口 Cwnd 两个参数，调节数据发送量，从而形成反馈调节机制。 PacingRate 和 Cwnd 这两个参数的计算式分别为

$$PacingRate = PacingGain \times B_{\max} \times T_{\min} \tag{3-32}$$

$$Cwnd = CwndGain \times B_{\max} \times T_{\min} \tag{3-33}$$

其中，$B_{\max}$ 为链路最大可用带宽，$T_{\min}$ 为最小往返时延，二者通过测量获得；PacingGain 表示发送速率增益因子，用于调节算法不同运行状态下的发送速率；CwndGain 表示拥塞窗口增益因子，用于调节算法不同运行状态下的发送窗口。

（3）运行状态转移

多路拥塞控制包括 4 种运行状态：Startup 、Drain 、ProbeBW 和 ProbeRTT 。通过 4 种运行状态可以准确测量出 $B_{\max}$ 和 $T_{\min}$，运行状态的转移过程具体如下。其中，Inflight 表示网络中传输的数据量，$a$ 表示 Inflight 的调节因子，BDP 表示带宽时延积。

① Startup 阶段。采用慢启动方式抢占带宽，在检测到带宽被占满 3 次后进入 Drain 阶段。

② Drain 阶段。将 Startup 阶段占用接收缓冲区的数据按比例排空，使 Inflight 减小到大于 BDP 的某个位置。基本过程是：首先获取当前的运行状态、网络中传输的数据量、预估带宽时延积；然后对当前的运行状态进行判断，若处于 Drain 状态，则直到 Inflight 值小于 $a$BDP$(a > 1)$时，才进入 ProbeBW 阶段。

③ ProbeBW 阶段。设置探测时长为固定时间段（默认为 10 s，可根据网络环境调整），并设置发送速率增益数组为 $[1+\beta, 1-\beta, 1, 1, 1, 1, 1, 1]$（ $\beta < 1$ 表示 PacingGain 调节因子），并根据增益数组周期性调节 PacingRate，以探测最大可用带宽。基本过程是：发送速率增益按增益数组周期循环，获取当前算法运行状态，若为 ProbeBW 阶段，根据发送速率增益值，对增益切换条件进行检测，在满足增益切换条件的情况下，进入下一阶段。其中增益切换条件需满足如下 3 个条件之一。

**条件 1** PacingGain $> 1$，满足探测时长，且向网络中发送的数据量 Inflight 值

超过 $a(1+\beta)$BDP。

**条件 2** PacingGain $<1$，满足探测时长，或满足向网络中传输的 Inflight 数据量值小于 $a$BDP。

**条件 3** PacingGain=1，且满足探测时长。

④ ProbeRTT 阶段。设定探测时长为固定时间（默认为 200 ms，可根据网络环境调整），将发送窗口减小为 4 个 MSS(最大分段大小)，一方面是探测最小 RTT 值，另一方面是排空 ProbeBW 阶段在接收缓冲区累积的数据，避免缓冲区溢出而丢失分组。

多路径拥塞控制基于反馈调节拥塞的思想，对发送端吞吐量进行调节，实现多路联合拥塞控制，可以满足海量的数据流及相关用户高效的数据传输，并可有效提升多路径传输的带宽利用率，确保多路径传输公平性。

## 3.2.4　网络流量均衡分割

随着网络服务业务种类的不断增加和骨干链路带宽的快速增长，现有集中化部署的网络服务设备大多采用对差异化业务流量进行均衡分割的方式，以实现对多样化业务海量请求的实时处理。基于会话的业务流量分割方法保证了原始业务数据信息的完整性，可以满足差异化服务业务的处理需求，但其一般采用基于五元组对业务流量进行一次分割，对业务流量负载分割节点性能要求较高，当业务数据流量较大时容易导致业务系统整体性能下降。多级协同的网络流量均衡分割方法根据待处理的业务数据流量规模，结合数据报文的少量字段对流量进行粗分割，并按照负载均衡策略对粗分割后的数据流进行基于会话的均衡分割，能够有效降低对业务流量负载分割节点的性能要求，有效提高业务系统的整体处理性能，满足快速增长的服务业务流量增长需求。

### 1. 网络流量均衡分割流程

网络流量均衡分割通过对网络流量进行粗分割可降低流量初始分割节点的负载，然后利用均衡分割汇聚同一会话的全部报文，保障了数据流信息的完整性和可靠性。其主要流程为：①根据待处理网络流量的源、目的地址资源制定粗分割策略，对原始网络流量进行粗分割；②基于网络流量的会话标识制定基于会话的分割策略，对粗分割的网络流量进行基于会话的均衡分割；③根据均衡分割结果和网络流量下游的负载情况分发数据流量。

## 2. 网络流量均衡分割的部署方式

网络流量均衡分割涉及分割单元、均衡分割单元和接收单元,如图 3-10 所示。其中,分割单元负责根据原始网络流量的源、目的地址对流量进行粗分割,分割单元中包含粗分割策略制定模块和粗分割执行模块;均衡分割单元负责根据网络流量的会话标识对流量进行基于会话的分割,并根据网络流量与接收单元映射关系和接收单元负载情况分发网络流量,均衡分割单元中包含负载均衡模块和分割执行模块,其中负载均衡模块又包含映射子模块、负载询问子模块和分割状态记录子模块;接收单元负责接收网络流量并进行具体的处理分析。

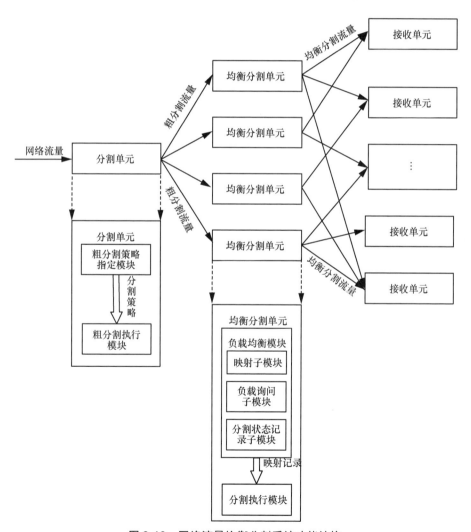

图 3-10　网络流量均衡分割系统功能结构

3. 网络流量均衡分割应用示例

网络流量均衡分割包括系统初始化、网络流量粗分割和分发、网络流量会话标识提取、网络流量均衡分割与分发、映射关系记录表更新5个部分。

（1）系统初始化

分割单元中的粗分割策略制定模块根据待处理的网络流量规模确定均衡分割单元的数量为 $2^N$（$N$ 为偶数），并结合数据报文的源、目的地址字段制定粗分割策略。每个均衡分割单元创建一张映射关系记录表，由会话与接收单元的映射关系记录组成，该映射关系记录包括会话标识 ID、接收单元编号、接收单元 MAC 地址及最新到达时间4个部分，接收单元是指最终分割的网络流量的接收主机节点。接收单元根据其内存使用率 $M$、CPU 使用率 $C$、网络带宽使用率 $B$、节点实际接收的数据包与检测分析能力的比率 $D$ 这4个指标，计算自身负载 $L$ 为

$$L = 0.4M + 0.3C + 0.1B + 0.2D \qquad (3\text{-}34)$$

其中，0.4、0.3、0.1、0.2 分别为上述4个指标的权重，可根据节点自身硬件特点进行调整。将自身负载 $L$ 与最大负载阈值 $L' = 0.8$ 进行比较，若 $L$ 大于或等于 $L'$，则判定该接收节点达到最大负载，否则判定该接收节点未达到最大负载。

（2）网络流量粗分割和分发

分割单元接收原始网络流量，分割执行模块根据粗分割策略制定模块制定的粗分割策略将数据报文分发给均衡分割单元，分割执行模块获取每一个数据报文二进制格式的源地址字段的最后 $\frac{N}{2}$ 位和目的地址字段的最后 $\frac{N}{2}$ 位，将其分别表示为 $a$ 和 $b$，连接 $a$ 和 $b$ 获得一个 $N$ 位的二进制数 $ab$，将二进制数 $ab$ 对应的十进制数 $k$ 作为该数据报文对应的均衡分割单元编号，并将该数据报文分发给编号相应的均衡分割单元。

（3）网络流量会话标识提取

均衡分割单元接收到经过粗分割的网络流量后，对接收到的每一个数据报文，根据其源地址、目的地址、源端口、目的端口字段，获得其会话的标识 ID，该会话标识 ID 由源地址、目的地址、源端口和目的端口这个四元组共同确定。

（4）网络流量均衡分割与分发

首先，负载均衡模块中的分割状态记录子模块根据数据报文会话标识 ID，查找映射关系记录表，若该会话标识 ID 存在于映射关系记录中，则更新该映射关系

记录中的最新到达时间, 并由分割执行模块将该数据报文分发至对应的接收单元。若数据报文会话标识 ID 未存在于映射关系记录中, 则负载均衡模块中的映射子模块根据会话的标识 ID, 计算该会话所映射的接收单元编号 $n$ 为

$$n = (源地址 + 目的地址 + 源端口 + 目的端口) \bmod P \tag{3-35}$$

其中, mod 为模运算, $P \geqslant 2N$ 为接收单元的数量。然后, 负载均衡模块中的负载询问子模块询问所映射的接收单元是否达到其最大负载, 接收单元反馈判定结果, 若其未达到最大负载, 则在映射关系记录表中记录该映射关系, 否则调整该会话标识 ID 所映射的接收单元的编号为 $n = (n+1) \bmod P$, 并重新询问该接收单元是否达到其最大负载, 重复该调整过程, 直至所映射的接收单元未达到最大负载, 分割状态记录子模块在映射关系记录表中新增该映射关系记录; 最后, 分割执行模块将该数据报文分发至对应的接收单元。

（5）映射关系记录表更新

每隔时间间隔 $T$, 每个均衡分割单元读取其映射关系记录表中映射关系记录的最新到达时间, 对每一条映射关系记录, 用当前时间减去其最新到达时间, 获得差值 $\tau$, 若 $\tau$ 大于设置的时间阈值, 则认为该映射关系记录中的会话已结束, 删除该条记录, 否则不进行操作。

网络流量均衡分割通过对网络流量进行粗分割和均衡分割降低了流量初始分割节点的负载, 且可随网络流量的增大进行扩展, 能够满足快速增长的网络带宽的要求, 有利于提高网络流量的分布式分析和处理效率。

## 3.2.5 汇聚节点按需部署

泛在网络中存在大量用户和大量设备, 其数据流量具有数据价值密度分布不均匀、数据安全性需求不统一和数据量峰谷值差异大等特点, 而现有数据汇聚节点部署方案大多基于数据汇聚峰值需求预先部署固定的汇聚节点, 在数据汇聚时汇聚源节点向预先固定的上级汇聚节点汇聚数据, 这种汇聚节点静态部署和无差异汇聚方式不适用于泛在网络, 导致汇聚设备存在资源负载不均、汇聚设备资源利用率低、汇聚数据实时性降低和数据安全保护措施不匹配等问题。汇聚节点按需部署可有效解决按照峰值需求部署所导致的设备利用率低、资源消耗高和数据逐层汇聚所导致的不满足实时性和安全性要求问题, 降低节点部署成本, 为泛在网络环境下数据差异化按需汇聚提供支撑。

### 1. 汇聚节点按需部署流程

汇聚节点按需部署主要流程为：①依据汇聚需求、数据源特征、数据特征、网络拓扑结构、网络传输特征及数据汇聚目的节点中的一种或多种指标，选择汇聚节点；②依据汇聚需求、数据特征、网络传输特征及汇聚能力中的一种或多种指标选择汇聚节点，并将选择的汇聚节点部署在部署位置上；③依据汇聚需求、信任关系、数据重要等级、数据紧急程度、上级汇聚节点汇聚可用能力中的至少一种指标选择已部署的汇聚节点的上级汇聚节点。

### 2. 汇聚节点按需部署方法的应用方式

汇聚节点按需部署方法涉及部署位置确定模块、节点部署模块和上级汇聚节点选择模块，分别负责汇聚节点的部署位置确定、汇聚节点部署和汇聚节点上级汇聚节点选择，具体描述如下。

（1）部署位置确定模块

以数据源特征、数据特征、网络拓扑结构、网络传输特征以及数据汇聚目的节点等因素选择汇聚节点的部署位置。汇聚节点需满足安全性需求、实时性需求、能耗需求以及带宽需求，其中安全性需求、实时性需求和能耗需求表述如下。

①安全性需求可以用安全保障目标、可用安全算法、数据汇聚可否动态接收中的任意一种或多种指标的组合来描述。安全保障目标包括可鉴别性、机密性、完整性、不可否认性；可用安全算法包括身份鉴别算法、身份鉴别协议、加解密算法、完整性校验算法、签名验签算法；数据汇聚可否动态接收包括可否跨安全域、可否跨管理域、可否跨系统以及可否跨网络。

②实时性需求是依据数据源分布、数据量分布、网络的传输带宽和传输时延等因素，计算数据从汇聚源节点通过候选部署位置到数据目的汇聚节点的发送和传输总时延期望值。将总时延期望值小于或等于总时延期望值上限的候选部署位置作为部署位置。总时延期望值 $T_d$ 为

$$T_d = T_{sds} + T_{sdt} + T_{dd} \qquad (3\text{-}36)$$

其中，$T_{sds}$ 为数据从汇聚源节点到候选部署位置的发送时延期望值，$T_{sdt}$ 为数据从汇聚源节点到候选部署位置的传输时延期望值，$T_{dd}$ 为数据从候选部署位置到数据汇聚目的节点的发送时延期望值。

影响发送总时延的因素包括数据汇聚量分布和拟选择链路可用带宽。单一数据发送时延 $T_u$ 的计算式为

$$T_u = \frac{D_v}{B_c} \tag{3-37}$$

其中，$D_v$ 为数据汇聚量大小，$B_c$ 为拟选择链路可用带宽。发送总时延期望通过对数据汇聚量分布和单一数据发送时延调用积分函数获得。影响传输总时延的因素包括传输介质类型、传输距离、数据汇聚量分布以及数据源地理位置分布。单一数据传输时延 $T_t$ 的计算式为

$$T_t = \omega_1 d_{sd} \tag{3-38}$$

其中，$\omega_1$ 依赖于传输介质类型，采用历史统计数据获得；$d_{sd}$ 为单一数据源到候选部署位置的传输距离。传输总时延期望的具体计算方式为对数据汇聚量分布、数据源地理位置分布和单一数据发送时延调用多重积分函数获得。

③能耗需求是依据数据汇聚量、数据并发量以及数据类型，计算数据从汇聚源节点通过候选部署位置到数据汇聚目的节点的总能耗期望值，将能耗期望值小于或等于总能耗期望值上限的区域作为部署位置。总能耗期望值 $P_{total}$ 为

$$P_{total} = P_{sd} + P_{dd} \tag{3-39}$$

其中，$P_{sd}$ 为数据从汇聚源节点到候选部署位置的发送总能耗期望值，$P_{dd}$ 为数据从候选部署位置到数据汇聚目的节点的发送总能耗期望值。影响发送能耗的因素包括数据源地理位置分布、数据汇聚量分布、数量大小、传输介质类型。影响单一数据能耗的因素包括数据量、传输介质类型、传输距离，具体计算方式为

$$P_u = \omega_2 d_t D_v \tag{3-40}$$

其中，$\omega_2$ 为单位数据量在给定传输介质上单位距离的能耗，其值依赖于传输介质类型，采用历史统计数据获得；$d_t$ 为传输距离；$D_v$ 为数据量。

（2）节点部署模块

根据数据汇聚需求和汇聚节点应具备的汇聚能力，匹配满足要求的汇聚节点并进行部署。若汇聚节点不支持某次汇聚所需要的操作，汇聚节点可以动态请求上层节点的汇聚组件以匹配汇聚能力；若单层汇聚的汇聚能力无法满足汇聚需求，则分层部署汇聚节点实现分层汇聚。

①汇聚需求匹配。若存在安全性需求，则区分可鉴别性、机密性、完整性和不可否认性等需求类别，匹配符合相应安全性强度的汇聚节点；若存在实时性需求，则计算所需要的带宽、并发处理能力、所应支持的压缩算法和/或消冗算法，

匹配满足实时性需求的汇聚节点；若存在能耗需求，依据数据汇聚量和/或数据并发量和/或数据类型，计算待部署模块所支持的压缩算法、加解密算法和/或消冗算法，匹配满足能耗需求的汇聚节点。

待部署汇聚节点所需要的带宽 $B_d$ 的计算式为

$$B_d = \frac{\omega_3 D_p}{r} \tag{3-41}$$

其中，$\omega_3$ 为大于 0 的权值参数，$D_p$ 为所辖内数据源的峰值数据汇聚量，$r$ 为实时性需求。

待部署汇聚节点所需要的并发能力 $C_d$ 的计算式为

$$C_d = \omega_4 D_c \tag{3-42}$$

其中，$\omega_4$ 为大于 0 的权值参数，$D_c$ 为数据并发峰值。所有汇聚节点峰值处理能力之和大于或等于所有数据源节点的汇聚峰值需求，以确保当汇聚节点所辖域的实际汇聚需求大于汇聚节点的处理能力时，可借用其他域的汇聚节点的空闲汇聚资源来汇聚数据。

特定数据类型的数据压缩/解压缩总能耗 $P_{cm}$ 的计算式为

$$P_{cm} = \omega_5 D_v \tag{3-43}$$

其中，$\omega_5$ 是压缩/解压缩算法对特定数据类型的单位数据的压缩/解压缩能耗，可通过历史数据统计获得；$D_v$ 是数据量大小。

数据加解密能耗 $P_{enc}$ 的计算式为

$$P_{enc} = \omega_6 D_v \tag{3-44}$$

其中，$\omega_6$ 是加解密单位数据的能耗，可由历史统计数据获得，$D_v$ 是数据量大小。

特定数据类型的数据消冗总能耗 $P_{dc}$ 的计算方式为

$$P_{dc} = \omega_7 D_v \tag{3-45}$$

其中，$\omega_7$ 是消冗算法对特定数据类型的单位数据的消冗能耗，可通过历史数据统计获得；$D_v$ 是数据量大小。

②汇聚能力匹配。根据资源节点应具备的汇聚能力匹配需部署的节点，汇聚能力包括安全保障能力、资源交付能力、计算能力和存储能力。安全保障能力可

用所支持的身份鉴别算法、身份鉴别协议、加解密算法、完整性校验算法以及签名验签算法的组合来描述；资源交付能力可用带宽、并发量、时延以及丢包率的组合来描述；计算能力可用 CPU 利用率、CPU 核数、主频、外频、倍频以及 CPU 缓存的组合来描述；存储能力可用内存利用率、内存空闲大小、磁盘利用率以及磁盘空闲大小的组合来描述。

③汇聚节点动态部署。若汇聚节点不支持本次汇聚所需要的操作，且汇聚节点满足可动态部署条件，则可向上级汇聚节点发送能执行本次汇聚所需要操作的汇聚组件请求，获取汇聚组件，使汇聚节点可执行本次汇聚所需的操作。可动态部署的条件包括软件可动态更新、可用带宽充足、可用内存空间充足、可用磁盘空间充足以及 CPU 剩余利用率充足。

④汇聚节点分层部署。根据数据源的汇聚需求确定总汇聚需求，并根据预设汇聚中心所包含的汇聚节点的汇聚能力确定预设汇聚中心的汇聚能力。若预设汇聚中心的汇聚能力不小于总汇聚需求，则采用单层部署方式对预设汇聚中心所包含的汇聚节点进行部署；若预设汇聚中心的汇聚能力小于总汇聚需求，则采用分布式部署方式对预设汇聚中心所包含的汇聚节点进行部署。

（3）上级汇聚节点选择模块

模块依据汇聚需求、信任关系、数据重要等级、数据紧急程度和上级汇聚节点汇聚可用能力，选择已部署的汇聚节点的直接上级隶属汇聚节点、间接上级隶属汇聚节点以及上级非隶属汇聚节点中的任意一种作为上级汇聚节点。图 3-11 为一个汇聚节点数据逐层/跨层/跨中心传输系统框架，图中的汇聚节点部署包含 $n$ 层。其中，第一层为汇聚总中心 Z，汇聚分中心 A 和 B 直接隶属于汇聚总中心 Z，汇聚分中心 $A_1$ 和 $A_2$ 直接隶属于汇聚分中心 A，汇聚分中心 $B_1$ 和 $B_2$ 直接隶属于汇聚分中心 B，汇聚分中心 $A_1$、$A_2$、$B_1$、$B_2$ 间接隶属于汇聚总中心 Z。结合图 3-11，对汇聚节点的上级节点选择规则进行具体描述。

①数据汇聚源 1 中的汇聚节点选择直接隶属汇聚分中心 $A_1$ 作为上级汇聚节点，执行逐层传输，其满足如下任意一个或多个条件的组合：汇聚节点只具备和直接隶属汇聚中心中唯一汇聚节点通信的能力；汇聚节点具备和直接隶属汇聚中心中多个汇聚节点通信的能力，且汇聚节点不具备跨层传输的权限；汇聚节点具备和直接隶属汇聚中心中多个汇聚节点通信的能力，且具备跨级传输的权限，待汇聚数据的重要性/优先权小于预定阈值。

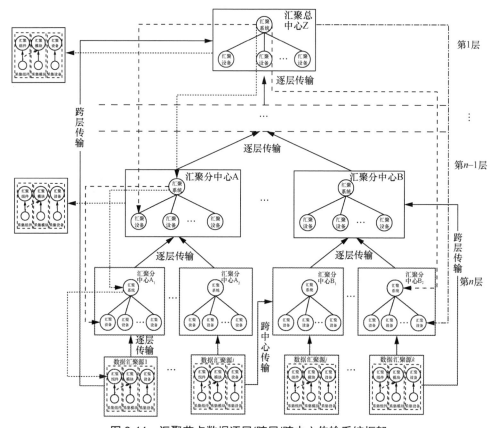

**图 3-11　汇聚节点数据逐层/跨层/跨中心传输系统框架**

②如满足以下条件：汇聚节点具备和间接隶属汇聚中心中多个汇聚节点通信的能力，且具备跨层传输的权限，且待汇聚数据的重要性和优先权均大于预定阈值，则数据汇聚源 $k$ 的汇聚节点选择间接上级隶属的汇聚节点汇聚分中心 B 作为上级汇聚节点，执行跨层传输。

③如满足以下条件：汇聚节点具备和多个汇聚节点通信的能力，且具备跨中心传输的权限，直接隶属汇聚节点当前处理能力不足以接收并处理当前待汇聚的数据，待汇聚数据的重要性和优先权均大于预定阈值，则数据汇聚源 $i$ 的汇聚节点选择上级非隶属的汇聚节点汇聚分中心 $B_1$ 作为上级汇聚节点，执行跨中心传输。

汇聚节点按需部署可解决现有部署按照峰值需求部署所导致的设备利用率低和资源消耗高的问题以及现有数据无差异化汇聚所导致的不满足实时性和安全性问题，降低部署成本，为泛在网络环境下差异化按需汇聚提供支撑。

# 3.3 数据安全传输

本节介绍安全通信节点的发现、数据伴随传输与接收、抗协议分析数据安全传输等方面的关键技术。通信网络中的可信节点以及邻近节点发现方法[10]可构造通信网络中的安全通信路径。在此发现方法的基础上，数据伴随传输与接收方法[11]可降低数据传输时计算资源和带宽资源消耗。抗协议分析数据安全传输方法[12]采用文件随机化拆分、文件分片信息标记、传输协议动态切换等技术，可保障用户通信行为的安全性和隐蔽性。

## 3.3.1 安全通信节点发现

在通信网络中，现存最常用的节点发现过程为 traceroute 探测过程，但该过程无法确保所查找到的路径上节点的真实性和可靠性。IETF 提出了一种邻居发现协议 NDP，但该协议必须建立在可信网络的基础上。IETF 后来提出的 IPSec 认证头和安全邻居发现( Secure Neighbor Discovery, SeND )协议存在着大量的安全问题，如不能抵抗伪造 NDP 报文攻击等。安全通信节点发现方法可有效解决上述问题，并根据使用场景发现通信网络中的可信节点以及邻近节点，还可有效减少节点间的通信时延，适用于多种类型的通信网络。

1. 安全通信节点发现流程

安全通信节点发现主要流程为：①源节点发送发现请求报文至下一跳节点，发现请求报文中携带源节点的地址信息、源节点的身份信息、目的节点的地址信息及源节点生成的挑战值；②收到发现请求报文的节点向源节点返回本节点提交给源节点的验证信息，根据其中的地址信息判断本节点是否为目的节点，如果不是目的节点则将发现请求报文转发给本节点的下一跳节点；③当源节点收到目的节点返回的验证信息时，根据收到的各节点提交的验证信息对各节点进行验证，如果全部验证通过则将各节点确定为可信节点。

2. 通信网络中的可信节点发现

安全通信节点发现方法采用挑战-应答的方式，通过对路径上节点的真实性进行验证，确保发现的节点都是可信的，从而保证网络设备之间通信传输的安全可靠。该方法不需要重复发送多条数据包，可有效降低通信时延。假设公钥基础设施已经分别向各合法的中间节点下发了该节点的数字证书和公私钥对，地址信息为 IP 地址，由发送端到接收端的可信节点发现过程如图 3-12 所示，具体步骤如下。

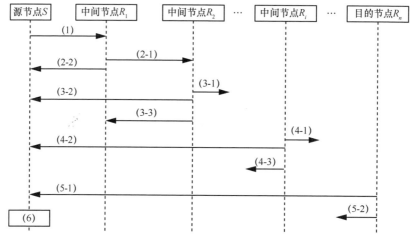

图 3-12　可信节点发现过程

（1）源节点 $S$ 将携带有源节点的 IP 地址 $IP_S$、所要查找的目的节点的 IP 地址 $IP_{R_n}$、跳数值 Hop、源节点的身份信息 $ID_S$ 以及源节点随机选择的挑战值 $Random_S$ 的源端节点发现请求报文发送至第一个中间节点 $R_1$，此时 Hop 为 0。

（2）中间节点 $R_1$ 收到源端节点发现请求报文后，保存源节点的 IP 地址 $IP_S$，并进行如下操作。

①$R_1$ 验证自身是否是源节点 $S$ 所要查找的目的节点，$R_1$ 对比自己的 IP 地址与源端节点发现请求报文中的目的节点的 IP 地址，如果相同则进行步骤（5）；如果不相同，则 $R_1$ 在源端节点发现请求报文的基础上添加 $R_1$ 的附加信息。$R_1$ 的附加信息包括 $R_1$ 的 IP 地址 $IP_{R_1}$、$R_1$ 的身份信息 $ID_{R_1}$ 和 $R_1$ 生成的一个挑战值 $Random_{R_1}$，并改变 Hop 为 1，从而得到一个中转发现请求报文，将此中转发现请求报文发送至下一跳节点 $R_2$。

②$R_1$ 利用公钥基础设施给它颁发的私钥对 $S$ 和 $R_1$ 之间的相关信息生成签名。$S$ 和 $R_1$ 之间的相关信息包括 $S$ 的身份信息 $ID_S$、$R_1$ 的身份信息 $ID_{R_1}$、$S$ 生成的挑战值 $Random_S$。将得到的签名与 $S$ 和 $R_1$ 之间的相关信息构成 $R_1$ 针对 $S$ 的挑战响应值，即

$$\text{Token}_{R_1S} = \text{ID}_{R_1} \| \text{ID}_S \| \text{Random}_S \| \text{Sign}_{R_1}\left(\text{ID}_{R_1} \| \text{ID}_S \| \text{Random}_S\right)$$

其中，‖表示连接，$\text{Sign}_X(M)$表示利用$X$的私钥对消息$M$生成的签名，签名算法可由 PKI 指派也可由各节点协商确定。然后$R_1$构造一个非终端发现响应报文发送至源节点$S$，其中携带$R_1$提交给$S$的验证信息，包括$R_1$的 IP 地址 $\text{IP}_{R_1}$、$R_1$的数字证书$\text{Cert}_{R_1}$以及$R_1$针对$S$的挑战响应值$\text{Token}_{R_1S}$。

（3）中间节点$R_2$收到中转节点发现请求报文后，保存上一跳节点$R_1$的 IP 地址 $\text{IP}_{R_1}$，并进行如下操作。

①$R_2$首先判断自身是否是目的节点，如果是则进行步骤（5）；如果发现 IP 地址并不匹配，则 $R_2$将所收到的中转节点发现请求报文中 $R_1$的附加信息删除，添加 $R_2$的附加信息（相当于在源节点发现请求报文的基础上添加 $R_2$的附加信息）。$R_2$的附加信息包括$R_2$的 IP 地址 $\text{IP}_{R_2}$、$R_2$的身份信息$\text{ID}_{R_2}$和$R_2$生成的一个挑战值 $\text{Random}_{R_2}$，并将 Hop 设为 2，从而得到一个新的中转节点发现请求报文，将此新的中转节点发现请求报文发送至下一跳节点$R_3$。

②生成$R_2$针对$S$的挑战响应值，即

$$\text{Token}_{R_2S} = \text{ID}_{R_2} \| \text{ID}_S \| \text{Random}_S \| \text{Sign}_{R_2}(\text{ID}_{R_2} \| \text{ID}_S \| \text{Random}_S)$$

并构造一个新的非终端发现响应报文发送至源节点$S$，其中携带$R_2$提交给 $S$的验证信息，包括$R_2$的 IP 地址 $\text{IP}_{R_2}$、$R_2$的数字证书$\text{Cert}_{R_2}$以及$R_2$针对$S$的挑战响应值$\text{Token}_{R_2S}$。

③$R_2$利用 PKI 给它颁发的私钥对$R_1$和$R_2$之间的相关信息生成签名。$R_1$和$R_2$之间的相关信息包括$R_1$的身份信息$\text{ID}_{R_1}$、$R_2$的身份信息$\text{ID}_{R_2}$以及$R_1$生成的挑战值$\text{Random}_{R_1}$。将得到的签名与$R_1$和$R_2$之间的相关信息构成$R_2$针对$R_1$的挑战响应值，即

$$\text{Token}_{R_2R_1} = \text{ID}_{R_2} \| \text{ID}_{R_1} \| \text{Random}_{R_1} \| \text{Sign}_{R_2}(\text{ID}_{R_2} \| \text{ID}_{R_1} \| \text{Random}_{R_1})$$

$R_2$构造一个邻近发现响应报文发送给上一跳节点 $R_1$，其中携带$R_2$提交给 $R_1$的验证信息，包括 $\text{IP}_{R_2}$、$\text{Cert}_{R_2}$以及$R_2$针对$R_1$的挑战响应值$\text{Token}_{R_2R_1}$。

（4）后继的中间节点$R_i$（$2<i\leqslant n-1$，其中 $n-1$ 为节点发现请求报文从源节点 $S$ 传递到目的节点所经历的中间节点的个数）收到中转节点发现请求报文和邻近发现响应报文后，保存收到的中转节点发现请求报文中的上一跳节点的 IP 地址，并进行如下操作。

①$R_i$ 构造新的中转节点发现请求报文发送至下一跳节点 $R_{i+1}$。

②$R_i$ 构造非终端响应报文发送至 $S$。

③$R_i$ 构造新的邻近发现响应报文发送至上一跳节点 $R_{i-1}$。

中间节点 $R_i$（$1 \leqslant i \leqslant n-1$）验证来自下一跳节点 $R_{i+1}$（其中 $R_{n-1}$ 的下一跳节点是目的节点 $R_n$）的邻近发现响应报文中的数字证书 $\text{Cert}_{R_{i+1}}$ 是否有效，并利用 $R_{i+1}$ 的数字证书中的公钥验证 $R_{i+1}$ 针对 $R_i$ 的挑战响应值 $\text{Token}_{R_{i+1}R_i}$ 中的签名是否有效；如果都是有效的，则 $R_i$ 存储来自下一跳的邻近发现响应报文中的 $R_{i+1}$ 的 IP 地址 $\text{IP}_{R_{i+1}}$，以备中间节点间的邻近节点发现。数字证书和签名中只要有一个无效，则 $R_i$ 将不存储下一跳节点的 IP 地址。

（5）目的节点 $R_n$ 收到上一跳节点 $R_{n-1}$（$R_{n-1}$ 为最后一个中间节点）发送的中转节点发现请求报文后，保存上一跳节点的 IP 地址，并进行如下操作。

①目的节点 $R_n$ 利用 PKI 颁发的私钥对 $S$ 和 $R_n$ 之间的相关信息生成签名。$S$ 和 $R_n$ 之间的相关信息包括 $S$ 的身份信息 $\text{ID}_S$、$R_n$ 的身份信息 $\text{ID}_{R_n}$ 以及 $S$ 生成的挑战值 $\text{Random}_S$，将得到的签名与 $S$ 和 $R_n$ 之间的相关信息构成 $R_n$ 针对 $S$ 的挑战响应值，即

$$\text{Token}_{R_n S} = \text{ID}_{R_n} \| \text{ID}_S \| \text{Random}_S \| \text{Sign}_{R_n}(\text{ID}_{R_n} \| \text{ID}_S \| \text{Random}_S)$$

$R_n$ 构造一个节点发现结束响应报文发送至源节点 $S$，其中携带 $R_n$ 的 IP 地址 $\text{IP}_{R_n}$、数字证书 $\text{Cert}_{R_n}$ 以及 $R_n$ 针对 $S$ 的挑战响应值 $\text{Token}_{R_n S}$，表明发现过程已结束。

②$R_n$ 构造新的邻近发现响应报文发送至上一跳节点 $R_{n-1}$。

（6）源节点 $S$ 验证来自所有中间节点的非终端发现响应报文以及来自目的节点的节点发现结束响应报文中的数字证书是否有效，并分别利用各节点的数字证书中的公钥验证该节点针对 $S$ 的挑战响应值中的签名是否有效。如果全部节点（中间节点及目的节点）的数字证书及签名均有效，则将全部节点确定为可信节点；只要有任何一个节点的数字证书或签名是无效的，则 $S$ 将不信任所搜索的路径，并重新发起可信节点发现过程。

**3. 通信网络中的邻近节点发现方法**

安全通信节点发现方法同样适用于通信网络中的邻近节点发现，路径上的节点可通过存储相关邻近节点的 IP 地址查找到路径上其他节点的位置，并可实现路径上节点间的相互认证。当可信节点发现完成后，利用路径上的中间节点都已知本节点

邻近中间节点的 IP 地址的特性，路径上的任何一个中间节点 $R_i$ 可根据所存储的邻近节点的 IP 地址查找路径中上行或下行的中间节点，如图 3-13 所示，具体步骤如下。

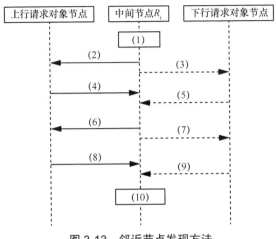

图 3-13　邻近节点发现方法

（1）将中间节点 $R_i(2<i\leqslant n)$ 的上一跳节点 $R_{i-1}$ 作为 $R_i$ 的上行请求对象节点，如果 $R_i$ 中保存了下一跳节点 $R_{i+1}$ 的 IP 地址，则将 $R_{i+1}$ 作为 $R_i$ 的下行请求对象节点，并将跳数值 Hop 设置为 1。

（2）$R_i$ 根据所存的 IP 地址向本节点的上行请求对象节点发送节点地址请求报文，以请求该上行请求对象节点的上一跳节点的 IP 地址（比如上行请求对象节点为 $R_{i-1}$ 时，请求的是 $R_{i-2}$ 的 IP 地址），节点地址请求报文中携带 Hop、请求信息 ReqInfo、$R_i$ 身份信息 $ID_{R_i}$ 以及 $R_i$ 生成的挑战值 $Random_{R_i}$；请求信息 ReqInfo 表明请求的是上行请求对象节点的上一跳节点的 IP 地址或下行请求对象节点的下一跳节点的 IP 地址。

（3）如果存在下行请求对象节点，如图 3-13 中虚线所示，则 $R_i$ 向本节点的下行请求对象节点也发送节点地址请求报文，请求该下行请求对象节点的下一跳节点的 IP 地址（例如当下行请求对象节点为 $R_{i+1}$ 时，请求的是 $R_{i+2}$ 的 IP 地址）。如果 $R_i$ 只存有上一跳节点的 IP 地址而没有存下一跳节点的 IP 地址，则 $R_i$ 只能向 $R_{i-1}$ 请求它的上一跳节点 $R_{i-2}$ 的 IP 地址。

（4）$R_{i-1}$ 收到节点地址请求报文后，进行如下操作。

①$R_{i-1}$ 利用 PKI 颁发的私钥对 $R_i$ 和 $R_{i-1}$ 之间的相关信息（包括 $R_i$ 的身份信息 $ID_{R_i}$、$R_{i-1}$ 的身份信息 $ID_{R_{i-1}}$ 以及 $R_i$ 生成的挑战值 $Random_{R_i}$）生成签名，并将得

到的签名与 $R_i$ 和 $R_{i-1}$ 之间的相关信息构成 $R_{i-1}$ 针对 $R_i$ 的挑战响应值，即

$$\text{Token}_{R_{i-1}R_i} = \text{ID}_{R_{i-1}} \| \text{ID}_{R_i} \| \text{Random}_{R_i} \| \text{Sign}_{R_{i-1}} (\text{ID}_{R_{i-1}} \| \text{ID}_{R_i} \| \text{Random}_{R_i})$$

②$R_{i-1}$ 构造一个节点验证请求报文，将本节点的身份信息 $\text{ID}_{R_{i-1}}$、生成的挑战值 $\text{Random}_{R_{i-1}}$、数字证书 $\text{Cert}_{R_{i-1}}$ 以及 $R_{i-1}$ 针对 $R_i$ 的挑战响应值 $\text{Token}_{R_{i-1}R_i}$ 返回给中间节点 $R_i$。

（5）下行请求对象节点收到节点地址请求报文后的处理过程如图 3-13 中虚线所示，只是将其中的上行请求对象节点替换成下行请求对象节点（比如将 $R_{i-1}$ 替换为 $R_{i+1}$）。如果上/下行请求对象节点未存有上/下一跳节点的 IP 地址，则不处理所收到的节点地址请求报文。

（6）$R_i$ 收到来自 $R_{i-1}$ 的节点验证请求报文后，验证其中 $R_{i-1}$ 的数字证书是否有效，并利用 $R_{i-1}$ 证书中的公钥验证 $R_{i-1}$ 针对 $R_i$ 的挑战响应值 $\text{Token}_{R_{i-1}R_i}$ 中的签名是否有效，只要数字证书和签名中有一个无效，则丢弃节点验证请求报文；如果数字证书和签名均有效，则验证通过。$R_i$ 利用 PKI 颁发的私钥对 $R_{i-1}$ 和 $R_i$ 之间的相关信息（包括 $R_{i-1}$ 的身份信息 $\text{ID}_{R_{i-1}}$、$R_i$ 的身份信息 $\text{ID}_{R_i}$ 以及 $R_{i-1}$ 生成的挑战值 $\text{Random}_{R_{i-1}}$）生成签名，并将得到的签名与 $R_{i-1}$ 和 $R_i$ 之间的相关信息构成 $R_i$ 针对 $R_{i-1}$ 的挑战响应值，即

$$\text{Token}_{R_iR_{i-1}} = \text{ID}_{R_i} \| \text{ID}_{R_{i-1}} \| \text{Random}_{R_{i-1}} \| \text{Sign}_{R_i} (\text{ID}_{R_i} \| \text{ID}_{R_{i-1}} \| \text{Random}_{R_{i-1}})$$

然后将携带有本节点的数字证书 $\text{Cert}_{R_i}$ 和 $\text{Token}_{R_iR_{i-1}}$ 的节点验证响应报文发送给邻近节点 $R_{i-1}$。

（7）如果 $R_i$ 收到的是来自下行请求对象节点的节点验证请求报文，如图 3-13 中虚线所示，只要将上行请求对象节点替换成下行请求对象节点即可。

（8）$R_{i-1}$ 收到节点验证响应报文后，验证 $\text{Cert}_{R_i}$ 是否有效，并利用 $\text{Cert}_{R_i}$ 中的公钥验证 $R_i$ 针对 $R_{i-1}$ 的挑战响应值 $\text{Token}_{R_iR_{i-1}}$ 中的签名是否有效，如果数字证书和签名都是有效的，则验证通过，$R_{i-1}$ 将上一跳节点 $R_{i-2}$ 的 IP 地址反馈给请求方 $R_i$；如果数字证书和签名中有一个无效，则丢弃节点验证响应报文。

（9）如果是下行请求对象节点收到节点验证响应报文，如图 3-13 中虚线所示，只要将上行请求对象节点替换成下行请求对象节点即可。如果数字证书和签名都是有效的，则验证通过，下行请求对象节点发送本节点的下一跳节点的 IP 地址给请求方 $R_i$（例如当下行请求对象节点为 $R_{i+1}$ 时，发送 $R_{i+2}$ 的 IP 地址）。

（10）如果所收到的 IP 地址并不是 $R_i$ 想要找的目标节点，则将 $R_i$ 从上行请求对象节点所收到的 IP 地址对应的节点作为新的 $R_i$ 的上行请求对象节点，将 $R_i$ 从下行请求对象节点所收到的 IP 地址对应的节点作为新的 $R_i$ 的下行请求对象节点，再将 Hop 加 1，然后返回步骤（2）。如果收到的 IP 地址是 $R_i$ 想要找的目标节点，则邻近节点发现过程结束。

安全通信节点发现方法能够确保网络设备之间的通信传输安全可靠，不需要重复发送多条数据包，能够有效降低通信时延。此外，通过存储相关邻近节点的 IP 地址，路径上的节点可查找到路径上其他节点的位置，并可实现路径上节点间的相互认证。

## 3.3.2　数据伴随传输与接收

在泛在网络环境下，为了降低数据传输双方独立交互次数与压缩数据传输带宽，通常采用伴随传输技术来传输数据。为满足泛在网络需要降低数据传输资源消耗的应用需求，数据伴随传输与接收方法[10]可降低应用层数据传输的独立交互次数，提高数据抗阻断能力，解决资源受限场景下的压缩数据传输问题。

### 1. 数据伴随传输与接收流程

数据伴随传输与接收主要流程为：①发送端获取待伴随数据，基于待伴随数据的属性信息等选取发送待伴随数据的伴随通道，并将待伴随数据与伴随通道的原始数据载荷封装为报文，通过伴随通道发送至接收端；②接收端接收发送端通过伴随通道发送的报文，并根据发送端的数据封装格式从报文中提取待伴随数据。

### 2. 数据伴随传输与接收的部署方式

数据伴随传输系统如图 3-14 所示，包括发送端、中转端和目的端。发送端负责获取待伴随数据，并通过特定的伴随通道将待伴随数据与其他相关信息封装后发送到目的端或中转端；目的端负责接收发送端通过伴随通道发送过来的数据，并根据特定的格式从中解析出待伴随数据；中转端负责将伴随数据通过伴随通道转发至待伴随目的地址对应的目的端，由目的端根据特定的格式从中解析出待伴随数据。

### 3. 数据伴随传输与接收应用示例

下面，结合实际应用场景与数据伴随传输系统的功能结构，对数据伴随传输与接收的方法进行详细说明，主要由伴随数据获取、伴随通道选择、数据封装与发送、数据接收和数据提取5个部分组成。

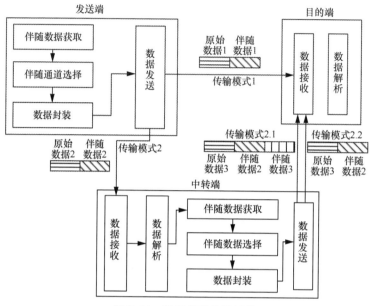

图 3-14　数据伴随传输系统

（1）伴随数据获取

对于多段需要伴随的数据，发送端将每段需要伴随的数据作为候选待伴随数据，从候选待伴随数据中选取一段作为本次数据传输伴随的数据，即待伴随数据；基于每一候选待伴随数据的优先权和待伴随字节数，从若干段候选待伴随数据中选取待伴随数据，可以直接选取优先权最高的候选待伴随数据作为待伴随数据，也可以按照优先权从高到低的顺序对候选待伴随数据进行排序，从首字节开始按预设伴随字节数截取相应字节的数据作为待伴随数据等。

（2）伴随通道选择

对于多个传输通道，发送端从这些传输通道中基于待伴随数据的传输需求与每一传输通道的通道状态，选取一个传输通道作为伴随通道。如果选择传输通道的通道目的地址与待伴随数据的目的地址一致，且满足以下条件：①传输通道的通道可伴随字节数大于待伴随字节数；②可伴随时间在待伴随时间区间内，安全保障机制满足安全保障需求；③通道传输时延小于或等于待伴随数据的传输时延需求；④通道稳定性满足待伴随数据的稳定性需求，则将该传输通道作为候选传输通道。如果选择的伴随通道的通道目的地址与待伴随数据的待伴随目的地址不同，且通道目的地址对应的中转端具备将待伴随数据传输至待伴随目的地址的能力，则发送端首先通过伴随通道将待伴随数据以报文的形式传输到中转端，由中转端在通过数据接收和数据解析得到待伴随数据后，基于待伴随数据选择伴随通道，并对待伴随数据与伴随通道的原始数据载荷封装成报文后发送到目的端。

（3）数据封装与发送

发送端根据伴随通道的原始数据载荷的长度、原始数据首部和伴随数据首部的长度等信息，计算得到伴随通道的通道可伴随字节数，根据通道可伴随字节数和待伴随数据的待伴随字节数决定是否需要对待伴随数据进行分片，并将待伴随数据与伴随通道的原始数据载荷封装为报文，通过伴随通道发送报文至接收端，以使接收端能够从报文中提取待伴随数据。其中，原始数据载荷是指原本需要通过伴随通道进行传输的数据，报文为封装有原始数据载荷和待伴随数据且具备固定格式的数据信息。

（4）数据接收

接收端通过其与发送端之间进行数据传输的伴随通道接收发送端发送的报文。其中，报文是发送端将待伴随数据与伴随通道的原始数据载荷封装形成的，封装有原始数据载荷和待伴随数据且具备固定格式的数据信息。

（5）数据提取

接收端根据伴随数据分片标志位和最后分片标志位，判断当前待伴随数据是否还存在更多分片，决定是否继续数据接收进程；在接收到所有待伴随数据分片后，基于报文的固定格式提取报文中封装的原始数据载荷和待伴随数据。

数据伴随传输与接收方法基于伴随机制，不需要独立的传输信令来传输伴随数据，也不需要发送端和接收端之间进行额外交互，在一次数据接收中能够同时获得待伴随数据与原始数据载荷，为应用层数据的伴随传输提供了方法，不需额外分配传输资源，降低计算资源和带宽资源消耗量；此外，该方法还可以防止对伴随数据的阻断，保护重要伴随数据的可靠传输。

## 3.3.3 抗协议分析的数据安全传输

针对传输过程中数据流面临的非法流量分析攻击，通过采用文件随机化拆分、文件分片信息标记、传输协议动态切换等技术，抗协议分析的数据安全传输方法可实现用户通信行为的安全性和隐蔽性。非法流量分析场景如图 3-15所示。

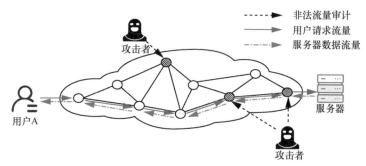

图 3-15　非法流量分析场景

### 1. 抗协议分析的数据安全传输流程

抗协议分析的数据安全传输主要流程为：①发送客户端对待发送文件进行预处理，将待传输文件按大小进行随机化拆分，并对拆分好的每一个文件分片添加标记信息；②发送客户端按照预设传输协议流量比例，为每一个文件分片选择数据传输协议，并将所有文件分片使用所选传输协议上传至对应协议服务器；③各服务器端对收到的所有文件分片进行存储管理；④接收客户端向各协议服务器发送下载请求，各协议服务器将客户端所请求的文件分片发送给客户端，客户端接收到所有文件分片，按照每个文件分片的标记信息，恢复出原文件。

### 2. 抗协议分析的数据安全传输系统的部署方式

抗协议分析的数据安全传输系统结构如图 3-16 所示。

抗协议分析的数据安全传输系统主要由客户端与服务器端两部分组成，分别负责用户通信数据的发送与接收。客户端包含密钥管理模块、文件预处理模块、伪装流量发生模块和数据文件下载整合模块。其中，密钥管理模块负责生成、保存用于通信双方密钥协商过程中使用的公私钥对，并将通信双方协商好的对称加密密钥进行存储；文件预处理模块对待传输数据文件进行预处理，添加标记信息，确保经过一系列操作的数据文件在接收端可以恢复出原文件；伪装流量发生模块根据用户输入的目标网络各种流量特征，构造出与目标网络具有相同流量特征的流量序列，按照构造的伪装流量序列产生相应的数据流量，具备多种传输协议快速封装功能，并将相应协议数据包发送至对应目的 IP；数据文件下载整合模块用于向服务器端请求需要的数据资源，同时具备多种应用层传输协议的接收功能，将通过系统传输的数据文件进行解密提取，恢复出原文件。服务器端包含密钥管理模块、数据发送接收模块和文件管理模块。其中，密钥管理模块负责生成、保存用于通信双方密钥协商过程中使用的公私钥对，并将通信双方协商好的对称加密密钥进行存储；文件发送接收模块处理客户端的上传与下载请求，具备多种应用层传输协议服务功能；文件管理模块将客户端上传的数据文件进行解密，并根据标记信息进行管理存储。

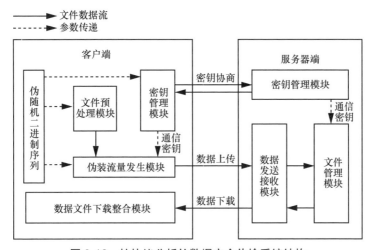

图 3-16　抗协议分析的数据安全传输系统结构

**3. 抗协议分析的数据安全传输应用示例**

结合数据文件具体传输过程对抗协议分析的数据安全传输方法主要包括通信密钥协商、文件随机化拆分、标记信息添加、目标网络流量特征表述、流量序列构造、多协议流量生成、文件分片管理和文件下载整合 8 个部分。

（1）通信密钥协商

①各通信端生成用于密钥协商的公私钥对，存入密钥管理子模块；②客户端在与服务器端进行数据传输之前，先互相交换各自公钥，并将对应密钥存入密钥管理模块；③使用密钥协商算法，协商数据传输过程中需要用到的数据加密密钥，即对称加密密钥，将与各个不同服务器端或客户端协商好的数据加密密钥存入密钥管理模块。

（2）文件随机化拆分

输入待传输数据文件，根据如下规则将待传输文件进行随机化拆分。

①根据用户输入的待传输文件绝对路径，查阅文件信息，将文件大小信息转

化为以字节为单位的二进制数据，将生成的文件大小二进制数据记为 Fsize，单位为字节，是一个 $n$ 位二进制数据。

②使用伪随机二进制序列生成器生成伪随机二进制序列，首先读取 4 位，如果 4 位全是 0 则进行+1 操作，变为 0001。继续从伪随机二进制序列中读取 $n-8$ 位，此时将这 4 位和 $n-8$ 位相连，即为拆分出的第一个小文件大小，记为 fsize，单位为字节。

③起始阶段将文件分片指针指向待传输文件最开头部分，然后向后读取 fsize 字节，读入该文件的第一个分片，并将文件分片指针指向 fsize 字节，之后每次读取原文件数据都从文件分片指针处读取，向后读取 fsize 字节就将文件分片指针向后指 fsize 字节。

④循环步骤②和步骤③ $x$ 次，直到待传输文件中未读取数据大小符合以下规则，再进行之后的操作，即待传输文件中未读取数据大小要小于 Fsize 的 $\frac{1}{128}$ 向下取整。

$$size - \sum_{i=1}^{x} fsize_i < \left\lfloor \frac{Fsize}{128} \right\rfloor \tag{3-46}$$

则将剩余原文件未读取数据读入最后一个文件分片。

（3）标记信息添加

给拆分好的每个文件分片数据部分前添加标记信息，标记信息包括 5 个字段，分别是 False_flow、Filename、Fseg_num、Fseg_seq 和 Fseg_Hash。

各个字段的描述见表 3-7。

表 3-7 各个字段的描述

| 字段标识 | 含义 | 长度/B | 说明 |
|---|---|---|---|
| False_flow | 虚假流量标识 | 1 | 用以标识当前文件分片是真实流量还是虚假流量，长度为 1B，全 0 为虚假流量，全 1 为真实流量 |
| Filename | 原文件名 | 256 | 用以标识该文件分片的原文件名 |
| Fseg_num | 文件分片总数 | 1 | 用以标识原文件随机化拆分出的文件分片总数 |
| Fseg_seq | 文件分片编号 | 1 | 用以标识本文件分片是第几个被拆分出的文件分片 |
| Fseg_Hash | 文件分片摘要 | 16 | 用以标识文件分片数据部分的完整性和正确性，可使用 MD5 等消息摘要算法 |

（4）目标网络流量特征表述

对用户需要输入的各种目标网络流量特征进行形式化表述，包括指定协议、总时间、总数据量、虚假流量、待传输数据量以及各协议数据量占比。

（5）流量序列构造

首先添加用来产生虚假流量的随意文件数据，并计算使用各协议需要传输的数据量，即待传输数据量与各协议数据量占比的乘积；然后为每一个文件分片选择数据传输协议，假设有 $n$ 个传输协议，则选择规则为

$$q_i = \text{data}_{\text{pro}_i} - m_i \qquad (3\text{-}47)$$

选择 $q_{1\sim n}$ 中数值最大的一个 $q_i$，则当前文件分片放入存放需要协议 $i$ 发送。其中 $m_i$ 表示已经选择协议 $i$ 发送的数据量，$q_i$ 表示还需要协议 $i$ 发送的数据量，$\text{data}_{\text{pro}_i}$ 表示需要协议 $i$ 发送的总数据量。

（6）多协议流量生成

根据生成的流量序列，将每个文件分片使用对应传输协议发送至对应协议服务器，且在发送前查询密钥管理模块获得与对应服务器或数据接收端的通信加密密钥，将待传输文件分片进行加密。在数据发送过程中，按照生成的流量序列对数据流量进行构造，并添加相应的填充、不同时间段内各传输协议的比例和对应时延。

（7）文件分片管理

服务器端收到客户端上传的文件分片，先查询密钥管理模块保存的与客户端的通信密钥，并使用对应的密钥将各文件分片解密；之后根据该文件分片的传输协议和标记信息，将其放至对应目录下。

（8）文件下载整合

首先客户端使用对应的协议向不同的服务器发送下载某数据文件的请求，当服务器端接收到客户端请求时，则将客户端需要的文件数据发送给客户端；然后客户端接收到服务器端发送的文件分片，查询密钥管理模块保存的与各服务器的通信密钥，用对应的密钥将各文件分片解密；最后客户端根据文件分片的标记信息部分，恢复出原文件，并检验信息摘要字段。

抗协议分析数据安全传输方法可应用于泛在环境下的敏感数据传输，防止公网环境中存在的恶意攻击者/服务商对用户通信流量的非法审计、分析，保证用户通信行为的安全性与隐蔽性。

# 参考文献

[1]　CHEN L, WANG Z, LI F, et al. A stackelberg security game for adversarial outbreak detection in the Internet of things[J]. Sensors, 2020, 20(3): 804.

[2] 李晖，朱辉，尹钰，等. 基于模式匹配方式的网络数据流识别方法：201010013628.7[P]. 2010-07-07.

[3] 李凤华，陈黎丽，郭云川，等. 采集代理部署方法及装置：201910509683.6[P]. 2019-11-08.

[4] NEMHAUSER G L, WOLSEY L A, FISHER M L. An analysis of approximations for maximizing submodular set functions—I[J]. Mathematical Programming, 1978, 14(1): 265-294.

[5] 李凤华，郭云川，金伟，等. 一种数据按需汇聚方法及装置：201811378010.3[P]. 2019-04-12.

[6] 李凤华，殷丽华，郭云川，等. 一种数据实时汇聚方法及系统：201811376745.2[P]. 2019-04-02.

[7] 王竹，袁青云，郝凡凡，等. 基于链路容量的多路径拥塞控制算法[J]. 通信学报, 2020, 41(5): 59-71.

[8] 朱辉，李晖，陈思羽，等. 网络流量均衡分割系统及分割方法：201310030078.3[P]. 2013-04-17.

[9] 李凤华，郭云川，耿魁，等. 一种汇聚节点的部署方法及装置：201811376789.5[P]. 2019-03-19.

[10] 李凤华，李晖，曹进，等. 一种通信网络中的节点发现方法及系统：201310723937.7[P]. 2014-04-02.

[11] 李凤华，房梁，郭云川，等. 一种数据传输方法、接收方法、装置及系统：201811376260.3[P]. 2019-03-12.

[12] 朱辉，杨舜嵬，李晖，等. 抗协议分析数据安全传输方法、系统、信息数据处理终端：201911300329.9[P]. 2020-03-31.

# 第 4 章
## 高并发数据安全服务

泛在网络的开放性、异构性、移动性、动态性、多安全域等特点，导致云计算、大数据面临更复杂的多样化、海量用户高并发的信息安全服务问题。其中，高并发、多业务/多算法/多密钥、业务随机交叉状态高效管理成为技术瓶颈。本章介绍高并发数据处理、高性能安全业务按需服务等方面的关键技术，并给出高性能数据安全存储的两种应用解决方案。本章内容还可应用于云计算密码服务、安全电子凭据和安全可信数据库等领域。

## 4.1　高并发数据处理

本节介绍高并发业务数据处理、支持并行运行算法的异步管理、多算法数据处理同步、支持线程级加解密的密码处理器架构等关键技术。针对多对多通信中多数据流、多算法、多密钥特点要求前台应用服务器支持海量并发进程/线程的问题，高并发业务数据处理方法[1]重点解决高并发业务请求的线性增长和服务跨层等各种上下文关联关系查找处理量的对数级增长问题。针对海量用户差异化随机业务流带来的服务资源频繁切换问题，支持并行运行算法的数据处理方法[2]实现了处理数据时多种算法高效并行运算的异步管理，可解决信息系统高并发业务请求阻塞问题。多算法数据处理的同步方法[3]实现了多业务数据间的同步与重组，可解决多数据流随机交叉处理的状态同步问题。支持线程级加解密的密码处理器架构及其密码运算操作方法[4]实现了多线程处理状态管理和多对多通信中多密钥随机交叉的密码运算操作，可解决千万级以上并发密码运算状态的高效管理问题。

## 4.1.1  高并发业务数据的处理场景和处理流程

高并发业务数据处理场景如图 4-1 所示。对以社交网络、网上银行、电子支付、网上购物等为代表的大规模用户环境下业务安全服务而言，最突出的特征是服务类型多样、在线用户海量、跨系统交互频繁、业务峰值差异大，最本质的问题是要对海量用户在线并发请求做出快速响应。高并发业务数据的处理方法可满足大数据和云服务对高并发海量连接的高性能要求，能够解决高并发多连接业务的访问技术瓶颈。

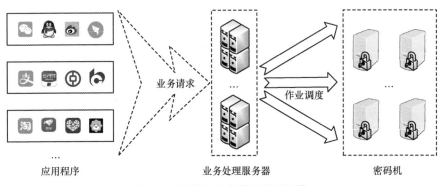

图 4-1  高并发业务数据处理场景

（1）高并发业务数据处理流程

高并发业务数据处理的主要流程为：①应用服务器将从各应用进程接收来的业务数据封装为多个作业包，并在包头中携带该应用进程的关联标识、作业包序列号及业务数据的处理信息，提交给对应的业务处理进程；②业务处理进程根据各作业包的包头中所携带的处理信息，调度相应的作业处理模块处理该作业包中的业务数据，并根据作业包标记将结果返回前端应用服务器；③应用服务器将处理完的作业包按照包头中应用进程的关联标识返回至相应进程。在实施过程中，高并发业务数据的处理方法引入了上下行队列等各种机制，并通过将下行队列和数据连接、数据连接和业务处理进程之间一一对应的方式，以确保对业务数据处理的进程（或线程）不会随着前端应用进程（或线程）的增加而增加，解决了高并发海量连接情况下进程（或线程）数大幅度增加而导致的处理性能下降的问题。

（2）高并发业务处理系统

高并发业务数据处理系统包含前端应用服务器和后端业务处理系统，分别负责业务数据的接收和处理。前端应用服务器功能结构如图 4-2 中的前端应用服务器所示，其中，应用接口层负责对应用程序接口、下行队列随机选择器和上行队列的管理；作业服务层负责对业务服务引擎模块和下行队列的管理。后端业务处理系统功能结构如图 4-2 中的后端业务处理系统所示，其中，作业调度层负责对配置管理程序、业务管理值守程序、业务处理模块及其相应业务处理进程（读写队列）的管理；作业处理层负责对作业处理动态链接库、若干作业处理模块及其相应的驱动程序的管理。

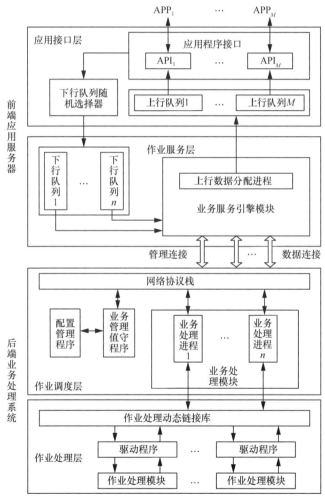

**图 4-2　高并发业务数据处理功能结构**

（3）高并发业务处理应用示例

下面，以系统中部署单个应用服务器和单个业务处理模块的情况为例，结合业务请求和高并发业务数据处理功能结构对高并发业务数据的处理方法进行说明。高并发业务数据处理主要由系统初始化、数据队列建立、作业包生成与封装、下行队列监控与作业包下行、作业包接收与包头补充、作业调度与处理、结果数据返回 7 个部分组成。

①系统初始化。高并发业务数据处理系统初始启动时，在应用服务器中，业务服务引擎模块首先获取业务处理系统的处理系统个数、业务处理系统 IP 地址、业务处理系统的下行队列起始键值等信息，然后与业务处理系统的管理端口建立管理连接，最后根据业务系统的 CPU 内核个数建立相应数量的 TCP 数据连接；在业务处理系统中，首先配置管理程序根据业务处理系统的硬件信息和配置信息对业务处理系统进行配置，然后业务管理值守程序监听网络数据，等待管理连接和数据连接的建立，最后业务处理系统在业务处理模块中建立与数据连接一一对应的业务处理进程。

②数据队列建立。作业服务层根据业务处理系统的 CPU 内核数建立数据下行队列，将每个下行队列对应一个 CPU 内核，并在配置文件中设置队列的初始键值。同时，下行队列的数量与业务服务引擎模块建立的 TCP 数据连接的数量保持相同。

③作业包生成与封装。应用接口层 API 在接收到用户待处理的业务数据后，需要对业务数据包进行作业包转换处理（若待处理的业务数据包较大，则将其分割成多个作业包），并开始业务关联操作。业务关联操作是将应用进程的关联标识（如进程或线程号）、部分命令字、业务基础数据号、作业包序列号、数据长度和部分业务特征预留字等标识信息填写到预留的作业包包头中。然后，应用接口层 API 根据作业服务层中业务服务引擎模块的业务资源情况调用下行队列随机选择器，最终确定该作业包对应的下行队列，并在将该下行队列所对应的板卡号、处理器核号等信息填写到作业包的包头后，发送作业包到相应的下行队列中。

④下行队列监控与作业包下行。业务服务引擎模块实时监控各下行队列的状态，当监听到新的作业包到达某一下行队列时，则将该作业包通过与下行队列相对应的数据连接发送给业务处理系统。

⑤作业包接收与包头补充。业务处理系统中的业务处理模块通过数据连接接收作业包，业务处理进程以阻塞的方式监听对应的数据连接中是否有新数据，当新作业包到来时，则接收该新作业包并进行包头填充。在业务处理进程将数据连接的标识和剩余部分业务特征预留字填写进作业包的包头中后，业务处理进程根据作业包已存在的命令字、业务基础数据号、数据长度和业务特征预留字，对作业包包头中的命令字进行补充，然后调度作业处理模块对作业包进行处理。

⑥作业调度与处理。业务处理进程通过作业处理动态链接库及相应的驱动程

序调度相应的作业处理模块对作业包进行处理，作业处理模块根据作业包的命令字、业务基础数据号、数据长度和业务特征预留字对作业包的数据进行处理。

⑦结果数据返回。作业处理模块将处理完成后的数据包通过驱动程序及作业处理动态链接库返回作业调度层的业务处理进程；业务处理进程根据作业包的数据连接的标识将作业包通过相应的数据连接发送给应用服务器；应用服务器的业务服务引擎模块中的上行数据分配进程根据作业包包头中应用进程的关联标识信息将作业包放入相应的上行队列；应用接口层对应于上行队列的 API，根据该上行队列中作业包包头中的作业包序列号信息对作业包进行排序和组合，并将组合完整的数据返还给相应的应用进程。

如果用户规模继续扩大，可以对系统功能结构和方法步骤做同步改动以提升系统的处理能力。在系统功能结构改动方面，在前端增加应用服务器至 $L$ 组，同时在后端业务处理系统中建立 $n$ 个业务处理模块，此时系统功能结构如图 4-3 所示。相比于单个前端应用服务器和单个业务处理模块情况下的系统功能结构，该系统将业务处理系统中的单个业务处理模块扩充为多个业务处理模块（其数量与单台应用服务器的数据连接个数相对应）；同时在业务处理模块中新增监听单元负责监听数据连接，新增业务调度单元负责接收作业包，新增数据反馈单元负责将处理完的作业包发送给应用服务器。

系统的工作流程如下。

①在系统初始化阶段，$L$ 组应用服务器逐组与业务处理系统建立数据连接，第一组应用服务器建立数据连接后，业务处理系统根据数据连接个数建立相应数量的业务处理模块（即 $n$ 个业务处理模块），并在每个业务处理模块中建立一个监听单元、一个业务调度单元和一个数据反馈单元，后面再与业务处理系统建立数据连接的应用服务器，只需业务处理系统在 $n$ 个业务处理模块中逐个新增与应用服务器的数据连接对应的监听单元即可。

②在作业包接收与包头补充阶段，监听数据连接中新作业包的任务由新增的监听单元负责。在新作业包到来时，监听单元通知新增的业务调度单元接收数据包并进行包头补充。

③在作业调度与处理阶段，新增的业务调度单元调度作业处理模块进行作业包的处理。

④在结果数据返回阶段，作业处理模块将处理完的作业包返回给新增的数据反馈单元，数据反馈单元根据作业包的数据连接标识将作业包通过相应的数据连

接返回给应用服务器。系统工作流程的其他阶段与只包含单个前端应用服务器和单个业务处理模块的系统没有区别，因此不再赘述。

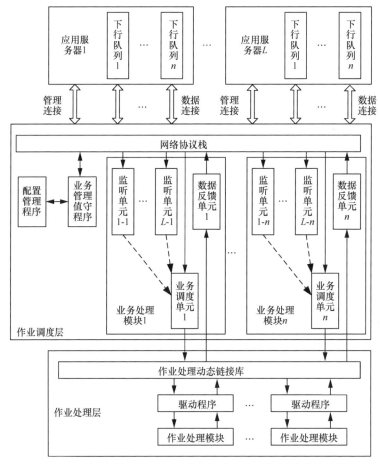

图 4-3　L 组应用服务器与 n 个业务处理模块的系统功能结构

高并发业务数据的处理方法可应用于社交网络、网上银行、电子支付、电子商务等系统后台，能够满足海量用户和瞬时海量业务需求，适应以"抢拍"或"秒杀"交易等为代表的云服务模式所产生的海量操作、大规模并发业务处理等应用场景。

## 4.1.2　支持并行运行算法的数据处理

随着电子支付、网上银行、电子商务等业务的快速发展，各类应用系统和个人用户数量飞速增长。需要进行数据加解密、数字签名和验证签名的应用请求数量非常巨大，且需要采用多种密码算法对数据进行快速加解密和签名/验签运算。现有常见的信息系统和设备难以适应高速业务需求，进而成为系统瓶颈，导致信息系统运转困难和业务阻塞。支持并行运行算法的数据处理方法可以满足业务高并发对算法并行运算的需求，通过引入数据封装方法和算法线程化等技术，能够解决并发操作场景下的数据处理困难问题。

（1）支持并行运行算法的数据处理流程

支持并行运行算法数据处理的主要流程为：①算法处理进程将待处理的数据拆分为多个作业包，并在每个作业包的包头中添加处理该数据的命令字、所使用的算法标识等信息，提交给对应的算法分转模块；②算法分转模块根据作业包包头中算法的标识，将作业包分发给该算法对应的算法处理模块；③算法处理模块根据作业包包头中的基础数据标识获取相应的基础数据，并根据该作业包包头中的命令字处理该作业包中的数据；④数据反馈模块将处理后的作业包返回给相应的算法应用进程。在具体实施过程中，算法引入了上下行数据存储区等机制，从与算法应用进程一一对应的上行数据存储区空间中获取处理后的作业包，经过处理后保存到相应的下行数据存储区。

（2）支持并行运行算法的数据处理系统

支持并行运算的数据处理系统包括接口模块、算法处理模块、算法分转模块和数据反馈模块，如图 4-4 所示。其中，接口模块负责对下行数据存储空间和分转队列的管理，将下行数据存储空间中的数据转存到分转队列；算法分转模块负责对分转队列和算法预处理队列进行管理，将数据从分转队列转存到算法预处理队列；数据反馈模块负责对算法处理模块和上行数据存储空间的管理，将算法处理模块的数据处理结果转存到上行数据存储空间。

在算法处理模块中，算法预处理模块负责接收数据并进行解析，首先将解析结果放入算法处理模块对应的算法运算队列，然后将包头放入算法处理模块对应的作业包同步队列；算法运算模块负责处理算法运算队列中的数据，并将运算结果放入算法处理模块对应的处理后数据队列；作业包重组模块负责读取、组合作业包同步队列和处理后数据队列中的数据，并放入算法处理模块对应的处理后的作业包队列。

（3）支持并行运行算法的数据处理应用示例

下面，以单个接口模块和单个算法分转模块连接场景为例，说明大量并行数据处理请求的方法。支持并行运行算法的数据处理系统主要由作业任务接收、作业包分转、作业包处理和处理结果反馈 4 个部分组成。

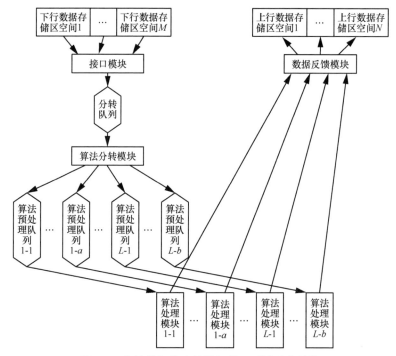

图 4-4　支持并行算法的数据处理系统功能结构

①作业任务接收。首先，待处理的数据被算法应用进程拆分为多个作业包，作业包被写入算法应用进程对应的下行数据存储区空间中，包头中包含处理数据的命令字、所使用算法的标识、算法基础数据标识和算法应用进程对应的上行数据存储区空间标识；然后，下行数据存储区空间中的作业包被接口模块转存到分转队列中，其中分转队列与接口模块和分转模块一一对应。

②作业包分转。根据包头中标识的算法类型，作业包被算法分转模块从分转队列中读取出来，并被依据预定策略转存到一个与算法处理模块一一对应的算法预处理队列中，包头中算法的标识里填入算法分转模块依据预定策略为其选择的相应类型的算法对应的处理模块的地址。

③作业包处理。作业包从算法预处理队列进入到算法处理模块后，处理分为3 个步骤：作业包包头中命令字对应的操作被解析为多个处理子命令（如将加密操作解析成密钥初始化、密钥变换、取数据、数据处理、获取结果等命令）；作业包中的数据被算法处理模块分为多个数据组（每个分组中数据的长度小于或等于算法处理模块一次所能处理的数据量）；作业包的包头中各分组的数据、各处理子命令、算法状态和获取的基础数据被依次按照算法处理模块对应的算法进行运算，

运算结果和原作业包包头组合为作业包后输出到数据反馈模块。

④处理结果反馈。当作业包从算法处理模块进入数据反馈模块后,数据反馈模块根据包头中的上行数据存储区空间标识,将数据包转存到与数据反馈模块对应的 $N$ 个上行数据存储区空间中相应的上行数据存储区空间。

当支持并行运行算法的数据处理系统需要加快数据处理速度时,系统增加各个模块的数量,此时系统的功能结构如图 4-5 所示。相比于单个接口模块和单个算法分转模块连接场景下的系统功能结构,该系统作业包接收、分转、处理、反馈的效率都有所提高,其功能结构中接口模块和算法分转模块的数量均增加至 $P$ 个,并根据数据反馈模块的处理速度增加与每个数据反馈模块对应的算法处理模块的数量,根据算法处理模块的处理速度增加与每个算法处理模块对应的算法预处理队列的数量。$Q$ 个数据反馈模块各自对应多个算法处理模块,并与多个上行数据存储区一一对应。

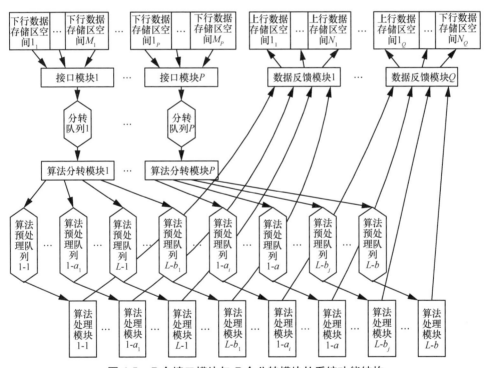

**图 4-5 $P$ 个接口模块与 $P$ 个分转模块的系统功能结构**

与单对单并行数据处理方法相比,多对多并行数据处理在作业包接收阶段,通过增设接口模块以及与之对应的分转队列,以提高其作业包接收效率;作业包分转阶段,$P$ 个算法分转模块与多个分转队列一一对应,各自对应多个算法预处理队列，从分转队列中获取作业包，根据预定策略放入多个与算法处理模块一一对应的算法预处理队列中；处理结果反馈阶段，数据反馈模块从多个算法处理模块获取处理完成的作业包，转存到相应的上行数据存储区空间中。

支持并行运行算法的数据处理方法能够在处理数据时实现多种算法的高效并行运算，可应用于多芯片或多 IP 核实现多种算法并行运算、单芯片实现多种算法并行运算、单一算法并行运算、单一算法多 IP 核运算、多信道通信编码算法并行执行等应用场景，提高处理性能。

## 4.1.3  算法数据处理同步

泛在网络客户端和传输链路的多样性导致服务器端接收到的数据存在业务交叉、乱序等现象。在有限的系统资源环境下，随机交叉业务流数据的高速同步处理是提升流数据多核并行处理性能的关键。支持多业务算法数据处理的同步方法可以满足多业务数据间的同步与重组需求，能够解决高速数据流随机交叉处理问题。

（1）算法数据处理的同步流程

算法数据处理同步的主要流程为：①通过同步分转控制机制逐一判断作业包包头中的算法状态索引号是否已同步在处理队列中，如果是则保存到同步阻塞队列中，如果不是则保存到同步正在处理队列中；②在算法处理阶段，根据作业包中的算法标识，采用相应的算法对其进行处理，并从同步阻塞队列中查询处理完成的作业包算法状态索引号，查询不到则从同步正在处理队列中删除该算法状态索引号；③设置阻塞查询机制获取所查询到的条目对应的地址，并从同步阻塞队列中删除该条目，根据该地址获取作业包后，查询算法标识，并采用相应的算法对所获取的作业包进行处理。

（2）算法数据处理的同步系统

算法数据处理的同步系统包含同步分转控制、算法处理和阻塞查询这 3 个模块组件，如图 4-6 所示。其中，同步分转控制模块用于判断某作业包包头中的算法状态索引号是否已处于同步正在处理队列中；算法处理模块根据所获取的作业包包头中的算法标识，采用相应的算法对该作业包进行处理；阻塞查询模块在同步阻塞队列中查询处理完成的作业包的算法状态索引号，按查询结果进行相应的操作。此外，通过设置输入作业包缓冲区、同步待处理作业包缓冲区、同步正在处理队列、同步阻塞队列、同步已处理队列等组件，实现对数据处理的同步方法的部署。其中，输入作业包缓冲区用于从各算法应用进程中以作业包的方式获取待处理的数据；同步待处理作业包缓冲区用于等待前序作业包运算完成的作业包，通常存储处于阻塞状态；同步正在处理队列用于记录正在进行算法处理的作业包的算法状态索引号；同步阻塞队列用于记录处于阻塞状态的作业包的算法状态索引号和作业包地址；同步已处理队列用于记录已完成算法处理的作业包的算法状态索引号。

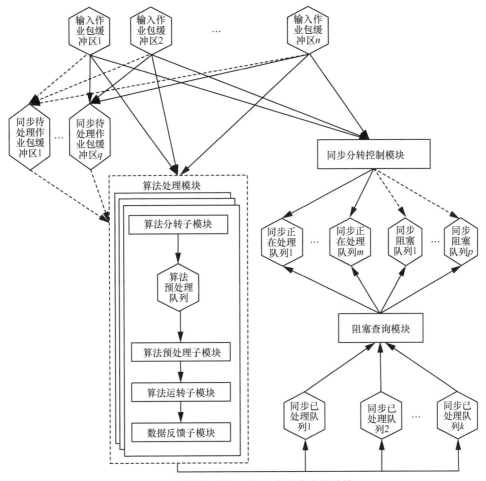

图 4-6　算法数据处理的同步系统功能结构

（3）算法数据处理同步应用示例

下面，以单个同步分转控制模块和单个阻塞查询模块为例，说明算法数据处理的同步方法，包括作业包信息提取判断、阻塞作业包信息记录、非阻塞作业包状态记录、作业包预处理、作业包返回与记录、阻塞作业包查询、作业包阻塞解除 7 个部分组成。

①作业包信息提取判断。各执行中的业务等待算法运算的数据（各算法应用进程中待处理的数据）以作业包的方式流入输入作业包缓冲区，未经判断的作业包逐一被同步分转控制模块从输入作业包缓冲区中提取其算法状态索引号，也可以提取该作业包的地址，并判断此算法状态索引号是否存在于同步正在处理队列中。

②阻塞作业包信息记录。若作业包的算法状态索引号存在于同步正在处理队列中，则将该作业包的算法状态索引号和作业包地址作为一个条目存入同步阻塞队列中，此时作业包处于阻塞状态，并将该阻塞作业包送入同步待处理作业包缓冲区，然后重新从输入作业包缓冲区中提取新作业包进行操作。

③非阻塞作业包状态记录。若作业包的算法状态索引号不存在于同步正在处理队列中，则将该作业包的算法状态索引号存入同步正在处理队列中，之后获取该作业包数据，根据作业包包头中的算法标识和算法标号将作业包分给相应的算法预处理子模块。

④作业包预处理。作业包被递交给算法预处理子模块，该模块根据算法状态索引号，从算法状态区中获取该作业包的前序作业包产生的中间状态数据，并根据算法标识，生成处理命令作业包和处理数据作业包，并将作业包送至算法运算子模块进行处理。

⑤作业包返回与记录。作业包在算法运算子模块中完成处理，算法反馈子模块将处理后的作业包返回相应的算法应用进程。同时，将运算完成的作业包的算法状态索引号添加到同步已处理队列中，并将运算过程中产生的中间状态数据送至算法状态存储区，存储在算法状态索引号对应的地址中。

⑥阻塞作业包查询。阻塞查询模块从同步已处理队列中提取作业包的算法状态索引号，查询此算法状态索引号是否存在于同步阻塞队列中，如果不存在则直接将该算法状态索引号从同步正在处理队列中删除，然后重新从输入作业包缓冲区中提取新作业包进行操作；如果存在，则将所查询到的条目从同步阻塞队列中删除。

⑦作业包阻塞解除。根据同步阻塞队列中所查询到条目中的作业包地址，定位到同步待处理作业包缓冲区中该作业包的位置，然后将完成的作业包数据取出

并存入算法分转子模块，最后根据作业包包头中的算法标识和算法标号将作业包分给相应的算法预处理子模块。

当需要对大量业务进行算法数据处理的同步时，可以对系统功能结构和方法步骤做同步改动以提升系统的处理能力。增加同步分转控制模块、阻塞查询模块数量，并添加必要的对应关系，如图 4-7 所示。其中，多业务处理模块的算法数据处理同步系统中，有 $a$ 个同步分转控制模块和 $a$ 个阻塞查询模块，并将 $k$ 个同步已处理队列划分为 $a$ 组，分别与阻塞查询模块 1～$a$ 对应；其余各缓冲区与各模块之间、各队列与各模块之间按设置策略进行对应。相比于单个业务处理模块，多个业务处理模块可以同时对多个缓冲区中的作业包进行同步处理，进而增加算法数据处理的同步速度。

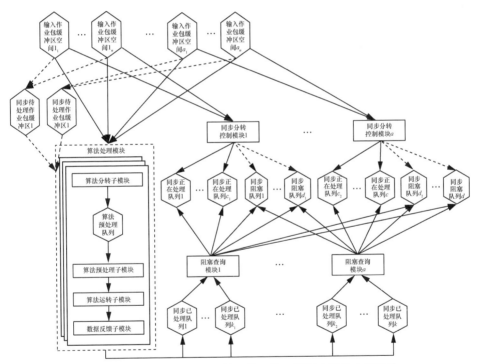

图 4-7　多业务处理模块的算法数据处理的同步系统功能结构

在系统工作流程的改动方面，多业务处理模块与单业务处理模块在执行时存在以下不同：在作业包信息提取判断部分，各同步分转控制模块需要依次轮询对应组的输入作业包缓冲空间；在阻塞数据包查询部分，各阻塞查询模块按照依次轮询和先入先查询的方法，从对应组的同步已处理队列中提取作业包的算法状态索引号（各处理模块与同步已处理队列间的各项操作需要一一对应）。其他部分在执行时与单业务处理模块方法相同。

该算法数据处理的同步方法可应用于数据处理芯片、各应用服务器、密码服务器等支持多种算法处理的数据处理设备（每种算法有多个算法实现），能够满足海量数据流的交叉同步处理需求，适用于解决多业务、计算密集型的云服务模式产生的多对多通信中多算法、多数据流的随机交叉处理问题。

## 4.1.4 支持线程级加解密的密码处理器架构及密码运算操作

泛在网络中的加密终端设备可能需要同时交叉访问多个加密服务器，或与多个加密终端实现交叉通信，而加密干线设备如 VPN、网关等则面临着多个用户随机交叉访问不同服务对象等问题。目前已有的密码处理器难以有效解决上述场景所面临的线程级加解密问题，其中多密码算法交叉处理场景如图 4-8 所示。支持线程级加解密的密码处理器及其密码运算操作的方法可以有效弥补传统密码处理器的不足，实现多线程处理和多对多通信中多密钥随机交叉的密码运算操作。

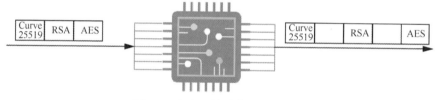

图 4-8 多密码算法交叉处理场景

（1）支持线程级加解密的密码处理器架构

与传统的密码处理器相比，支持线程级加解密的密码处理器在结构设计中增设了专用易失性存储器、专用易失性存储器控制器和索引寄存器等模块，为线程级加解密功能的实现提供结构支撑，使其能够将对应的中间变量按线程进行存储、管理，并与执行引擎进行交互。此外，专用易失性存储器控制器端双向连接有外部并行/串行易失性存储器，使中间变量既能存储在外部并行/串行易失性存储器中，也能存储在内部专用易失性存储器中，或同时存储于二者之中，可实现密码处理器支持多线程处理的灵活扩展。

如图 4-9 所示，支持线程级加解密的密码处理器由数据寄存器、状态寄存器、命令寄存器、地址总线及控制逻辑、电源检测、随机数发生器、密钥产生器、非易失性存储器、易失性存储器、执行引擎、专用易失性存储器、专用易失性存储器控制器、索引寄存器等模块组成。其中，专用易失性存储器、专用易失性存储器控制器和索引寄存器通过与执行引擎进行交互，完成线程级的加解密；索引寄存器存放当前线程索引号；执行引擎和控制逻辑根据索引寄存器存储的线程索引号生成专用易失性存储器和外部并行/串行易失性存储器的寻址基地址；专用易失性存储器和外部并行/串行易失性存储器存放有密码运算过程中的中间变量，该中间变量为实现线程切换加解密所必需的变量，被执行引擎使用进行线程级的加解密操作；专用易失性存储器控制器与外部并行/串行易失性存储器通过读取命令、写入命令、线程擦除命令和片擦除命令等控制命令进行双向通信，实现管理操作。

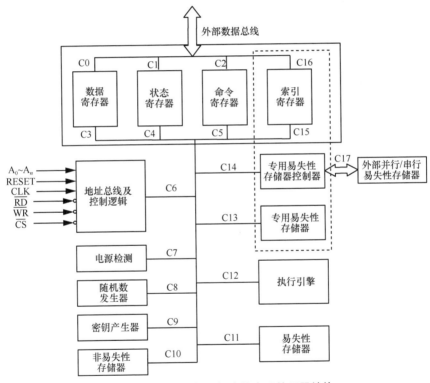

图 4-9　支持线程级加解密的密码处理器结构

（2）支持线程级加解密的密码运算处理方法

支持线程级加解密的密码运算处理方法由数据流首次启动时的加解密操作和切换线程时的加解密操作两个环节组成。密码运算操作流程如图 4-10 所示。密码处理器对不同的数据流处理线程设置不同的加解密方法并进行相应的初始化设置，使其可根据索引寄存器中存放的数据流对应的线程索引号，决定存储器中存放中间变量的基地址及快速切换执行引擎的完整运行环境，从而实现多线程数据流间的无缝任意切换，以支持现有的各种流密码、非对称密码、分组密码及其所有工作模式（如ECB、CBC、OFB、CFB），解决了密码处理器的多密钥、随机交叉加解密的问题。

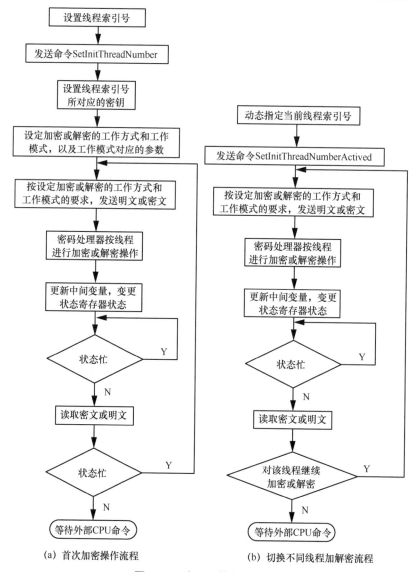

图 4-10　密码运算操作流程

当外部 CPU 发送的数据流首次启动时，其加密操作流程如图 4-10（a）所示，要完成的工作主要包括以下 5 个方面。

①线程索引初始化。外部 CPU 根据首次启动加密或解密的数据流序号，通过外部数据总线向索引寄存器写入线程索引号，并向命令寄存器发送线程初始化命令，完成线程的初始化。

②设置工作模式与相关参数。外部 CPU 根据不同的密码算法向密钥数据寄存器写入线程索引号所对应的密钥，同时向命令寄存器中写入密码运算操作命令，设置加密或解密的工作方式和工作模式；之后外部 CPU 按照工作模式的要求，向初始向量数据寄存器发送 8 字节的初始向量完成相应参数的写入。

③明文/密文的发送与接收。外部 CPU 按照设定的加密或解密工作方式和工作模式向数据寄存器发送明文或密文分组。当密码处理器接收到外部数据总线送进的明文或密文分组后，调用专用易失性存储器中或外部并行/串行易失性存储器中对应的中间变量，根据设定的加密或解密的工作方式和工作模式执行加密或解密操作。

④更新中间变量。当密码处理器完成明文或密文的分组处理后，便将新生成的中间变量存入该数据流线程索引号所指向的专用易失性存储器或外部并行/串行易失性存储器中，并变更状态寄存器，实现对中间变量的更新。

⑤循环判断。外部 CPU 从内部状态寄存器读取状态信息，判断密码处理器的工作状态并等待其完成对数据的加密或解密操作后，从输出数据寄存器中读取数据流的明文或密文分组。若仍有需要进行加解密的数据流，则外部 CPU 继续向数据寄存器中发送明文或密文分组并重复上述步骤直至完成。

当外部 CPU 需要执行线程切换的加密运算操作时，其具体执行流程如图 4-10（b）所示。要完成的工作主要包括以下 4 个方面。

①动态指定当前线程索引。外部 CPU 根据需要切换的数据流编号确定与之对应的线程索引号，通过数据总线将其写入索引寄存器，完成后便向命令寄存器发送线程切换指令，激活当前设置的线程索引号。

②明文/密文的发送与接收。外部 CPU 按照当前线程索引号先前设定的加密或解密工作方式和工作模式，向数据寄存器送明文或密文分组。密码处理器在收到外部数据总线送进的明文或密文分组后，调用专用易失性存储器中或外部并行/串行易失性存储器中对应的中间变量，按设定的加密或解密的工作方式和工作模式，进行加密或解密操作。

③更新中间变量。密码处理器完成对明文或密文分组的处理后，立即将新生成的中间变量存入该数据流对应线程索引号所指向的专用易失性存储器或外部并行/串行易失性存储器的空间中，并变更状态寄存器，实现对中间变量的更新。

④循环判断。外部 CPU 从内部状态寄存器读取状态信息，判断密码处理器的工作状态并等待其完成对数据的加密或解密操作后，从输出数据寄存器中读取数据流的明文或密文分组。若仍有需要进行加解密的数据流，则外部 CPU 继续向数据寄存器中发送明文或密文分组并重复上述步骤直至完成。

支持线程级加解密的密码运算方法能够使密码芯片支持多密码算法、多密钥、多数据流随机交叉的线程级加解密操作，使其能够增强加密干线设备如 VPN、网关和服务器密码机等多用户访问请求处理功能，满足多个用户随机交叉访问不同服务对象的使用场景需求。

## 4.2 高性能安全业务按需服务

本节介绍在线业务按需服务方法、密码按需服务方法、虚拟化设备集群密码服务方法和提供支持同名重构的可信平台等高性能安全业务按需服务技术。在线业务按需服务方法[5]采用层次化多级处理架构、基于虚拟服务资源池的按需服务体系架构和服务资源动态调度等技术，能够有效应对海量高并发业务请求带来的服务处理压力，实现服务资源的动态配置和业务作业的细粒度调度；密码按需服务方法[6]通过作业调度和密码计算资源重构，解决了根据需求动态管理密码计算资源的问题；虚拟化设备集群密码服务方法[7]采用虚拟化技术，对密码设备资源统一进行均衡调度；支持同名重构的可信平台[8]在 TPM1.2 规范功能的基础上采用密钥等敏感数据的安全存储与迁移技术，解决了 TPM 预置信息、TPM 内部信息的备份与恢复，以及 TPM 的安全管理问题。

### 4.2.1 在线业务按需服务

随着各类新型在线服务模式的迅猛发展，在线业务用户数量和业务种类均大幅增长，泛在网络信息服务面临着业务类型多样、资源需求个性化、服务多轮交互、连接高并发、请求随机交叉以及峰值差异大等挑战，亟须对各类服务资源进行高效管理与利用，形成服务资源按需供给的能力。为有效应对上述挑战，在线业务系统在提供服务时应根据系统的特点和需求进行资源的动态配置、管理和调度，提供按需服务的能力。在线业务按需服务方法采用层次化多级处理架构、基于虚拟服务资源池的按需服务体系架构和服务资源动态调度等技术，实现了服务资源的动态配置与扩展，支持业务作业虚拟化、细粒度的调度。

（1）在线业务按需服务系统

与传统在线业务系统相比，在线业务按需服务系统在结构设计中通过增设业务服务需求分析模块、业务服务配置管理模块、服务资源柔性配置模块、业务作业管理模块和服务资源运行状态管理模块，为按需服务功能的实现提供结构支撑，使在线业务按需服务系统能够在对资源进行动态配置、管理和调度时，更好地满足用户的多种应用需求以及各类业务系统百亿级以上在线并发随机交叉的需求。

在线业务按需服务系统结构如图 4-11 所示。业务服务需求分析模块、业务服务配置管理模块、服务资源柔性配置模块和业务作业管理模块内存储有各类服务资源数据，并根据服务资源使用情况动态更新，为业务服务配置与管理、服务资源柔性配置和业务作业虚拟化调度提供支撑，各模块具体功能介绍如下。

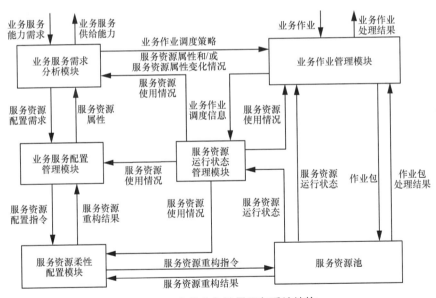

**图 4-11 在线业务按需服务系统结构**

业务服务需求分析模块用于接收业务服务能力需求，根据业务服务能力需求、服务资源属性、服务资源使用情况生成业务作业调度策略，下发给业务作业管理模块或业务服务配置管理模块；业务服务配置管理模块根据服务资源配置需求、服务资源属性、服务资源使用情况三者的任意组合生成服务资源配置指令，同时根据服务资源的配置结果，生成新的服务资源属性，发送至业务服务需求分析模块；服务资源柔性配置模块用于根据服务资源配置指令生成服务资源重构指令，将业务重构资源下发给服务资源池，并对服务资源池的服务资源重构结果进行汇总分析以及返回至业务服务配置管理模块；业务作业管理模块根据作业调度策略、服务资源属性、服务资源使用情况、服务资源运状态四者的任意组合将业务作业拆分为作业包发送给服务资源池中的服务资源进行处理，同时将返回的处理结果返回至上层业务应用；服务资源运行状态管理模块用于接收业务作业调度信息和资源池返回的服务资源运行状态，生成新的服务资源使用情况，并返回给业务服务需求分析模块、业务服务配置管理模块、服务资源柔性配置模块和业务作业管理模块。

服务资源池包括业务按需服务管理范围内所有参与调度的各种服务资源，由任意个各种类型的服务设备和网络设备组成，比如计算资源、存储资源、网络资源等，其结构组成如图4-12所示。服务设备由设备管理单元、主控单元和业务服务单元组成。其中，主控单元用于控制和配置业务服务单元；业务服务单元由任意个软件、硬件、固件组成，用于处理各类业务；设备管理单元用于对设备上的主控单元和业务服务单元进行管理。网络设备包括有线/无线路由器、有线/无线交换机、网络防火墙等各类提供网络资源服务的设备，它们组成的通信网络连接各种服务设备。

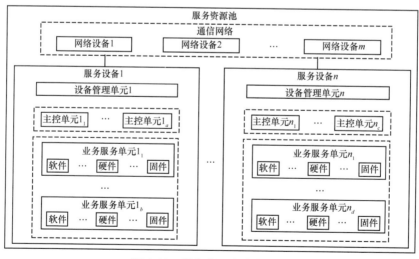

图 4-12　服务资源池结构组成

（2）在线业务按需服务处理方法

在线业务按需服务的处理方法能够满足业务系统对资源进行动态配置、管理和调度需求，为用户提供按需服务的能力，实现服务资源的动态配置与扩展，业务作业虚拟化、细粒度的调度。

在线业务按需服务系统收到上层业务应用提出的业务服务能力需求时，处理步骤如下。

①业务服务需求能力判断。根据服务能力需求、服务资源属性和服务资源使用情况等要素，分析现有服务资源是否满足业务服务能力需求。如果满足，则将判断结果返回至上层业务应用，同时生成业务作业调度策略；否则，业务服务需求分析判断现有的服务资源经过重构后得到的新的服务资源能否满足业务服务能力需求，若不能满足，则向上层应用反馈判断结果，若能满足，则生成服务资源配置需求并将其下发给业务服务配置管理。

②业务配置管理。根据服务资源配置需求、服务资源属性、服务资源使用情况生成服务资源配置指令，下发给服务资源柔性配置。服务资源柔性配置根据服务资源配置指令、服务资源属性、服务资源使用情况生成服务资源重构指令和/或业务重构资源，并下发给服务资源池中的服务资源。

③服务资源重构。服务资源池中的服务设备和业务服务模块根据服务资源重构指令或业务重构资源，对其功能进行重构并将重构结果返给服务资源柔性配置；若重构不成功，则将服务设备中的业务服务恢复到重构前的初始状态。之后服务资源柔性配置对重构结果进行汇总分析生成新的服务资源属性，并将其返回至业务服务配置管理。

④资源配置结果判断。业务服务配置管理判断服务资源重构结果，若重构成功，则根据服务资源重构结果生成新的服务资源属性，并将新的服务资源属性及其变化情况返回至业务服务需求分析。业务服务需求分析根据业务服务能力需求、新的服务资源属性和属性变化情况、服务资源使用情况生成新的业务作业调度策略，并将调度策略与相关变动发送至业务作业管理，同时将新的业务服务供给能力返回至上层业务应用，结束该业务服务能力需求的服务资源配置和管理。若重构失败，则业务服务需求分析将通过重构得到的业务服务供给能力直接返回至上层业务应用。

在线业务按需服务系统收到上层业务应用提出的业务作业请求时，按如下步骤进行处理。

①业务作业处理。接收业务作业根据业务作业调度策略、服务资源属性、服务资源使用情况、服务资源运行状态等信息将业务作业拆分为作业包，并下发到服务资源池中服务设备。之后服务设备将作业包下发给服务设备中的主控单元控制的业务服务单元，业务服务单元对作业包数据进行处理，并将处理结果上传给业务作业管理。最后业务作业管理根据业务作业调度策略，将服务资源池返回的作业包处理结果进行组合生成业务作业处理结果，返回至上层业务应用。

②资源调度管理。服务资源池根据系统需要，将服务资源运行状态发送给服务资源运行状态管理和业务作业管理，之后业务作业管理将业务作业调度信息发送给服务资源运行状态管理，同时根据服务资源运行状态综合分析生成业务作业运行进度、作业包运行进度、业务作业运行状态数据、作业包运行状态等数据。最后服务资源运行状态管理根据业务作业调度信息和服务资源池返回的服务资源运行状态更新服务资源使用情况，并返回至业务服务需求分析、业务服务配置管理、服务资源柔性配置和业务作业管理。

在线业务按需服务方法可以用于互联网行业，能够对存储、计算、网络等资源根据需求进行动态配置、管理和调度，更好地满足用户的多种应用需求，同时满足各类业务系统百亿级以上在线并发随机交叉的需求。

## 4.2.2　密码按需服务

密码按需服务是保障业务安全的核心基础，而现有的密码系统、密码设备和各类密码计算资源等尚不能根据需求进行动态配置、管理和调度，不能满足差异化动态按需密码服务和各类业务系统千万级以上在线并发随机交叉等需求。密码按需服务方法引入作业调度方法和计算资源重构等技术，可有效满足云服务和电子商务等对密码服务按需配置的需求，解决了密码计算资源根据需求动态管理的问题。

（1）密码按需服务流程

密码按需服务的主要流程为：①需求分析阶段接收密码服务需求，对现有密码计算资源是否满足密码服务需求进行分析，生成密码作业调度策略或密码计算资源配置指令；②配置管理阶段根据密码计算资源配置需求，对密码计算资源进行重构，并生成新的密码计算资源属性，交由需求分析进程生成新的密码作业调度策略；③作业管理阶段根据密码作业调度策略，将从上层密码应用接收的密码作业包拆分后发送到密码计算池进行计算，并将计算结果返回至上层密码应用。

（2）密码按需服务系统

密码按需服务系统功能结构如图4-13所示，主要包括密码服务需求分析单元、密码服务配置管理单元、密码计算资源柔性重构单元、密码作业管理单元、密码计算池和密码计算资源运行状态管理单元。密码服务需求分析单元负责密码服务需求的接收和密码计算资源配置需求的生成；密码服务配置管理单元负责密码计算资源配置需求和密码计算资源重构汇总结果的分析，以及密码计算资源配置指令的生成；密码作业管理单元负责密码作业的接收和密码作业包计算作业的调度；密码计算池负责密码作业包的具体计算；密码计算资源运行状态管理单元负责密码计算资源使用情况的生成。

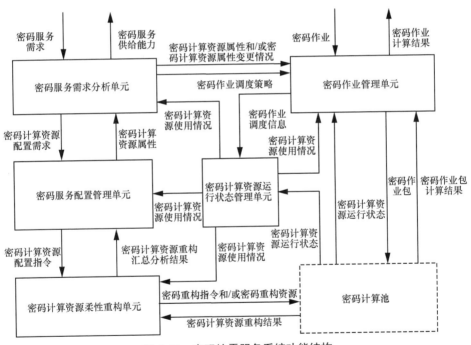

图 4-13　密码按需服务系统功能结构

（3）密码按需服务应用示例

下面，结合具体的应用示例对密码按需服务方法进行说明。

①密码服务需求分析。密码服务需求分析单元接收上层密码应用的密码服务需求，并对其所需的密码计算资源进行判断：如果现有密码计算资源能够满足其

密码服务需求，则直接生成密码作业调度策略；如果现有密码计算资源不满足密码服务需求，则生成密码计算资源配置需求，根据密码服务配置模块返回的新的密码计算资源属性，生成密码作业调度策略并发送至密码作业管理单元。其中，密码服务需求包括密码服务需求标识符、密码服务类型、调度策略、密码服务速率和密码算法类型等。

②密码服务配置管理。密码服务配置管理单元根据密码计算资源配置需求，生成密码计算资源配置指令并发送至计算资源重构模块，密码计算资源配置指令包括密码算法标识符、密码算法类型、密码算法参数、工作模式和密码计算速率等；密码计算根据资源重构模块返回的密码计算资源重构结果，生成新的密码计算资源属性并发送至密码服务需求分析模块，密码计算资源属性包括密码计算资源标识符、密码设备属性、主控单元属性、密码计算单元属性、密码芯片属性、块属性和 IP 核属性等。

③密码计算资源柔性重构。密码计算资源柔性重构单元根据密码计算资源配置指令、密码计算资源属性和密码计算资源使用情况等信息，生成密码重构指令和密码重构资源，并发送至密码计算池；密码计算池中的密码计算资源根据密码重构指令和密码重构资源对密码服务需求所需计算资源的功能进行重构；密码计算资源重构模块接收密码计算池的密码计算资源重构结果，对密码计算资源重构结果进行汇总分析后发送至密码服务配置管理模块。

④密码作业管理。密码作业管理单元根据密码作业调度策略、密码计算资源属性、密码计算资源使用情况和密码计算资源运行状态等信息，将上层密码应用的密码作业拆分为多个密码作业包，发送至密码计算池中的密码计算资源进行密码计算，将密码作业包的计算结果组合为密码作业计算结果发送给上层密码应用，并将密码作业调度信息发送给密码计算资源运行状态管理模块。

⑤密码计算资源运行状态管理。密码计算资源运行状态管理单元根据密码作业管理单元发送的密码作业调度信息和密码计算池发送的密码计算资源运行状态信息，生成密码计算资源使用情况，并发送至密码服务需求分析单元、密码服务配置管理单元、密码计算资源柔性重构单元和密码作业管理单元。其中，密码计算资源使用情况包括密码设备标识符、主控单元标识符、密码计算单元标识符、密码芯片标识符、块标识符、IP 核标识符等。

密码按需服务的方法实现了对各类密码计算需求的按需供给，能更好地满足用户的多种应用需求，并且能对密码服务需求进行分析，进而对密码计算资源进行动态配置、管理和调度，满足各类业务系统千万级以上在线并发随机交叉的需求。

## 4.2.3 虚拟化设备集群密码服务

传统的密码运算服务一般采用密码机直接提供，密码机在进行计算后返回运算结果。但是，由于国内外的密码设备来源于不同的厂商，密码设备的接口、运算种类和速率存在差异，计算资源层对密码设备资源利用率不高；同时密码机出现故障时无法及时更换新的密码机设备，导致密码运算服务无法保证其服务可用性和服务连续性。虚拟化设备集群密码服务方法通过虚拟化技术对密码设备资源进行统一均衡调度，可以实现统一的、高效的和高可用的密码运算服务。

（1）虚拟化设备集群密码服务流程

虚拟化设备集群密码服务的主要流程为：①任务调度器检测并计算所有密码机的负载信息，并根据密码机的负载值对密码机进行排序，组成递增序列；然后，当密码服务请求设备的服务请求报文到达任务调度器时，任务调度器生成业务请求报文并交给负载最低且工作状态正常的密码机处理该报文；②密码机处理完业务请求报文，将业务回应报文发送给任务调度器，任务调度器生成服务回应报文发送给密码服务请求设备；③任务调度器再次检测计算处理了业务请求报文的密码机，并根据该密码机的负载值将其插入密码机序列，等待新的密码服务器请求。在具体实施过程中，通过抽象密码机资源为虚拟资源池提高了密码机资源利用效率，选择负载低的密码机提供密码服务提高了密码服务的效率，定时检测密码机状态保证了密码机服务的高可用性。

（2）虚拟化设备集群密码服务系统

虚拟化设备集群密码服务系统包括密码请求设备、云密码服务接口、任务调度器、状态检测器、密码机等部分，该系统结构如图 4-14 所示。其中密码请求设备即请求密码服务的设备；云密码服务接口负责接收密码服务请求，并生成服务请求报文发送至任务调度器；任务调度器包含信息处理模块、负载均衡模块、虚拟资源池模块和状态反馈模块，信息处理模块负责处理业务报文的传递，负载均衡模块负责计算各密码机的负载值并根据负载值选取处理当前业务请求报文的密码机，虚拟资源模块负责检测各密码机的负载信息并将负载信息发送给负载均衡模块，状态反馈模块负责检测密码机的负载值并重新排序密码机；状态检测器负责检测密码机的工作状态是否正常。

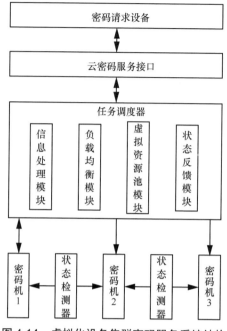

**图 4-14　虚拟化设备集群密码服务系统结构**

（3）虚拟化设备集群密码服务应用示例

下面，结合密码服务请求和虚拟化设备集群密码服务系统功能结构，对虚拟化设备集群密码服务方法进行说明，主要由密码机负载信息检测、密码机商密算法占用率计算、密码机负载值计算、密码机排序和选择、密码服务请求处理、密码业务请求处理和回应、负载信息反馈这 7 个部分组成。

①密码机负载信息检测。虚拟化设备集群密码服务系统在提供服务前，由虚拟资源池模块调用状态检测器检测各密码机的负载信息，并将负载信息发送给负载均衡模块，负载信息包括 CPU、内存、磁盘 I/O，以及商密算法 SM2、SM3 和 SM4 的运行速度 $v_{\text{SM2}}$、$v_{\text{SM3}}$ 和 $v_{\text{SM4}}$ 等。

②密码机商密算法占用率计算。负载均衡模块接收负载信息并计算各密码机商密算法 SM2、SM3 和 SM4 的占用率 $P_{\text{SM2}}$、$P_{\text{SM3}}$ 和 $P_{\text{SM4}}$，假设密码机的第个商密算法的运行速度最大值为 $V_{\text{SM}j}$，则第 $i$ 个密码机的第 $j$ 个商密算法占用率计算式为

$$P_{\text{SM}j}(i) = \frac{v_{\text{SM}j}(i)}{V_{\text{SM}j}(i)}$$

③密码机负载值计算。负载均衡模块根据获知的各类负载信息,包括 CPU 占用率 $P_c$、内存占用率 $P_m$、磁盘 I/O 占用率 $P_d$、网络带宽占用率 $P_b$ 和商密算法占用率等,计算第 $i$ 台密码机的负载值 $P(i)$,计算式为

$$P(i) = \max \left\{ P_c(i), P_m(i), P_d(i), P_b(i), P_{SM2}(i), P_{SM3}(i), P_{SM4}(i) \right\}$$

④密码机排序和选择。负载均衡模块根据各密码机的负载值对密码机进行排序,按照负载值升序规则将密码机排列成一组递增序列;负载均衡模块选择密码机序列中负载最低的密码机,将其移出序列并检测其工作状态是否正常,如果正常则使用该密码机提供密码服务,否则继续在密码机序列中选择负载最低的密码机,直到所选密码机工作状态正常。

⑤密码服务请求处理。密码服务请求设备通过云密码服务接口生成服务请求报文并发送至任务调度器,服务请求报文的源地址是密码服务请求设备,目的地址是任务调度器;任务调度器中的信息处理模块接收服务请求报文,解析请求数据和服务请求类型;任务调度器生成业务请求报文并发送给已选定的用于处理业务请求报文的密码机,业务请求报文的源地址是任务调度器,目的地址是处理业务请求报文的密码机。

⑥密码业务请求处理和回应。被选定用于提供密码服务的密码机接收到密码业务请求报文后,根据业务请求报文中的服务请求类型执行服务请求任务,生成业务回应报文发送至任务调度器。业务回应报文的源地址是处理业务请求报文的密码机,目的地址是任务调度器;任务调度器的信息处理模块接收业务回应报文,生成服务回应报文并发送至密码服务请求设备。服务回应报文的源地址是任务调度器,目的地址是密码服务请求设备;密码服务请求设备接收服务回应报文,结束本次密码服务请求。

⑦负载信息反馈。在被选定用于提供密码服务的密码机结束密码服务请求后,任务调度器中的状态反馈模块调用虚拟资源池模块,检测该密码机的负载信息,负载均衡模块重新计算密码机的负载值并将密码机插入按照负载值升序排列的密码机序列中;负载均衡模块重新选择负载值低且工作状态正常的密码机等待处理新的密码服务请求。

虚拟化设备集群密码服务方法通过对密码设备集群资源进行虚拟化,对密码机设备进行统一调度,能够在网上银行、电子商务、云数据中心等领域提供统一、高效、高可用的密码运算服务。

## 4.2.4 支持同名重构的可信平台

可信平台模块（TPM）的主要用途是在各类计算机中确保计算机的安全启动，或存储加密磁盘数据时使用的密钥。依据可信计算组织（TCG）制定的 TPM 规范，TPM 是以硬件模块形态呈现的信息安全模块，通常安放在计算机主板等含主控制器的板卡上。在 TPM1.2 规范功能的基础上，支持同名重构的可信平台能够满足目前 TCG 规范指定的 TPM1.2 存在关键密钥信息迁移等需求，并可有效解决 TPM 预置信息、TPM 内部信息的备份与恢复以及安全管理问题，大大提高可信计算平台数据的可靠性。支持同名重构的可信平台如图 4-15 所示。

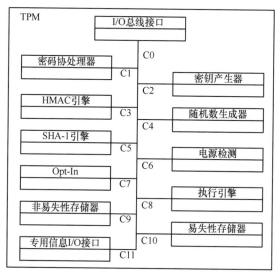

图 4-15　支持同名重构的可信平台

与 TPM1.2 规范中的可信平台相比，支持同名重构的可信平台在结构设计中增设专用信息 I/O 接口模块，该模块在内部与执行引擎模块进行交互操作，通过与外界各种并行或串行可信设备相连实现可信平台模块内部信息的预置、备份与恢复，并替代引脚 PP 的功能。专用信息 I/O 接口模块包含信息格式和控制命令，通过信息格式和控制命令对可信平台的内部信息进行操作。

支持同名重构的可信平台由 I/O 总线接口模块、密码协处理器模块、HMAC 引擎模块、SHA-1 引擎模块、Opt-In 模块、非易失性存储器模块、易失性存储器模块、执行引擎模块、电源检测模块、随机数发生器模块、密钥产生器模块、专用信息 I/O 接口模块组成。其中，专用信息 I/O 接口模块是与外界可信终端或设备相连进行信息交换的专用接口模块，与其他模块相连，且不与计算机主板或应用本 TPM 的主板上的 CPU 相连，即主板 CPU 上运行的软件不能访问本专用信息 I/O 接口模块；此外，专用信息 I/O 接口模块可实现 PP 引脚的功能，当外部设备通过专用信息 I/O 接口模块接入 TPM 时，相当于 PP 引脚状态置为 TRUE。

应用 TPM 的可信计算机系统结构如图 4-16 所示。专用信息 I/O 接口模块以 USB 接口为例，该系统具体工作流程如下。具有 TPM 所有者权限的计算机操作者首先将可信 USB 设备与 TPM 的专用信息 I/O 接口模块相连；然后利用应用软件从专用信息 I/O 接口模块读取连接到 TPM 的 USB 设备中的身份信息，计算机操作者根据应用软件返回的身份信息验证此接入设备是否为自己需要进行操作的终端设备；接着由计算机操作者通过 TPM_SetSpecialIOActived 命令激活专用信息 I/O 接口模块；最后通过应用程序指定预置/备份/恢复信息，并执行相应的信息预置/信息备份/信息恢复操作。TPM 根据服务请求，按照所述服务请求的具体实施步骤进行信息预置/信息备份/信息恢复操作。若 TPM 检测到操作有误，则向计算机操作者返回错误信息；若信息预置/信息备份/信息恢复操作成功，TPM 向计算机操作者返回成功信息。

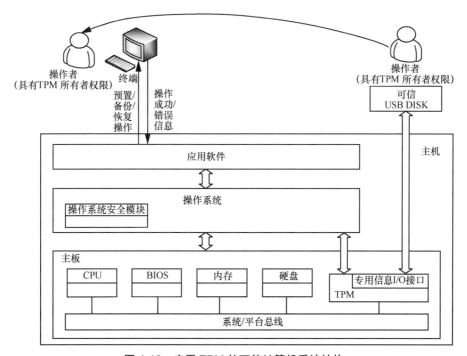

图 4-16　应用 TPM 的可信计算机系统结构

支持同名重构的可信平台提供服务的具体步骤如下。

（1）设备身份信息读取

当有外部设备连入专用信息 I/O 接口模块时，TPM 所有者首先利用应用软件从专用信息 I/O 接口模块读取连接到 TPM 的设备身份信息，TPM 执行 TPM_ReadSpecialIOID 命令。TPM 所有者根据应用软件返回的身份信息 ID 及其哈希值 SHA_ID 验证此接入设备的正确性，并判定接入设备是否匹配、可用。若 TPM 所有者认可，则 SpecilIO 状态为 TRUE，否则为 FALSE。

TPM_ReadSpecialIOID 命令用于读取连接到 TPM 的设备身份信息，其输入信息包括命令请求、所有输入的字节长度、命令序号；输出信息包括命令响应、所有输出的字节长度、操作的返回代码、连入设备的信息。其中连入设备的信息由厂商自由定义，可以是设备使用者的身份信息、设备的生产日期。

（2）TPM 状态检验

当可信终端与专用信息 I/O 接口模块相连时，TPM 首先检查 SpecilIO 状态，若 SpecilIO 状态为 TRUE，则继续后续操作；否则 TPM 对连入的可信终端不做任何处理。SpecilIO 状态为 TRUE，TPM 再检查专用信息 I/O 接口模块是否处于激活状态，若专用信息 I/O 接口模块处于激活状态，则继续后续操作；否则 TPM 对连入的可信终端不做任何处理。其中，专用信息 I/O 接口模块是否处于激活状态可由 TPM 所有者通过 TPM_SetSpecialIOActived 命令或 TPM_SetSpecialIODeactivated 命令进行指定。

当系统/平台操作者发出 TPM_SetSpecialIOActived 命令，表示允许 TPM 与可信终端进行 TPM 的信息预置、信息备份或信息恢复操作。其输入信息包括命令请求、所有输入的字节长度、命令序号、激活标签状态指示；输出信息包括命令响应、所有输出的字节长度、操作的返回代码。

当系统/平台操作者发出 TPM_SetSpecialIODeactivated 命令，表示禁止上述操作。其输入信息包括命令请求、所有输入的字节长度、命令序号、激活标签状态指示；输出信息包括命令响应、所有输出的字节长度、操作的返回代码。

（3）TPM 初始信息预置

TPM 执行 TPM_InitConfigSpecialIOContext 命令进行初始信息的预置，该命令将可信终端中用户指定的公开信息导入 TPM 的非易失性存储器中，并根据这些公开信息生成密钥信息。通过此操作，用户可以制定 TPM 的初始信息，避免 TPM 厂商控制用户的密钥信息。导入信息前，TPM 检查导入信息的数据格式，若数据格式错误，则返回错误信息 TPM_InitConfig_Erroro；若数据格式正确，则执行导入信息操作。成功后将 TPM 状态置为用户的预置状态，返回成功信息 TPM_InitConfig_Success。

系统/平台操作者利用 TPM_InitConfigSpecialIOContext 命令，通过可信终端执行信息初始预置操作。其输入信息包括命令请求、所有输入的字节长度、命令序号、指明句柄是否必须被保留的标志、导入信息的字节长度、导入信息的 ID 集合；输出信息包括命令响应、所有输出的字节长度、操作的返回代码、初始预制成功之后指向预置信息的句柄。

（4）TPM 迁移信息预置

首先 TPM 所有者输入口令，TPM 对口令进行检查后执行 TPM_MigConfigSpecialIOContext 命令。该命令从可信终端中把用户指定的迁移预配置信息导入 TPM 的非易失性存储器中。这些信息是用户在其他 TPM 中使用的秘密信息，即用户可以使用不同的 TPM 对相同的密钥信息及加密数据进行相关操作。导入信息前，TPM 检查导入信息的数据格式，若数据格式错误，返回错误信息 TPM_MigConfig_Error；若数据格式正确，则执行导入信息操作，并通过口令加密的密钥对导入数据进行解密，把解密后的预配置信息导入 TPM 的非易失性存储器后，将 TPM 状态置为用户指定的预置状态，返回成功信息 TPM_MigConfig_Success。

系统/平台操作者利用 TPM_MigConfigSpecialIOContext 命令，通过可信终端执行信息迁移预置操作。其输入信息包括命令请求、所有输入的字节长度、命令序号、指明句柄是否必须被保留的标志、导入信息的字节长度、导入信息的 ID 集合；输出信息包括命令响应、所有输出的字节长度、操作的返回代码、迁移预制成功之后指向预置信息的句柄。

（5）TPM 内部信息安全备份

首先 TPM 所有者输入口令，TPM 对口令进行检查后执行 TPM_BackupSpecialIOContext 命令。此命令根据 TPM 所有者的指定内容，从 TPM 的非易失性存储器中把备份信息导出到可信终端中。导出信息前，TPM 检查导出信息的数据格式，若数据格式错误，则返回错误信息 TPM_Backup_Error；若数据格式正确，则 TPM 利用口令加密的密钥对导出信息进行加密，把加密后的备份信息导出到可信终端中，然后返回成功信息 TPM_Backup_Success。

系统/平台操作者利用 TPM_BackupSpecialIOContext 命令，通过可信终端执行信息备份操作。其输入信息包括命令请求、所有输入的字节长度、命令序号、备份信息的句柄、备份信息的 ID 集合；输出信息包括命令响应、所有输出的字节长度、操作的返回代码、备份信息的长度。

（6）TPM 内部信息安全恢复

首先 TPM 所有者输入口令，TPM 对口令进行检查后执行 TPM_RestoreSpecialIOContext 命令。此命令根据 TPM 所有者的指定内容，从可信终端中把恢复信息导入 TPM 的非易失性存储器中。导入信息前，TPM 检查导入信息的数据格式，若数据格式错误，则返回错误信息 TPM_Restore_Error；若数据格式正确，则执行导入信息操作，并利用口令加密的密钥进行解密，把解密后的恢复信息导入 TPM 的非易失性存储器中，然后返回成功信息 TPM_Restore_Success。

系统/平台操作者利用 TPM_BackupSpecialIOContext 命令，通过可信终端执行信息恢复操作。其输入信息包括命令请求、所有输入的字节长度、命令序号、指明句柄是否必须被保留、恢复信息的字节长度、恢复信息的 ID 集合；输出信息包括命令响应、所有输出的字节长度、操作的返回代码、恢复成功之后指向恢复信息的句柄。

支持同名重构的可信平台通过专用信息 I/O 接口模块实现了 TPM 内容敏感信息的预置、备份和恢复，保证了计算机中各类潜在的病毒不能攻击 TPM 内部敏感信息，兼顾了本地信息的可信性和使用便捷性，实现了 TPM 内部敏感信息的可信转移，使 TPM 所有者的个性化信息预置功能得以实现，最终实现了 TPM、安全计算机的开放式产业化和用户信息个性化。

# 4.3  高性能数据安全存储

本节介绍支持高并发的 Hadoop 高性能加密和分层可扩展存储架构等高性能数据安全存储的关键技术。针对传统 Hadoop 平台在数据存储加密方面的缺陷，支持高并发的 Hadoop 高性能加密[9]改进了密钥管理系统和内存密钥的组织管理，支持百亿量级密钥的高效管理，大幅提升数据加密存储速率；面向海量服务数据的存储与查询需求，分层可扩展存储架构[10]采用多级分层映射减少查找时间，可实现快速的数据定位，有效提升数据访问的速度。

## 4.3.1  支持高并发的 Hadoop 高性能加密

Hadoop 作为一种大数据存储和处理的开源框架，在结构化和非结构化的大数据服务领域得到广泛应用。但是 Hadoop 在数据存储加密方面使用的密钥管理服务（Key Management Server，KMS）存在着密钥检索效率低、加解密性能低、加解密算法单一的问题。支持高并发的 Hadoop 高性能加密方法改进了密钥管理系统和内存密钥的组织管理，可支持百亿量级密钥的高效管理，并大幅提升数据加密存储速率。

支持高并发的 Hadoop 高性能加密方法首先建立基于国产商密算法的 Hadoop 平台三层密钥管理体系，逐级加密确保密钥安全；然后针对二级密钥提出"密钥串"存储结构，紧凑组织二级密钥的存储，提高二级密钥存取效率；最后采用异步流水模式的高并发加解密方法，将明文数据分段并发加密，提升 Hadoop 文件加解密速度。该方法能够有效解决 Hadoop 平台现有存储加密方案密钥管理复杂、数据加解密性能低的问题，提升 Hadoop 平台数据加密存储时的密钥存取与加解密速度。

基于国产商用密码算法的三层密钥管理体系如图 4-17 所示，该体系对 Hadoop 平台中的海量密钥进行保护和管理。其中，一级密钥为密钥库口令，其存储在本地文件中，将该口令采用 SM3 单向函数进行散列处理后用于加密二级密钥；二级密钥为加密区密钥，该密钥与加密区绑定（即加密区与二级密钥存在一一映射关系），并用散列化后的一级密钥加密，将加密后的二级密钥存储在加密区密钥库中；三级密钥为文件密钥，用于加解密存储在加密区中的文件，文件密钥使用二级密钥加密，以密文方式存储在 Hadoop 平台 NameNode 文件目录的扩展属性中。

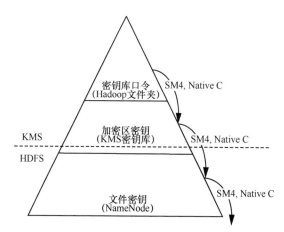

**图 4-17  基于国产商用密码算法的三层密钥管理体系**

（1）一级密钥管理

一级密钥即密钥库口令，在 KMS 部署时，由管理员进行配置，以明文的形式存储于本地文件中。当 KMS 启动时，从文件中读取口令，以字节数组的形式存储在内存中。当 KMS 加载或存储加密区密钥时，对该口令使用 SM3 单向函数散列处理，用散列化的口令对二级密钥进行加密或解密。

（2）二级密钥管理

二级密钥即加密区密钥，用来加密指定加密区内所有文件的密钥。二级密钥包含 8 个部分：密钥名、密钥长度、密钥、所采用的加密算法、生成时间、当前密钥版本号、密钥描述信息和用户自定义属性。二级密钥由散列化后的密钥库口令加密，并以文件等方式存储在密钥库中。

当某目录被用户指定为加密区后，它会与用户所指定的二级密钥绑定，该密钥即成为该目录的加密区密钥，其密钥名存储在该目录的扩展属性中。二级密钥可以更新，当二级密钥更新后，KMS 采用新版本密钥对加密区内新文件的密钥进行加密。注意：旧文件的密钥仍以旧二级密钥加密。

（3）三级密钥管理

三级密钥即文件密钥，用于加解密上传至加密区的文件。每个文件拥有独立的文件密钥，经二级密钥加密后，密态存储在 NameNode 文件系统的文件扩展属性中，与文件名的文件属性绑定。

文件的密钥由 KMS 随机生成，并由该文件所在加密区的二级密钥加密。NameNode 将二级密钥名、版本号和密态的三级密钥存储在文件 INode 的扩展属性中，并与文件永久绑定。加解密文件时，NameNode 将该文件所在加密区的二级密钥名、版本号和密态的文件密钥发送给客户端，客户端再将这三部分数据发送给 KMS。KMS 根据加密区密钥名和版本号查询存储在密钥库中的加密区密钥，然后对密态文件密钥进行解密，得到明文的文件密钥，并以 HTTPS（Hypertext Transfer Protocol Secure）封装后发送给客户端，客户端收到文件密钥后即可对文件执行加解密操作。

针对二级密钥存储的"密钥串"方案能够使二级密钥的组织结构更紧凑，提升密钥存取效率，其数据结构如图 4-18 所示。首先，将同一密钥名（keyName）对应的各版本密钥依版本号组织在数组列表（arraylist）中，数组列表的下标为该密钥的版本号；然后，将数组列表与该密钥的元数据节点组成一个密钥串（keyChain）。这样同一密钥名对应的元数据信息和密钥信息均有序地组织在一起，

通过密钥名即可获取该密钥相关的全部信息。不同密钥名对应的密钥串以
<keyName,keyChain>的形式存储在一个哈希表（Hashtable）中，根据密钥名的哈
希值排列。生成或更新密钥时，在对应密钥名的数组列表中顺序添加新生成的密
钥，并更新元数据节点即可。查找密钥时，先由密钥名找到当前密钥名的密钥串
节点，再根据版本号直接读取数组列表下标，获取对应版本的密钥。删除密钥时，
不需要遍历同一密钥名的各个版本，只需将被删除密钥对应的
<keyName,keyChain>节点移出哈希表即可。在密钥使用过程中，会对哈希表同步
上锁，以保证密钥在使用过程中不会因误删导致数据错误。

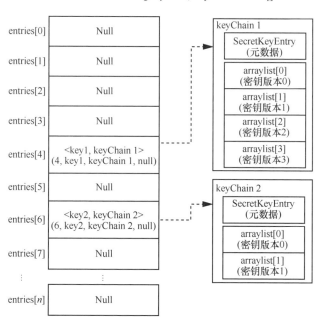

图 4-18　二级密钥数据结构

　　基于流水线的并发加密方案能够有效解决加密空闲期导致的数据加密效率低
的问题，使 Hadoop 平台在为数据加密时能够并发地对明文数据进行加密。基于
流水线的并发加密方案如图 4-19 所示。每条流水线至少包括 3 个线程：明文读取
线程、加密线程和密文处理线程。其中，明文读取线程从明文数据源中读取固定
长度的明文，将其写入明文缓冲队列；加密线程从明文缓冲队列中读取固定长度
的明文进行加密，将得到的密文写入密文缓冲队列；密文处理线程从密文缓冲队
列中取出密文计算校验和，封装并添加至发送队列。若明文被切分为 $m$ 个数据段，

并且加密速度比文件读写速度慢，发送队列不会满，即第一阶段不会进入阻塞状态，则 $m$ 个数据段从明文数据源到进入发送队列的总耗时为

$$T = t_1(1) + \sum_{k=1}^{m} t_2(k) + t_3(m)$$

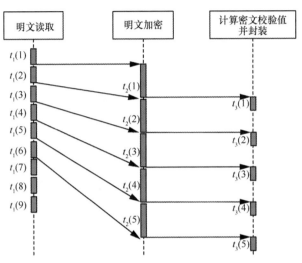

图 4-19　基于流水线的并发加密方案

从图 4-19 可以看出，该流水线式调度方案中加密过程几乎不间断，因此总耗时 $T$ 在理论上最短，Hadoop 平台的加密资源被充分利用。

为了解决明文加密时间长问题，在上述流水线中可以设置多个加密线程，每个加密线程均可从明文缓冲队列里获取明文数据，并将加密得到的密文放入密文缓冲队列，实现多段明文数据的并发加密，从而缩短整个明文的加密时间。基于密文排序的多加密线程密文同步方案可有效解决分段加密中每个加密线程加密时间不相同的问题，从而避免同步问题导致的密文乱序。

基于密文排序的多加密线程密文同步方案为每一个明文段/密文段依照其先后顺序依次分配唯一的递增整数序列号 seq，相邻数据段序列号之差为 1。为了对密文进行重组排序，采用临时链表 tmpList 来按照 seq 序列号顺序存储密文段。当密文缓冲队列接收到来自临时链表中序列号为 $n$ 的密文段后，通过设置与临时链表共享的等待序列号 ackSeq 为 $n+1$ 来告知临时链表：下一个需要发送的密文段序列号为 $n+1$；当临时链表中第一个密文段序列号为 ackSeq 时，它将该密文段发送给密文缓冲队列，并从临时链表中移除。

为了进一步描述该密文同步方案，特截取密文同步方案实施时一段密文重排序过程进行描述，该过程如图 4-20 所示。3 个加密线程 encrypt$_1$、encrypt$_2$ 和 encrypt$_3$ 分别加密第 6、4、8 段明文，即 encrypt$_1$=6，encrypt$_2$=4，encrypt$_3$=8。临时链表 tmpList 中按序存储第 5、7 段密文，记为 tmpList={5,7}。密文缓冲队列中已有第 2、3 段密文，正在等待第 4 段密文的写入，记为 outQueue={2,3}，ackSeq=4。图 4-20 中编号①~⑩为第 4 段明文与第 8 段明文先后加密完成时密文重排序算法所执行的 10 个步骤。

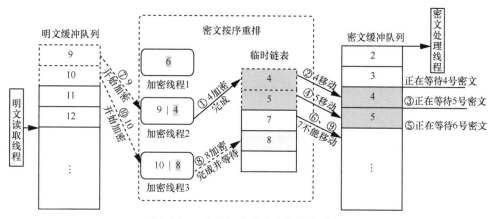

图 4-20　并发加密的密文重排序过程

①加密线程 2 加密完第 4 段明文后，将第 4 段密文按序插入临时链表中，此时 tmpList={4,5,7}。

②临时链表判断首元素序列号 4 是否与 ackSeq 相等，判断结果为"是"，然后将第 4 段密文从临时链表中移除，添加至密文缓冲队列中，此时 tmpList={5,7}，outQueue={2,3,4}。

③密文缓冲队列将等待序列号 ackSeq 增加 1，此时 ackSeq=5。

④临时链表判断首元素序列号 5 是否与 ackSeq 相等，判断结果为"是"，然后将第 5 段密文从临时链表中移除，添加至密文缓冲队列中，此时 tmpList ={7}，outQueue={2,3,4,5}。

⑤密文缓冲队列将等待序列号 ackSeq 增加 1，此时 ackSeq=6。

⑥临时链表判断首元素序列号 7 是否与 ackSeq 相等，判断结果为"否"，不能向密文缓冲队列中写入第 7 段密文。

⑦加密线程 2 从明文缓冲队列中读取明文段 9 并开始加密，此时 encrypt$_2$=9。

⑧加密线程 3 加密完第 8 段明文后，将第 8 段密文按序插入临时链表中，此时 tmpList={7,8}。

⑨临时链表判断首元素序列号 7 是否与 ackSeq 相等，判断结果为"否"，不能向密文缓冲队列中写入第 7 段密文。

⑩加线程 3 从明文缓冲队列中读取明文段 10 并开始加密，此时 $encrypt_3$=10。

支持高并发的 Hadoop 高性能加密方法为 Hadoop 平台数据存储加密提供了基于国产商密算法的多级密钥管理体系，同时提升了二级密钥的存取效率，提高了数据加密速度，能够高效支撑 Hadoop 平台数据安全。

## 4.3.2  分层可扩展存储架构

随着各类网络服务涉及的资源规模爆发性增长，海量数据的高效存储与快速访问成为影响用户服务体验的重要因素。传统的集中式存储方案通过不断升级设备的硬件配置来增加存储容量与处理能力，但这种方式带来的性能提升远不能应对数据快速增长造成的压力。虽然分布式存储方案具有易于水平扩展等优势，更适合存储海量数据，但目前的大数据存储系统在数据定位、数据缓存和负载均衡方面都存在显著挑战。分层可扩展存储架构采用多级分层映射减少查找时间，具体通过对存储关键要素进行压缩生成定长码，然后在多级网络中将定长码转换成网络编码（如 IPv4/IPv6 地址），将映射关系的查找复杂度从对数级降为常数级，可实现快速的数据定位；同时，采用分层映射机制提升存储架构的可扩展性，实现资源管理复杂度随资源数量线性增长，可有效降低节点增删时数据管理工作量；此外，基于热数据的缓存方案和基于访问时延的负载均衡方案可进一步提升数据访问的速度，满足实际需求。

压缩生成定长码以 Hash 算法为例，图 4-21 是分层可扩展存储架构的一种实施例，该实施例中的三层结构分别是应用网关层、Hash 取模层和一致性 Hash 层，具体描述如下。

①应用网关层是架构的第一层，负责对外提供用户级接口，包括插入、查找等操作，同时提供基于 Hash 取模算法的数据映射规则和指定基于 Hash 取模算法的横向扩展规则，可将数据定位到 Hash 取模层的节点上并减少迁移的数据量。

②Hash 取模层是架构的第二层，负责管理下层的数据节点、转发来自应用网关层的操作请求和缓存访问频繁的数据。其中，Hash 取模层的节点是一个中心化

节点,负责提供基于一致性 Hash 算法的数据映射规则,而中心化结构可以避免在分布式结构中的定位开销,加快数据定位的速度。在数据访问的过程中,Hash 取模层对热数据进行识别,并将其缓存到内存中,当有重复的数据访问请求时可以直接返回结果。此外,Hash 取模层还对下层数据节点进行负载及异常行为监测,可根据监测结果进一步实现节点间动态的负载均衡。

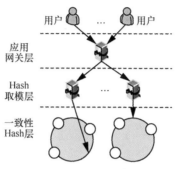

图 4-21　分层可扩展存储架构

③一致性 Hash 层位于架构的第三层,是数据节点的所在层,负责实际的数据存储和备份。为了保证数据的可用性,一致性 Hash 层采用主从模式进行数据备份,同时采用读写分离方式进行数据存储,即其中一个节点作为主节点,负责写操作,其余节点作为副节点,用于同步主节点数据,负责读操作。

（1）基于 Hash 取模算法的横向扩展方案

Hash 取模算法在增删节点时会导致数据映射关系失效,需要迁移大量的数据。横向扩展方案可有效减少迁移的数据量,同时更加灵活地增删节点。该方案主要由节点倍增与枝剪和节点删除两个环节组成。假设当前有 $2^n(n>0)$ 个数据节点,编号为 $0 \sim (2^n-1)$,数据与节点映射时对 $2^n$ 取模。现在需要添加 $2^m(0 \leqslant m < n)$ 个节点,编号为 $2^n \sim (2^n+2^m-1)$。对于新添加的每个节点,都需要获得两个集合,集合 $Set_1$ 是添加节点后需要重定向到该节点的节点编号,集合 $Set_2$ 是需要复制数据到该节点的节点编号,具体描述如下。

①节点倍增与枝剪。系统生成编号为 $0 \sim (2^{n+1}-1)$ 的节点,但是由于编号为 $(2^n+2^m) \sim (2^{n+1}-1)$ 的节点不是真实存在的,因此需要进行节点枝剪,将不存在的节点重定向到编号为 $2^n \sim (2^n+2^m-1)$ 的节点上。集合 $Set_1$ 和集合 $Set_2$ 的计算式分别如式（4-1）～式（4-3）所示,节点倍增如图 4-22（a）所示,节点枝剪如图 4-22（b）所示。

$$d = \frac{2^n}{2^m} = 2^{n-m} \tag{4-1}$$

$$\text{Set}_1 = \{x + 2^m i, i \in [0, d-1]\} \tag{4-2}$$

$$\text{Set}_2 = \{y - 2^n, y \in \text{Set}_1\} \tag{4-3}$$

式（4-2）中 $x$ 位于 $2^n \sim (2^n + 2^m - 1)$，集合 $\text{Set}_1$ 中的所有元素都位于 $2^n \sim (2^{n+1} - 1)$，集合 $\text{Set}_2$ 中的所有元素都位于 $0 \sim (2^n - 1)$，$\text{Set}_2$ 中所有节点的数据需要复制到对应集合 $\text{Set}_1$ 中编号最小的节点上，数据与节点映射时对 $2^{n+1}$ 取模，将 $\text{Set}_1$ 中的所有节点都重定向到集合中编号最小的节点上。如果需要把节点数目恢复成 $2^n$ 个，可以将编号为 $2^n \sim (2^n + 2^m - 1)$ 中每个节点上的数据复制到对应 $\text{Set}_2$ 中每个编号对应的节点上，数据与节点映射时对 $2^n$ 取模。

②节点删除。假设当前有 $2^p (p > 0)$ 个数据节点，编号为 $0 \sim (2^p - 1)$，数据与节点映射时对 $2^p$ 取模。现在需要删除 $2^q (0 \leqslant q < p-1)$ 个节点，编号为 $(2^p - 2^q) \sim (2^p - 1)$。对于即将被删除的每个节点，都需要将其重定向到其他节点上。相关计算式如式(4-4)所示，其中 deleteNum 是要删除的节点编号，redirectNum 是重定向后的节点编号，如图 4-22（c）所示。

$$\text{redirectNum} = \text{deleteNum} - 2^q \tag{4-4}$$

将被删除节点的数据复制到重定向后的节点上，数据与节点映射关系保持不变，仍然对 $2^p$ 取模。如果需要把节点数再恢复成 $2^p$ 个，根据式（4-4）找到重定向节点，然后将数据复制回本节点，数据与节点映射关系保持不变，仍然对 $2^p$ 取模。

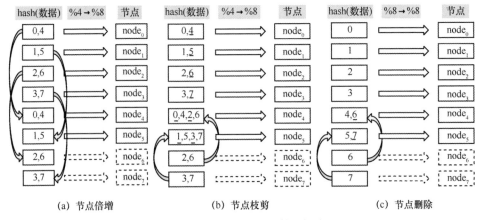

图 4-22　横向扩展节点管理操作

从图 4-22（b）和图 4-22（c）中可以看出，无论是增加节点还是减少节点，最终都会打破最初数据均衡分布的局面。但需要注意的是，横向扩展方案针对的是 Hash 取模层节点的变动，该层节点并不负责存储数据，而是由下层的多个一致性 Hash 取模层节点负责，所以对于横向扩展后数据量较多的 Hash 取模节点，可以在下层为其部署更多的一致性 Hash 节点，这样能够保证最终每个一致性 Hash 节点上存储的数据依然比较均衡。

（2）基于热数据的缓存方案和基于访问时延的负载均衡方案

在分层可扩展存储架构中，基于热数据的缓存方案和基于访问时延的负载均衡方案能够加快数据访问速度，提升系统性能。

基于热数据的缓存方案通过结合历史访问信息和当前访问信息来识别热数据，避免系统将部分用户随机访问的冷数据当作热数据进行缓存，其具体描述如下。

①数据热度的量化指标计算。系统选择固定时间段内的数据访问次数作为数据热度的量化指标，采用式（4-5）进行计算。

$$\text{heat}_t = \alpha\text{count}_{\Delta t_1} + (1-\alpha)\text{heat}_{t-1} \tag{4-5}$$

其中，$\alpha$ 用于决定当前时间段内的访问信息和历史热度信息各自所占的比重，也称作衰变系数，满足 $0 \leq \alpha \leq 1$；$\text{count}_{\Delta t_1}$ 是时间段 $\Delta t_1$ 内统计到的数据访问的次数；$\text{heat}_{t-1}$ 是数据的历史热度信息；$\text{heat}_t$ 是更新后的当前热度信息。$\alpha$ 值越大，表明当前时间段内访问信息所占比重越大，历史热度信息在迭代的过程中减小得越快；反之，则表明当前时间段内访问信息所占比重越小，历史热度信息在迭代过程中减小得越慢。

②热度值排序流程。由于内存空间有限，无法将全部的数据进行缓存，因此事先指定数据缓存空间的大小，在每次更新数据热度值后，按照热度值进行排序，若排序后的数据量小于缓存空间，则把所有的数据进行缓存；若排序后的数据量大于缓存空间，则从热度值最低的数据开始淘汰，直至剩余数据量小于缓存空间。

基于访问时延的负载均衡方案以访问请求的响应时长作为衡量节点负载状况的判断依据，采用基于访问时延的节点性能评估方法实现负载均衡的有效处理，其具体描述如下。

①平均访问时延计算。系统进行读操作时，需要从多个副节点中选取负载最小的节点进行访问。根据线性关系，可得

$$\text{Resp} = k\text{Req} + c \tag{4-6}$$

其中，Resp 表示请求的平均访问时延；$k$ 表示直线的斜率，反映了随着请求数增加导致平均响应时间增长的快慢，是节点性能的评价指标；Req 表示请求的数目；$c$ 表示其他因素导致的响应时间的增量。

②计算结果拟合。为了获得更加准确的估计值，根据多次采样的结果进行拟合，多点拟合直线常用的方法是最小二乘法。假设多次采样的结果分别为 Req=[$req_1,\cdots,req_n$] 和 [$resp_1,\cdots,resp_n$]，可以根据式（4-7）~式（4-11）进行计算。其中，$\overline{req}$ 是访问请求多次采样结果的平均值，$\overline{resp}$ 是请求访问时间多次采集结果的平均值。

$$\overline{req} = \frac{1}{n}\sum_{i=1}^{n} req_i \qquad (4\text{-}7)$$

$$\overline{resp} = \frac{1}{n}\sum_{i=1}^{n} resp_i \qquad (4\text{-}8)$$

$$N = \sum_{i=1}^{n} (req_i - \overline{req})^2 \qquad (4\text{-}9)$$

$$k' = \frac{1}{N}\sum_{i=1}^{n} (req_i - \overline{req})(resp_i - \overline{resp}) \qquad (4\text{-}10)$$

$$c' = \overline{resp} - k'\overline{req} \qquad (4\text{-}11)$$

③节点负载评估。为确保实时反映节点的性能，系统每隔 $\Delta t_2$ 时间段进行一次估算，同时系统要对节点的负载状况进行估计，既要考虑到当前时间间隔内的请求数，也要考虑历史的请求数，因此采用基于指数平滑的方法进行评估，计算式如下。

$$Req_t = \theta x_{\Delta t_2} + (1-\theta)Req_{t-1} \qquad (4\text{-}12)$$

其中，$Req_t$ 为节点的当前负载估算结果；$Req_{t-1}$ 为节点的历史负载；$x_{\Delta t_2}$ 为当前时间间隔内的请求数；$\theta$ 为衰变系数，满足 $0 \leqslant \theta \leqslant 1$，$\theta$ 越大，表示历史信息的影响越小，反之历史信息的影响越大。

选取访问节点时，使用最新估算的节点性能指标与节点负载指标，根据式（4-6）进行计算并选取结果最小的节点，意味着该节点可以使请求的平均响应时间最小，可提供更加快速的访问。

在系统横向扩展时，新的数据查询访问请求会立即按照新的规则进行分发。但是，被影响的 Hash 节点上可能仍然存在一些旧的数据查询请求。这部分请求仍然会在失效数据被删除前得到服务，导致当前访问的副节点负载偏高。下个周期系统会选择其他副节点进行访问，同样也导致新选择的副节点负载偏高，最终残留的查询请求被多个副节点分摊。但由于这部分请求数量有限，因此每个副节点负载偏高的幅度很低，处理过程很快，系统在短时间内就可恢复稳定。

分层可扩展存储架构可满足海量数据的高效存储与快速访问需求，其多级网络查找叶子节点存储数据的时间为网络交换时间与目标叶子节点本地查找时间之和，可有效改善大数据存储系统在数据定位、数据缓存和负载均衡方面存在的不足，支撑系统实现处理千亿级数据毫秒量级查询响应的应用需求。

# 参考文献

[1] 李凤华, 史国振, 李晖. 一种业务数据的处理方法及系统: 201310217799.5[P]. 2013-10-02.

[2] 李凤华, 史国振, 李晖, 等. 一种支持并行运行算法的数据处理方法及装置: 201310389237.9[P]. 2013-12-11.

[3] 李凤华, 李莉, 李晖, 等. 一种算法数据处理的同步方法及装置: 201410550488.5[P]. 2015-03-04.

[4] 李凤华, 马建峰, 李晖, 等. 支持线程级加解密的密码处理器及其密码运算操作方法: 200810232656.0[P]. 2009-05-13.

[5] 李凤华, 马建峰, 王巍, 等. 可信平台模块 TPM 的体系系统及其提供服务的方法: ZL200710199230.5[P]. 2008-05-21.

[6] 李凤华, 张鑫, 朱辉, 等. 通过虚拟化密码设备集群提供密码服务的系统及方法: 201710154165.8[P]. 2017-08-11.

[7] 李凤华, 李晖, 朱辉, 等. 一种在线业务按需服务的方法、装置与设备: 201710457824.5[P]. 2017-12-08.

[8] 李凤华, 谢绒娜, 李晖, 等. 一种密码按需服务的方法、装置与设备: 201710459406.X[P]. 2017-12-12.

[9] 金伟, 余铭洁, 李凤华, 等. 支持高并发的 Hadoop 高性能加密方法研究[J]. 通信学报, 2019, 40(12): 29-40.

[10] 李凤华, 李丁焱, 金伟, 等. 面向海量电子凭据的分层可扩展存储架构[J]. 通信学报, 2019, 40(5): 79-87.

# 第 5 章
# 实体身份认证与密钥管理

泛在网络环境下的服务对象具有差异实体海量、用户角色多样、跨系统交互频繁、应用业务多元等特点，使传统的认证机制难以直接满足差异化业务的海量用户/实体的安全认证需求，迫切需要构建支持多角色实体跨域安全协同的差异化实体的统一认证机制。本章围绕泛在网络环境下实体的安全身份认证与密钥管理需求，重点介绍移动用户接入与切换认证、群组用户认证与切换、通用认证与密钥管理等方面的关键技术与解决方案。本章内容可应用于移动通信网络、天地一体化网络、物联网等场景。

## 5.1 移动用户接入与切换认证

本节围绕移动通信网络技术介绍移动用户接入与切换认证关键技术，重点讨论移动通信网络设备的轻量级安全接入认证、海量物联网设备的快速接入认证、用户终端接入核心网快速重认证、异构网络隐私保护切换认证等。当海量设备同时执行当前第三代合作伙伴计划（3rd Generation Partnership Project，3GPP）标准第三代移动通信网络的认证与密钥协商协议（Authentication and Key Agreement，AKA）时会产生信令拥塞瓶颈，移动通信网络设备的轻量级安全接入认证方法[1]可在保证通信安全性的同时节省通信资源，降低通信开销；海量物联网设备的快速接入认证方法[2]引入格同态加密算法和聚合签密技术，可以满足移动通信网络对海量窄带物联网设备的快速认证与数据传输需求；用户终端接入核心网快速重认证方法[3]通过简化认证流程，减少重认证时延，加强对用户设备（User Equipment，UE）身份信息的保护，可解决家庭基站系统中用户终端接入网络的安全性问题；异构网络隐私保护切换认证方法[4]基于软件定义网络（Software Defined Network，SDN）技术提供更安全和更有效的切换认证机制，可解决当前移动通信异构网络中存在的安全和效率问题。

## 5.1.1　移动通信网络设备的轻量级安全接入认证

为确保移动通信网络设备之间的通信安全，需要使用安全高效的 AKA 协议，确保大规模设备并发连接的通信安全性和数据传输效率。然而，标准 AKA 机制和相关协议存在中间人攻击、重定向攻击、DoS 攻击、身份隐私泄露、计算和通信开销较大等问题。此外，目前的 3GPP 标准缺乏大规模的设备认证机制，当海量设备同时执行标准 AKA 协议时，会产生严重的信令拥塞问题。移动通信网络设备的轻量级安全接入认证方法能够有效解决上述问题，可在保证通信安全性的同时节省通信资源，降低通信开销。移动通信网络设备的轻量级安全接入认证方法主要由普通用户设备的轻量级安全接入认证及扩展的海量设备轻量级安全接入认证两部分组成。

**1. 普通用户设备的轻量级安全接入认证**

移动通信网络设备轻量级安全接入认证方法适用于普通 UE 的轻量级安全接入认证（Lightweight Secure Access Authentication，LSAA），实现了 UE 和服务网节点（Service Node，SN）之间的相互认证和强密钥协商，具有较强的安全属性。此外，针对 UE 的 LSAA 协议只需要三次信令交互，大大降低了信令成本、通信成本和存储成本。其主要流程为：①系统选择大素数，为所有注册的 SN 和 UE 分别选择 3 个变量，以及两个安全的 Hash 函数，实现系统设置；②针对不同实体，完成服务网注册、设备注册；③完成单个 UE 的接入认证和密钥协商。

UE 的轻量级安全接入认证和密钥协商的执行流程如图 5-1 所示，主要包括如下步骤。

（1）系统设置

密钥生成中心（Key Generation Center，KGC）选择一个大素数 $p$，为所有注册的 SN 和 UE 分别选择 3 个变量：$K_{SN}, K_{UE}, K_{MD} \in (-\infty, +\infty)$，以及两个安全的 Hash 函数 $H_1, H_2 : \{1, 0\}^* \to Z_p^*$，最后公开 $\{p, K_{SN}, K_{UE}, K_{MD}, H_1, H_2\}$。

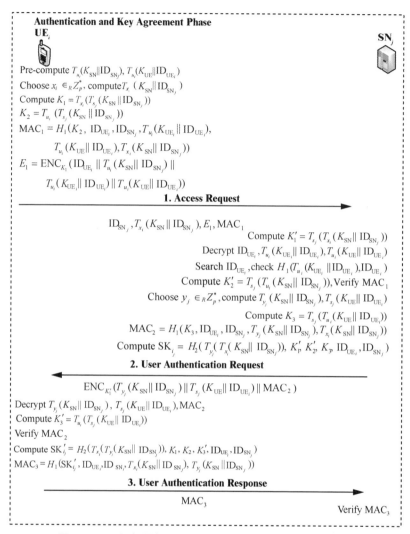

**图 5-1  UE 的轻量级安全接入认证和密钥协商的执行流程**

（2）SN 注册

KGC 在离线状态下执行以下过程。

①每个 $SN_j$ 通过安全信道将其唯一标识 $ID_{SN_j}$ 发送到 KGC。

②KGC 收到来自 $SN_j$ 的消息后，首先为 $SN_j$ 选择一个主密钥 $s_j \in Z_p^*$，然后计算切比雪夫多项式 $T_{s_j}(K_{SN} \| ID_{SN_j})$，最后 KGC 安全地向每个 $SN_j$ 发送 $T_{s_j}(K_{SN} \| ID_{SN_j})$ 和 $s_j$。其中，$T_{s_j}(K_{SN} \| ID_{SN_j})$ 作为 $SN_j$ 的公钥是公开的。

（3）UE 注册

每个 UE 通过安全信道将其唯一标识 $\mathrm{ID}_{\mathrm{UE}}$ 发送到 KGC；KGC 收到后为每个 $\mathrm{UE}_i$ 选择一个主密钥 $u_i \in Z_p^*$ 和变量 $K_{\mathrm{UE}_i} \in (-\infty, +\infty)$；KGC 计算切比雪夫多项式 $T_{u_i}(K_{\mathrm{UE}_i} \| \mathrm{ID}_{\mathrm{UE}_i})$；KGC 将以下信息安全地加载到 $\mathrm{UE}_i$ 的智能卡 SC 中：唯一身份标识 $\mathrm{ID}_{\mathrm{UE}_i}$，$T_{u_i}(K_{\mathrm{UE}_i} \| \mathrm{ID}_{\mathrm{UE}_i})$ 和 $u_i$；在每个 $\mathrm{UE}_i$ 成功注册后，对于每个 $\mathrm{UE}_i$，KGC 计算 $H_1(T_{u_i}(K_{\mathrm{UE}_i} \| \mathrm{ID}_{\mathrm{UE}_i}) \| \mathrm{ID}_{\mathrm{UE}_i})$，并且将 $H_1(T_{u_i}(K_{\mathrm{UE}_i} \| \mathrm{ID}_{\mathrm{UE}_i}) \| \mathrm{ID}_{\mathrm{UE}_i}) \| \mathrm{ID}_{\mathrm{UE}_i}$ 发送给每个 $\mathrm{SN}_j$，每个 $\mathrm{SN}_j$ 为所有注册成功的 UE 建立一个数据库。

（4）单个 UE 的接入认证和密钥协商流程如下。

①$\mathrm{UE}_i \to \mathrm{SN}_j$。接入认证请求消息 $(\mathrm{ID}_{\mathrm{SN}_j}, T_{x_i}(K_{\mathrm{SN}} \| \mathrm{ID}_{\mathrm{SN}_j}), E_1, \mathrm{MAC}_1)$，$\mathrm{UE}_i$ 接收到 $\mathrm{SN}_j$ 广播的公共消息 $\mathrm{ID}_{\mathrm{SN}_j}$ 和 $T_{s_j}(K_{\mathrm{SN}} \| \mathrm{ID}_{\mathrm{SN}_j})$ 后，执行以下步骤。

a）预计算 $T_{u_i}(K_{\mathrm{SN}} \| \mathrm{ID}_{\mathrm{SN}_j})$，$T_{u_i}(K_{\mathrm{UE}} \| \mathrm{ID}_{\mathrm{UE}_i})$。

b）选择 $x_i \in Z_p^*$ 并计算 $T_{x_i}(K_{\mathrm{SN}} \| \mathrm{ID}_{\mathrm{SN}_j})$。

c）计算 $K_1 = T_{x_i}(T_{s_j}(K_{\mathrm{SN}} \| \mathrm{ID}_{\mathrm{SN}_j}))$。

d）计算 $K_2 = T_{u_i}(T_{s_j}(K_{\mathrm{SN}} \| \mathrm{ID}_{\mathrm{SN}_j}))$。

e）计算 $\mathrm{MAC}_1 = H_1(K_2, \mathrm{ID}_{\mathrm{UE}_i}, \mathrm{ID}_{\mathrm{SN}_j}, T_{u_i}(K_{\mathrm{UE}_i} \| \mathrm{ID}_{\mathrm{UE}_i}), T_{u_i}(K_{\mathrm{UE}} \| \mathrm{ID}_{\mathrm{UE}_i}), T_{x_i}(K_{\mathrm{SN}} \| \mathrm{ID}_{\mathrm{SN}_j}))$。

f）利用 $K_1$ 做加密运算 $E_1 = \mathrm{ENC}_{K_1}(\mathrm{ID}_{\mathrm{UE}_i} \| T_{u_i}(K_{\mathrm{SN}} \| \mathrm{ID}_{\mathrm{SN}_j}) \| T_{u_i}(K_{\mathrm{UE}_i} \| \mathrm{ID}_{\mathrm{UE}_i}) \| T_{u_i}(K_{\mathrm{UE}} \| \mathrm{ID}_{\mathrm{UE}_i}))$。

g）向 $\mathrm{SN}_j$ 发送有关参数。

②$\mathrm{SN}_j \to \mathrm{UE}_i$。用户认证请求消息 $(\mathrm{ENC}_{K_1'}(T_{y_i}(K_{\mathrm{SN}} \| \mathrm{ID}_{\mathrm{SN}_j}), T_{s_j}(K_{\mathrm{UE}} \| \mathrm{ID}_{\mathrm{UE}_i}), \mathrm{MAC}_2))$，$\mathrm{SN}_j$ 接收到 $\mathrm{UE}_i$ 的接入认证请求消息后进行下列步骤。

a）计算 $K_1' = T_{s_j}(T_{x_i}(K_{\mathrm{SN}} \| \mathrm{ID}_{\mathrm{SN}_j}))$。

b）解密 $\mathrm{ID}_{\mathrm{UE}_i}, T_{u_i}(K_{\mathrm{UE}} \| \mathrm{ID}_{\mathrm{UE}_i}), T_{u_i}(K_{\mathrm{UE}} \| \mathrm{ID}_{\mathrm{UE}_i})$。

c）查看 $\mathrm{ID}_{\mathrm{UE}_i}$ 是否存在于它的数据库中，如果存在，查看 $H_1(T_{u_i}(K_{\mathrm{UE}_i} \| \mathrm{ID}_{\mathrm{UE}_i}), \mathrm{ID}_{\mathrm{UE}_i})$，然后跳到步骤 d）；否则，$\mathrm{SN}_j$ 将含有 $\mathrm{ID}_{\mathrm{UE}_i}$ 的认证数据请求消息发送给 KGC，KGC 查看 $\mathrm{UE}_i$ 是否已经注册。如果已经注册，KGC 就向 $\mathrm{SN}_j$ 发送包含 $H_1(T_{u_i}(K_{\mathrm{UE}_i} \| \mathrm{ID}_{\mathrm{UE}_i}), \mathrm{ID}_{\mathrm{UE}_i})$ 的认证数据响应消息，然后 $\mathrm{SN}_j$ 对该 UE 执行上述过程；如果没有注册，则 KGC 向 $\mathrm{SN}_j$ 发送认证数据请求失败消息，然后 $\mathrm{SN}_j$ 向 $\mathrm{UE}_i$ 发送接入认证请求失败消息。

d）计算 $K_2' = T_{s_j}(T_{u_i}(K_{SN} \| ID_{SN_j}))$ 。

e）使用 $K_2'$ 验证 $MAC_1$ ，如果验证成功，则 $SN_j$ 成功验证了 $UE_i$ ，随后跳到步骤 f）；否则，向 $UE_i$ 发送接入请求失败的消息。

f）选择 $y_j \in Z_p^*$ 并计算 $T_{y_j}(K_{SN} \| ID_{SN_j})$ ， $T_{s_j}(K_{UE} \| ID_{UE_i})$ 。

g）计算 $K_3 = T_{s_j}(T_{u_i}(K_{UE} \| ID_{UE_i}))$ 。

h）计算 $MAC_2 = H_1(K_3, ID_{UE_i}, ID_{SN_j}, T_{y_j}(K_{SN} \| ID_{SN_j}), T_{x_i}(K_{SN} \| ID_{SN_j}))$ 。

i）计算会话密钥 $SK_{i_j} = H_2(T_{y_j}(T_{x_i}(K_{SN} \| ID_{SN_j})), K_1', K_2', K_3, ID_{UE_i}, ID_{SN_j})$ 。

j）将 $(T_{y_j}(K_{SN} \| ID_{SN_j}), T_{s_j}(K_{UE} \| ID_{UE_i}), MAC_2)$ 使用 $K_1'$ 加密后发送给 $UE_i$ 。

③ $UE_i \rightarrow SN_j$ 。用户认证响应消息 $MAC_3$ ， $UE_i$ 从 $SN_j$ 接收到消息后， $UE_i$ 执行以下步骤。

a）解密获得 $T_{y_j}(K_{SN} \| ID_{SN_j})$ ， $T_{s_j}(K_{UE} \| ID_{UE_i})$ ， $MAC_2$ 。

b）计算 $K_3' = T_{u_i}(T_{s_j}(K_{UE} \| ID_{UE_i}))$ 。

c）通过使用 $K_3'$ 验证 $MAC_2$ ，如果验证成功，则 $UE_i$ 成功认证 $SN_j$ ，然后跳到步骤 d）；否则向 $SN_j$ 发送认证请求失败消息。

d）计算会话密钥 $SK_{i_j}' = H_2(T_{x_i}(T_{y_j}(K_{SN} \| ID_{SN_j})), K_1, K_2, K_3', ID_{UE_i}, ID_{SN_j})$ 。

e）计算 $MAC_3 = H_1(SK_{i_j}', ID_{UE_i}, ID_{SN_j}, T_{x_i}(K_{SN} \| ID_{SN_j}), T_{y_j}(K_{SN} \| ID_{SN_j}))$ ，然后发送给 $SN_j$ 。

④ $SN_j$ 检查所接收的 $MAC_3$ 以确认与 $UE_i$ 建立相同的会话密钥。

### 2. 海量设备的轻量级安全接入认证

通过改进针对单个 UE 的 LSAA 协议，机器类型通信设备（Machine-Type Communication Device，MD）的群组接入认证协议能够同时处理海量设备的连接。在该群组接入认证协议中，通过采用群组机制，可以有效减少信令开销，避免信令冲突；通过采用聚合消息验证码技术，多个消息验证码（MAC）聚合为一个消息，SN 直接通过验证聚合消息验证码即可完成一组 MD 的认证，有效减少通信以及计算开销；通过使用扩展的切比雪夫混沌映射，每个 MD 可与 SN 安全地协商出不同的会话密钥且耗费较少的开销。群组接入认证和密钥协商执行流程如图 5-2 所示，与普通用户设备的轻量级安全接入认证流程相比，该流程增加了 MD 注册和海量 MD 群组接入认证和密钥协商环节，具体描述如下。

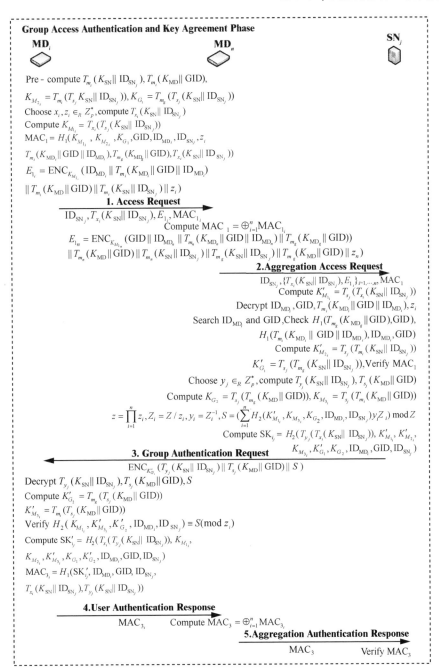

**图 5-2 群组接入认证和密钥协商执行流程**

（1）机器类型通信（Machine-Type Communication，MTC）设备 MD 注册。
MTC 设备 MD 注册，存在于某个 MTC 群组中的群成员 $\text{MD}_i$ 通过安全信道将其身

份标识 $ID_{MD_i}$ 以及群组标识 GID 发送给 KGC；KGC 收到后，首先，根据 MTC 群组成员的综合能力选出 MTC 群主 $MD_n$，并为 MTC 群组选择主密钥 $m_g \in Z_p^*$ 和一个变量 $K_{MD_g} \in (-\infty, +\infty)$；然后，KGC 为每个成员 $MD_i$ 选择一个主密钥 $m_i \in Z_p^*$ 和一个变量 $K_{MD_i} \in (-\infty, +\infty)$，并计算切比雪夫多项式 $T_{m_g}(K_{MD_g} \parallel GID)$ 和 $T_{m_i}(K_{MD_i} \parallel GID \parallel ID_{MD_i})$；最后，KGC 将唯一身份 $ID_{MD_i}$、MTC 组标识 GID、$T_{m_g}(K_{MD_g} \parallel GID)$、$T_{m_i}(K_{MD_i} \parallel GID \parallel ID_{MD_i})$、$m_g$ 和 $m_i$ 等信息安全地加载到 $MD_i$ 的智能卡 SC 中，信息在每个 $MD_i$ 和 KGC 之间秘密共享。当每个 $MD_i$ 成功注册后，对于每个 $MD_i$，KGC 计算 $H_1(T_{m_g}(K_{MD_g} \parallel GID) \parallel GID)$, $H_1(T_{m_i}(K_{MD_i} \parallel GID \parallel ID_{MD_i})$ 并且将 $H_1(T_{m_g}(K_{MD_g} \parallel GID) \parallel GID) \parallel H_1(T_{m_i}(K_{MD_i} \parallel GID \parallel ID_{MD_i})$. $\parallel GID \parallel ID_{MD_i}) \parallel GID \parallel ID_{MD_i})$ 发送给每个 $SN_j$，每个 $SN_j$ 为所有注册成功的 MTC 群组建立一个数据库。

（2）海量 MD 群组接入认证和密钥协商流程如下。

① $MD_i \rightarrow MD_n$。接入请求消息 $(ID_{SN_j}, T_{x_i}(K_{SN} \parallel ID_{SN_j}), E_{1_i}, MAC_{1_i})$，MTC 组中的每个 $MD_i$ 都执行以下步骤。

a）预计算选择 $T_{m_i}(K_{SN} \parallel ID_{SN_j})$, $T_{m_i}(K_{MD} \parallel GID)$, $K_{M_{2_i}} = T_{m_i}(T_{s_j}(K_{SN} \parallel ID_{SN_j}))$ 和 $K_{G_i} = T_{m_g}(T_{s_j}(K_{SN} \parallel ID_{SN_j}))$。

b）选择 $x_i, z_i \in Z_p^*$ 并计算 $T_{x_i}(K_{SN} \parallel ID_{SN_j})$。

c）计算 $K_{M_{1_i}} = T_{x_i}(T_{s_j}(K_{SN} \parallel ID_{SN_j}))$。

d）计算 $MAC_1$，$MAC_1 = H_1(K_{M_{1_i}}, K_{M_{2_i}}, K_{G_i}, GID, ID_{MD_i}, ID_{SN_j}, z_i, T_{m_i}(K_{MD_i} \parallel GID \parallel ID_{MD_i}), T_{m_g}(K_{MD_g} \parallel GID), T_{x_i}, (K_{SN} \parallel ID_{SN_j}))$。

e）利用 $K_{M_{1_i}}$ 加密得到 $E_{1_i} = ENC_{KM_{1_i}}(ID_{MD_i} \parallel T_{m_i}(K_{MD_i} \parallel GID \parallel ID_{MD_i}) \parallel T_{m_i}(K_{MD} \parallel GID \parallel T_{m_i}(K_{SN} \parallel ID_{SN_j}) \parallel z_i)$。

f）向 $MD_n$ 发送相关参数。

② $MD_n \rightarrow SN_j$。聚合接入请求消息 $(ID_{SN_j}, \{T_{x_i}(K_{SN} \parallel ID_{SN_j}), E_{1_i}\}_{i=1,\cdots,n}, MAC_1)$，收到来自群组成员的消息后，除了和一般 $MD_i$ 相同的操作外，$MD_n$ 还需计算

$$MAC_1 = \oplus_{i=1}^n MAC_{1_i}$$

$$E_{1_n} = ENC_{K_{M_{1_n}}}(GID \parallel ID_{MD_n} \parallel T_{m_n}(K_{MD_n} \parallel GID \parallel ID_{MD_n}) \parallel T_{m_g}(K_{MD_g} \parallel GID) \parallel$$

$$T_{m_n}(K_{MD} \parallel GID) \parallel T_{m_n}(K_{SN} \parallel ID_{SN_j}) \parallel T_{m_g}(K_{SN} \parallel ID_{SN_j}) \parallel T_{m_g}(K_{MD} \parallel GID) \parallel z_n)$$

最后发送带有必要参数的聚合接入请求消息。

③$SN_j \rightarrow MD_i$。群组认证请求消息 $(ENC_{K'_{G_1}}(T_{y_j}(K_{SN} \| ID_{SN_j}), T_{s_j}(K_{MD} \| GID), S))$，$SN_j$ 在接收到 $MD_n$ 的消息后执行下列步骤。

a）计算 $K'_{M_{1_i}} = T_{s_j}(T_{x_i}(K_{SN} \| ID_{SN_j}))$。

b）解密得到 $ID_{MD_i}, GID, T_{m_i}(K_{MD_i} \| GID \| ID_{MD_i}), z_i$。

c）检查 $ID_{MD_i}$ 和 GID 是否在 $SN_j$ 的数据库中，如果在，查看群组成员关系和 $H_1(T_{m_g}(K_{MD_g} \| GID), GID), H_1(T_{m_i}(K_{MD_i} \| GID \| ID_{MD_i}), ID_{MD_i}, GID)$，然后跳转到步骤 d）；否则，$SN_j$ 将包含 $ID_{MD_i}$ 和 GID 的认证数据请求消息发送到 KGC。KGC 检查该 $MD_i$ 是否已注册，如果已注册，则 KGC 将包括 $H_1(T_{m_g}(K_{MD_g} \| GID), GID)$，$H_1(T_{m_i}(K_{MD_i} \| GID \| ID_{MD_i}), ID_{MD_i}, GID)$ 的认证数据响应消息发送到 $SN_j$，然后 $SN_j$ 执行上面的验证过程；如果未注册，则 KGC 将认证数据请求失败消息发送给 $SN_j$，然后 $SN_j$ 将接入请求失败消息发送给 $MD_i$。

d）计算 $K'_{M_{2_i}} = T_{s_j}(T_{m_i}(K_{SN} \| ID_{SN_j}))$。

e）计算 $K'_{G_1} = T_{s_j}(T_{m_g}(K_{SN} \| ID_{SN_j}))$。

f）通过使用 $K'_{G_1}$ 和 $K'_{M_{2_i}}$ 验证 $MAC_1$，如果验证成功，$SN_j$ 认证 MTC 群组并跳转到步骤 g）；否则，向 $MD_i$ 发送接入请求失败消息。

g）选择 $y_j \in Z_p^*$ 并计算 $T_{y_j}(K_{SN} \| ID_{SN_j}), T_{s_j}(K_{MD} \| GID)$。

h）计算 $K_{G_2} = T_{s_j}(T_{m_g}(K_{MD} \| GID))$ 和 $K_{M_{3_i}} = T_{s_j}(T_{m_i}(K_{MD} \| GID))$。

i）利用中国剩余定理（Chinese Remainder Theorem，CRT）计算 $Z = \prod_{i=1}^{n} z_i, Z_i = \dfrac{Z}{z_i}, y_i = Z_i^{-1}$，然后得到 $S = (\sum_{i=1}^{n} H_2(K'_{M_{1_i}}, K_{M_{3_i}}, K_{G_2}, ID_{MD_i}, ID_{SN_j}) y_i Z_i) \bmod Z$。

j）计算 $SK_{i_j} = H_2(T_{y_j}(T_{x_i}(K_{SN} \| ID_{SN_j})), K'_{M_{1_i}}, K'_{M_{2_i}}, K_{M_{3_i}}, K'_{G_1}, K_{G_2}, ID_{MD_i}, GID, ID_{SN_j})$。

k）向 $MD_i$ 广播 $ENC_{K'_{G_1}}(T_{y_j}(K_{SN} \| ID_{SN_j}), T_{s_j}(K_{MD} \| GID), S)$。

④$MD_i \rightarrow MD_n$。用户认证响应消息（$MAC_{3_i}$），每个 $MD_i$ 收到广播消息后执行如下步骤。

a）解密 $T_{y_j}(K_{SN} \| ID_{SN_j}), T_{s_j}(K_{MD} \| GID), S$。

b）计算 $K'_{G_2} = T_{m_g}(T_{s_j}(K_{MD} \| GID))$ 和 $K'_{M_{3_i}} = T_{m_i}(T_{s_j}(K_{MD} \| GID))$。

c）利用 $K'_{G_2}$ 和 $K_{M_{3_i}}$ 验证 $H_2(K_{M_{1_i}}, K'_{M_{3_i}}, K'_{G_2}, ID_{MD_i}, ID_{SN_j}) \equiv S(\bmod z_i)$，如果验证成功，则 $MD_i$ 验证 $SN_j$ 并跳转到步骤 d）；否则，将认证请求失败消息发送给 $SN_j$。

d）计算 $SK'_{i_j} = H_2(T_{x_i}(T_{y_j}(K_{SN} \| ID_{SN_j})), K_{M_{1_i}}, K_{M_{2_i}}, K'_{M_{3_i}}, K_{G_1}, K'_{G_2}, ID_{MD_i}, GID, ID_{SN_j})$。

e）计算 $MAC_{3_i} = H_1(SK'_{i_j}, ID_{MD_i}, GID, ID_{SN_j}, T_{x_i}(K_{SN} \| ID_{SN_j}), T_{y_i}(K_{SN} \| ID_{SN_j}))$。

f）将 $MAC_{3_i}$ 发送给 $SN_j$。

⑤ $MD_n \rightarrow SN_j$。聚合认证响应消息 $MAC_3$，收到来自群组成员的消息后，$MD_n$ 将 $MAC_3 = \oplus_{i=1}^{n} MAC_{3_i}$ 发送给 $SN_j$。

⑥ $SN_j$ 检查接收的 $MAC_3$ 以确认其与每个 $MD_i$ 建立了相同的会话密钥。

⑦移动通信网络设备的轻量级安全接入认证方法具有较高的安全性和较低的认证开销，在保证通信安全性的同时节省通信资源。

## 5.1.2　海量物联网设备快速接入认证

在移动通信网络中，窄带物联网系统是实现万物互联的重要方法。现有的协议中，每个窄带物联网设备需要执行基本的认证与密钥协商 5G-AKA 或 EAP-AKA 过程，以实现与 3GPP 核心网络的相互认证。该过程需要多轮信令交换，导致大量的信令开销和通信开销，严重影响窄带物联网系统的服务质量。如何实现移动通信网络中海量窄带物联网设备的快速认证与数据传输是当前面临的一个关键问题。针对移动通信网络对海量窄带物联网设备的快速认证与数据传输需求，海量物联网设备的快速接入认证方法通过引入格同态加密算法和聚合签密技术，解决了移动通信网络场景下窄带物联网设备的快速认证问题。

1. 海量物联网设备快速接入认证流程

海量物联网设备的快速接入认证主要流程为：①具有相同属性或近距离的窄带物联网设备形成设备组，当设备组需要访问网络时，每个设备使用格同态加密算法计算其自身签密，将签密发送给组长；②组长聚合组中成员的所有签密，并将聚合签密发送至接入与移动性管理实体；③在接收到聚合签密后，接入与移动性管理实体验证聚合签密的有效性以确定一组窄带物联网设备的合法性。

2. 海量物联网设备快速接入认证系统

支持海量物联网设备的快速接入认证的移动通信控制系统涉及 SDN 控制器、认证切换模块、移动通信用户、目标基站和安全上下文信息等。SDN 控制器位于移动通信数据中心；认证切换模块作为一种应用被放置于 SDN 控制器中，用于监视和预测移动通信用户的位置和路径，在移动通信用户切换之前准备相关的基站或选择合适的基站，从而确保无缝切换认证；移动通信用户控制自己的安全上下文信息，并将其转移到目标基站；安全上下文信息用于用户和目标基站之间的相互认证。

**3. 海量物联网设备快速接入认证的应用示例**

根据移动通信网络中窄带物联网设备认证与传输的实际情况，下面通过示例对海量窄带物联网设备基于群组快速认证与数据传输方法进行说明。该方法主要由系统初始化和基于群组的快速认证与数据传输两部分组成。快速认证与数据传输方法实现流程如图 5-3 所示。

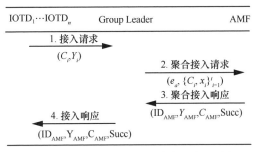

**图 5-3 快速认证与数据传输方法实现流程**

系统初始化阶段具体的流程如下。

（1）鉴权服务器计算系统参数 $m = \lceil 6n\log q \rceil$ 与 $l = O(\sqrt{n\log q})$，其中 $n$ 为系统安全参数，$q$ 为 $n$ 的多项式，符号 $\lceil x \rceil$ 表示 $x$ 向上取整，符号 $O(f(n))$ 为关于 $n$ 函数的复杂度。

（2）鉴权服务器设置聚合高斯参数 $s_a \geq l\omega(\sqrt{\log m})$，接入与移动性管理实体高斯参数 $s_{AMF} \geq l\omega(\sqrt{\log m})$ 与窄带物联网设备高斯参数 $s_i \geq l\omega(\sqrt{\log m})$, $i = 1, 2, \cdots, t$，其中 $t$ 为窄带物联网设备数量，符号 $\omega(f(m))$ 为关于系统参数 $m$ 函数的复杂度。同时鉴权服务器利用算法 TrapGen($n$, $q$, $m$) 获得均匀随机矩阵 $A_a$ 与基于矩阵 $A_a$ 生成的格 $\Lambda_q^{\perp}(A_a)$ 中的短基 $T_a$。算法 TrapGen($n, q, m$) 为多项式时间陷门生成算法；输入参数为系统安全参数 $n$、系统安全参数 $n$ 的多项式 $q$ 与系统参数 $m$，输出参数为均匀随机矩阵 $A_a$ 与短基 $T_a$。

（3）鉴权服务器设置 $t$ 个格 $\Lambda_i$ 以满足等式 $\Lambda_1 + \Lambda_2 + \cdots + \Lambda_t = Z^m$ 和等式 $\Lambda_1 \cap \Lambda_2 \cap \cdots \cap \Lambda_t = \Lambda_q^{\perp}(A_a)$，其中 $Z^m$ 为整数集上的 $n$ 阶向量，符号 $\cap$ 为交集，$\Lambda_q^{\perp}(A_a)$ 为基于矩阵 $A_a$ 生成的格。

（4）当窄带物联网设备 $IOTD_i$ 接入移动通信网络时，移动通信接入与移动性管理实体对每个设备 $IOTD_i$ 通过执行认证与密钥协商协议 5G AKA 或 EAP AKA′

完成初始认证。

（5）在成功完成初始认证后，鉴权服务器利用算法 TrapGen$(n,q,m)$ 为每个窄带物联网设备 IOTD$_i$ 生成一个公钥/私钥对 $(A_i,T_i)$，并安全地分配给每个设备 IOTD$_i$。算法 TrapGen$(n,q,m)$ 为多项式时间算法，公钥 $A_i$ 为均匀随机矩阵，私钥 $T_i$ 为基于矩阵 $A_i$ 生成的格 $\Lambda_q^\perp(A_i)$ 中的短基 $T_i$。

（6）在成功完成初始认证后，鉴权服务器利用算法 TrapGen$(n,q,m)$ 为每个接入与移动性管理实体生成一个公钥/私钥对 $(A_{AMF},T_{AMF})$，并安全地分配给每个接入与移动性管理实体。算法 TrapGen$(n,q,m)$ 为多项式时间算法，公钥 $A_{AMF}$ 为均匀随机矩阵，私钥 $T_{AMF}$ 为基于矩阵 $A_{AMF}$ 生成的格 $\Lambda_q^\perp(A_{AMF})$ 中的短基 $T_{AMF}$。

基于群组的快速认证与数据传输阶段具体流程如下。

（1）每个窄带物联网设备 ID$_{IOTD_i}$ 准备其将要发送的明文数据向量 $U_i = PDU_i \parallel ID_{IOTD_i} \parallel GID = (U_1, \cdots, U_m)^T$，其中 PDU$_i$ 为协议数据单元，ID$_{IOTD_i}$ 为设备的身份，GID 为设备群组的身份。然后每个设备利用目标接入与移动性管理实体的公钥 $A_{AMF}$ 计算密文 $C_i = A_{AMF}U_i$，同时每个设备利用多项式时间算法 SamplePre 与自身私钥 $T_i$ 生成签名 $Y_i = (e_i, x_i)$，其中 $e_i = \text{SamplePre}(A_i, T_i, H_1(x_i), s_i)$ 为算法 SamplePre 输出结果，$x_i$ 为随机数，$H_1$ 为哈希函数，$s_i$ 为高斯参数。每个设备构造一个接入请求信息将 $(C_i, Y_i)$ 发送给组长设备。

（2）组长设备在成功接收到组内所有窄带物联网设备的接入请求后执行以下步骤。

①利用每个设备的部分签名 $e_i$，与 $t$ 个格 $\Lambda_i$ 计算部分聚合签名 $e = e_1 \bmod \Lambda_1$，$e = e_2 \bmod \Lambda_2, \cdots, e = e_t \bmod \Lambda_t$。

②利用多项式时间算法 SampleGaussian 计算部分聚合签名 $e_0 = \text{SampleGaussian}(T_a, s_a, -e)$，其中 $T_a$ 为基于矩阵 $A_a$ 生成的格 $\Lambda_q^\perp(A_i)$ 中的短基，$s_a$ 为高斯参数，$e$ 为部分聚合签名。

③利用计算出的部分聚合签名 $e$ 和 $e_0$，计算聚合签名 $e_a = e_0 + e$。

④构造一个聚合接入请求信息，将 $(e_a, \{C_i, x_i\}_{i=1}^t)$ 发送给移动通信网络中的目标接入与移动性管理实体，其中 $e_a$ 为聚合签名，$C_i$ 为每个设备生成的密文，$x_i$ 为每个设备生成的随机数。

（3）接入与移动性管理实体在成功接收到组长设备发送的聚合接入请求后，执行以下步骤。

①验证聚合签名 $e_a$ 是否合法，验证公式如式（5-1）和式（5-2）所示。

$$\|e_a\| \leqslant s_a \sqrt{m} \tag{5-1}$$

$$H_2(H_1(x_1), H_1(x_2), \cdots, H_1(x_t)) = H_2(A_1(e_a \bmod \Lambda_1) \bmod q, \cdots, A_t(e_a \bmod \Lambda_t) \bmod q) \tag{5-2}$$

其中，$e_a$ 为聚合签名，$s_a$ 为高斯参数，$m$ 和 $q$ 为系统参数，$H_1$ 和 $H_2$ 为哈希函数，$x_i$ 为窄带物联网设备生成的随机数，$A_i$ 为均匀随机矩阵，$\Lambda_i$ 为格。

②若上述聚合签名是合法的，接入与移动性管理实体利用多项式时间算法 SamplePre 与自身私钥 $T_{AMF}$ 解密出每个 NB-IoT 发送的明文数据 $U_i = \text{SamplePre}(A_{AMF}, T_{AMF}, C_i, S_{AMF})$，其中，$A_{AMF}$ 为接入与移动性管理实体的公钥，$C_i$ 为密文，$S_{AMF}$ 为高斯参数，同时生成随机的认证成功标识符 Succ。

③利用多项式时间算法 SamplePre 与自身私钥 $T_{AMF}$ 生成签名 $Y_{AMF} = \text{SamplePre}(A_{AMF}, T_{AMF}, H_1(\text{Succ}), s_{AMF})$，其中，$A_{AMF}$ 为 AMF 的公钥，$H_1$ 为哈希函数，$s_{AMF}$ 为高斯参数。

④若此时接入与移动性管理实体有需要发送的下行数据，则利用每个设备的公钥 $A_i$ 加密下行数据密文 $C_{AMF} = A_i \text{PDU}_{AMF}$，其中 $\text{PDU}_{AMF}$ 为协议数据单元。

⑤构造聚合接入响应信息 $(\text{ID}_{AMF}, Y_{AMF}, C_{AMF}, \text{Succ})$ 发送给目标组组长设备，其中 $\text{ID}_{AMF}$ 为接入与移动性管理实体的身份，$Y_{AMF}$ 为接入与移动性管理实体生成的签名，$C_{AMF}$ 为下行数据密文，Succ 为认证成功标识符。

（4）目标组组长设备在成功接收到聚合接入响应信息后，将接入响应信息分发到小组内每个目标窄带物联网设备。

（5）小组内每个目标设备在成功接收到接入认证响应信息后执行以下步骤。

①验证接入与移动性管理实体生成的签名 $Y_{AMF}$ 是否合法，验证公式如式（5-3）和式（5-4）所示。

$$A_{AMF} Y_{AMF} = H_1(\text{Succ}) \tag{5-3}$$

$$\|Y_{AMF}\| \leqslant s_{AMF} \sqrt{m} \tag{5-4}$$

其中，$A_{AMF}$ 为接入与移动性管理实体的公钥，$H_1(\text{Succ})$ 为经过哈希函数 $H_1$ 计算的成功标识符，$s_{AMF}$ 为高斯参数，$m$ 为系统参数。

②若上述接入与移动性管理实体的签名 $Y_{AMF}$ 是合法的，则利用多项式时间算法 SamplePre 与自身私钥 $T_i$ 解密下行数据密文 $C_{AMF}$，从而获得下行数据明文 $\text{PDU}_{AMF} = \text{SamplePre}(A_i, T_i, C_{AMF}, s_i)$，其中 $A_i$ 为每个设备的公钥，$s_i$ 为高斯参数。

海量物联网设备的快速接入认证方法为大规模窄带物联网设备提出快速访问认证和数据分发方案，可以同时实现一组窄带物联网设备与移动通信核心网之间的相互认证和数据传输过程，并提供强大的安全保护，包括抵抗量子攻击、用户身份的隐私性、数据的机密性与完整性、数据的不可伪造性与抵抗重放攻击等。与其他现有传统的认证协议相比，该方法显著减少了信令开销和通信开销，具有更高的效率，适用于未来移动通信网络中的窄带物联网场景。

## 5.1.3  用户终端接入核心网快速重认证

随着无线宽带的推广及应用，家庭基站作为一种新型的基站应运而生，主要用于家庭及办公室等室内场所，是对蜂窝网实现室内覆盖的补充。家庭基站使用IP，采用扁平化的基站架构，可以通过现有的 DSL、Cable 或光纤等宽带手段接入移动运营商核心网络。因此，家庭基站被看作实现固网移动形成融合平台的有效方案。但是与传统宏基站不同，家庭基站是通过对固网运营商而言不可信的链路连接到移动运营商的核心网络，这导致运营商的核心网络与公共网络直接相连，必然为运营商的网络管理带来新的风险。此外，家庭基站部署在不可信的环境中，极易受到恶意用户的攻击。恶意用户以家庭基站为跳板，进一步对运营商的核心网络以及用户终端造成威胁。传统的 EAP-AKA 协议由于存在多轮的消息交互会带来比较高的重认证时延，而且对于 UE 的身份信息保护不够，因此不能直接在家庭基站中使用。针对家庭基站接入核心网络的安全问题以及传统的 EAP-AKA 协议在该场景下存在的不足，用户终端接入核心网快速重认证方法通过简化认证流程和减少重认证时延，加强了对 UE 身份信息的保护，满足家庭基站的特殊安全性，可解决在家庭基站系统中用户终端接入网络的安全性问题。

### 1. 用户终端接入核心网快速重认证流程

用户终端接入核心网快速重认证的主要流程为：①假设在接入认证之前，已经完成了 HNB（家庭基站）的设备认证，即在家庭基站与家庭基站网关之间已经建立了安全 IPSec 通道的情况下，进行用户终端 UE 通过家庭基站接入核心网的接入认证和重认证过程；②当 UE 请求通过同一个 HNB 再次接入核心网时，可利用快速重认证方法进行认证。该方法利用完整的接入认证过程中得到的密钥 KS，来完成 UE 和 AAA 之间的相互认证。只要计数值 Counter 低于它的限制，并且密钥都在有效期内，就可以利用快速重认证方法进行接入认证。

**2. 用户终端接入核心网快速重认证的实现过程**

用户终端接入核心网快速重认证主要包括两个阶段：接入认证阶段和重认证阶段。

接入认证阶段包括身份信息提供、标识信息发送、身份信息检索、身份信息认证、认证信息发送、认证信息回送、认证完成、认证成功信息转发和认证信息保存这 9 个步骤。接入认证过程如图 5-4 所示。

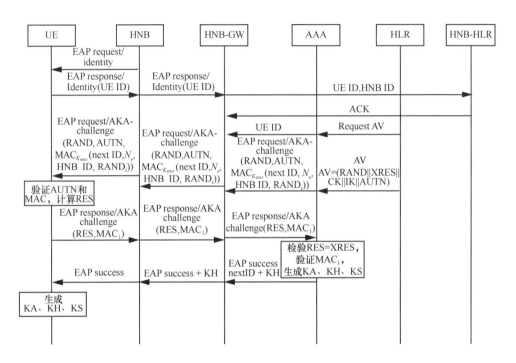

**图 5-4　接入认证过程**

（1）身份信息提供。UE 在第一次完整的接入认证中，提供自己的永久身份信息 UE ID 。而在重认证过程中，则使用 AAA（鉴权服务器）生成的重认证身份信息 next ID 来代替 UE ID 。

（2）标识信息发送。家庭基站网关 HNB-GW 将得到的 UE ID 以及家庭基站的身份 HNB ID 一起发送给 HNB HLR（家庭基站的属性归属服务器）。

（3）身份信息检索。家庭基站的属性归属服务器 HNB HLR 查看在此 HNB ID 下的 CSG 是否存在此 UE ID 。如果有，则向 HNB-GW（家庭基站网关）发送确认信息；如果没有，则向 HNB-GW 发送终止接入消息。

（4）身份信息认证。如果 HNB-GW 收到确认消息，则向 AAA 发送 UE ID，请求对用户进行认证；如果收到终止接入信息，则将此信息返回给 UE，进行重新搜索。

（5）认证信息发送。AAA 收到 UE ID 后，与 HLR 进行交互得到 UE ID 的认证向量 AV；然后生成一个随机数 $RAND_i$ 和一个新的重认证身份信息 next ID，并利用密钥 $K_{encr}$ 对 next ID、重认证次数 $N_r$、HNB ID 以及随机数 $RAND_i$ 进行加密，得到秘密信息 $ENC_{K_{encr}}$ (next ID, $N_r$, HNB ID, $RAND_i$)，并计算消息认证码 MAC；再将从 AV 中得到的 $RAND_i$、AUTN、秘密信息和 MAC 通过一个挑战信息 EAP request/AKA-challenge 发送给 UE。

（6）认证信息回送。UE 验证 AUTN 及 MAC 是否正确，若有一个不正确，则 UE 认证 AAA 失败，并终止认证；若都正确，则利用 $K_{encr}$ 对 $ENC_{K_{encr}}$ (next ID, $N_r$, HNB ID, $RAND_i$) 进行解密，得到 next ID、HNB ID、$RAND_i$ 和 $N_r$，并保存这些信息，再计算 RES 和新的消息认证码 $MAC_1$，并将 RES 和 $MAC_1$ 通过一个挑战响应消息 EAP request/AKA-challenge 发送给 AAA。

（7）认证完成。AAA 首先验证 $MAC_1$ 是否正确，并将所收到的 RES 与 AV 中得到的 XRES 进行比较，如果有一个不正确，则 AAA 认证 UE 失败，并终止认证；如果都正确，则利用主会话密钥 MSK 分别生成主传输会话密钥 KA，UE 与 HNB 之间的传输会话密钥 KH，以及 UE 与 AAA 之间的传输会话密钥 KS，生成方式如下。

① KA=PRF(MSK ∥ $RAND_i$ ∥ AAA ID ∥ UE ID(next ID))。

② KH = PRF(KA ∥ Counter ∥ HNB ID ∥ UE ID(next ID))。

③ KS = PRF(KA ∥ AAA ID ∥ UE ID(next ID))。

其中，PRF 为伪随机数函数，Counter 是由 $N_r$ 得到的第一个重认证计数值，AAA ID 为鉴权服务器的身份信息，HNB ID 为家庭基站的身份信息。

再将成功信息 EAP success、next ID 以及 KH 发送给 HNB-GW，并在发送结束后删除 KH。

（8）认证成功信息转发。HNB-GW 保存 next ID，并将 EAP success 和 KH 发送给 HNB；HNB 保存 KH，并将 EAP success 信息转发给 UE。

（9）认证信息保存。UE 收到成功信息后，利用主会话密钥 MSK 分别生成 KA、KH 和 KS，然后 UE 与 HNB 利用 KH 协商彼此之间传输的机密性和完整性密钥。

重认证阶段包括重认证判定、身份信息重认证、重认证信息回送、重认证完成、重认证信息转发和重认证信息保存 6 个步骤。快速重认证流程如图 5-5 所示。

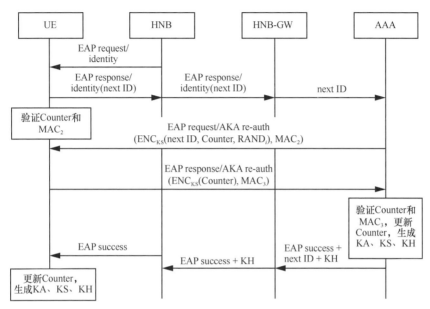

图 5-5　快速重认证流程

（1）重认证判定。HNB-GW 从 EAP response/identity 得到 next ID，并与所存储的重认证身份信息进行比较。若相同，则将此 next ID 转发给 AAA 进行重认证；若不相同，则将此 next ID 转发给 HNB HLR 进行完整的接入认证。

（2）身份信息重认证。AAA 首先检查收到的 next ID 是否有效，再查看所存储的 KA 和 KS 是否在有效期内，以及所存储的计数值 Counter 是否超过限制。如果有一个不合法，则终止；如果都合法，则生成一个新的 next ID 和新的随机数 $RAND_i$，并利用 KS 对新的 next ID、Counter 以及新的 $RAND_i$ 进行加密，得到秘密信息 $ENC_{KS}(next\ ID, Counter, RAND_i)$，并计算消息认证码 $MAC_2 = SHA\text{-}1(KS, Counter \| next\ ID \| RAND_i)$，然后将该 $MAC_2$ 和秘密信息通过一个重认证挑战信息 EAP request/AKA re-auth 发送给 UE。

（3）重认证信息回送。UE 收到信息后，利用 KS 对 $ENC_{KS}(next\ ID, Counter, RAND_i)$ 进行解密，保存新的 next ID，并验证 Counter 和 $MAC_2$ 是否正确。如果有一个不正确，则 UE 认证 AAA 失败，并终止认证；如果都正确，则利用 KS 对 Counter 进行加密，得到秘密信息 $ENC_{KS}(Counter)$，并计算新的消息认证码

$MAC_3 = SHA - 1(KS, Counter \| RAND_i)$，然后将该 $MAC_3$ 和秘密信息通过一个重认证响应信息 EAP request/AKA re-auth 发送给 AAA。

（4）重认证完成。AAA 收到信息后，利用 KS 解出计数值 Counter，验证 Counter 和消息认证码 $MAC_3$ 是否正确，如果有一个不正确，则 AAA 认证 UE 失败，并终止认证；如果都正确，则更新 Counter，利用 MSK 分别生成新的 KA、KH 和 KS，再将成功信息 EAP success、新的 next ID 和 KH 发送给 HNB-GW，并在发送结束后删除 KH。

（5）重认证信息转发。HNB-GW 保存新的 next ID 和 KH，并将 EAP success 和 KH 发送给 HNB；HNB 保存新的 KH，并将 EAP success 信息转发给 UE。

（6）重认证信息保存。UE 收到成功信息后，更新 Counter，并利用 MSK 分别生成新的 KA、KH 和 KS，然后 UE 与 HNB 利用 KH 协商彼此之间传输的机密性和完整性密钥。

用户终端接入核心网快速重认证方法在 EAP-AKA 协议的基础上，参考了 3G-WLAN 接入认证的思想，并结合 HNB 特殊的安全需求，通过对传统的 EAP-AKA 协议进行改进，简化了认证流程，减少了重认证时延，同时加强了对 UE 身份信息的保护，使认证过程更加安全有效，可满足家庭基站的特殊安全性。

# 5.1.4　异构网络隐私保护切换认证

随着智能设备和移动通信技术的发展，移动通信异构网络将会提高无线移动通信系统的容量和资源利用率，因此移动通信异构网络将被大量应用。然而，当前移动通信异构网络切换认证机制仍存在用户设备小区切换时延大、成本高，待切换的小型小区无法被充分信任等问题。异构网络隐私保护切换认证方法基于 SDN 技术，可有效解决当前移动通信异构网络中存在的安全和效率问题，提供更安全和更有效的切换认证机制。

1. 异构网络隐私保护切换认证流程

异构网络隐私保护切换认证的主要流程为：①SDN 控制器部署于移动通信数据中心，认证切换模块作为一种应用被放置于 SDN 控制器中，用于监视和预测移动通信用户的位置和路径；②认证切换模块在移动通信用户切换之前，根据测量报告确认目标基站或者根据用户的移动轨迹提前选择目标基站，从而确保无缝切换认证；③移动通信用户控制自己的安全上下文信息，并将其转移到目标基站；

④用户的安全上下文信息可以直接用于用户和基站之间的相互认证。该方法下移动通信用户可以直接完成与目标基站的双向认证，不需要基站之间复杂的通信协议或与其他第三方实体联系，简化了信令流。该方法为异构网络提供了强大的安全属性，包括匿名性、不可链接性以及可追溯性，且切换成本较低。

**2. 异构网络隐私保护切换认证系统**

移动用户切换小区的典型场景如图 5-6 所示，该场景带有异构网络中隐私保护切换认证工作。其中服务基站（$BS_1$）是用户设备（UE）当前连接的基站，目标基站（$BS_2$）是用户设备即将要连接的基站，认证切换模块（AHM）作为一种应用被放置于移动通信数据中心的 SDN 控制器中，控制用户设备的访问认证与切换。

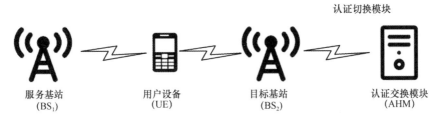

图 5-6 移动用户切换小区的典型场景

在这一场景下切换认证主要包括两个阶段：初始化认证阶段和基于 SDN 的切换认证阶段。

初始化认证阶段包括认证切换模块生成公私钥对、用户设备初始认证、认证切换模块计算用户能力、认证切换模块生成初始基站会话密钥、认证切换模块生成用户临时身份、用户设备生成完整性密钥和初始基站加密密钥 6 个步骤。

（1）认证切换模块生成公私钥对。首先认证切换模块会生成一个主公私钥对（$SK_{AHM}, PK_{AHM}$），其中所有用户和基站都知道公钥 $PK_{AHM}$。认证切换模块为每个可信任基站生成一个公私钥对（$SK_{BS}, PK_{BS}$），并将其安全地分配给每个基站。

（2）用户设备初始认证。当用户设备接入移动通信异构网络时，SDN 控制器中的移动通信认证切换模块对每个用户设备进行认证，并执行密钥协商协议 EPS AKA，实现正常接入认证过程以完成初始认证。

（3）认证切换模块计算用户能力。在接入认证成功之后，每个用户设备和认证切换模块生成一个共享密钥 $K_{ASME}$，认证切换模块利用其生成的私钥 $SK_{AHM}$ 计算用户的能力 $CA_{UE} = ENC_{SK_{AHM}}\left(ID_{UE}, \text{UE-specificattribute}, T_{exp}\right)$。其中，$ID_{UE}$ 为用户的身份；UE-specificattribute 为用户的特殊属性，包括但不限于用户设备的服务质量信息、用户的移动速度和方向；$T_{exp}$ 为用户能力 $CA_{UE}$ 的截止时间。

（4）认证切换模块生成初始基站会话密钥。认证切换模块利用共享密钥 $K_{ASME}$ 生成用户设备和服务基站 $BS_1$ 之间的会话密钥 $K_{BS_1} = KDF(K_{ASME}, ID_{BS_1}, FRQ_{BS_1})$。其中，$ID_{BS_1}$ 为基站的身份，$FRQ_{BS_1}$ 为初始基站的相关频率参数，KDF 为密钥导出函数。

（5）认证切换模块生成用户临时身份。认证切换模块根据用户的身份 $ID_{UE}$ 和会话密钥 $K_{BS_1}$ 与计数器值 SEQ 的哈希值生成用户的临时身份 $TID_{UE} = ID_{UE} \oplus H(K_{BS_1}, SEQ)$，其中 $H$ 为哈希函数。最后认证切换模块将 $TID_{UE}$ 和用户能力 $CA_{UE}$ 用共享密钥 $K_{ASME}$ 加密后生成 $ENC_{K_{ASME}}(K_{BS_1}, TID_{UE}, CA_{UE})$ 发送给用户设备。

（6）用户设备生成完整性密钥和初始基站加密密钥。用户设备在接收到加密后的 $K_{BS_1}$、$TID_{UE}$ 和 $CA_{UE}$ 后，首先用共享密钥 $K_{ASME}$ 解密，然后利用临时身份 $TID_{UE}$ 和会话密钥 $K_{BS_1}$ 生成初始基站的完整性密钥 $IK_{BS_1}$ 和初始基站的加密密钥 $CK_{BS_1}$，以进行未来切换认证 $IK_{BS_1} \| CK_{BS_1} = H(K_{BS_1}, SEQ, TID_{UE})$。其中，SEQ 为计数器值。

基于 SDN 的切换认证阶段包括认证切换模块预测用户切换小区、认证切换模块计算并分发切换标签、用户设备发送切换请求、目标基站处理切换请求、用户设备认证目标基站并协商会话密钥 5 个部分。

（1）认证切换模块预测用户切换小区。认证切换模块通过预测用户的移动位置并在用户设备的离线时间进行追踪，启用 SDN 技术的移动通信异构网络可以始终做好为用户设备执行切换服务或其他服务请求的准备。在这个过程中，认证切换模块预测用户设备将在下一跳进入目标基站 $BS_2$ 的覆盖范围。

（2）认证切换模块计算并分发切换标签。在进行用户设备与目标基站 $BS_2$ 的认证切换之前，认证切换模块利用目标基站的公钥 $PK_{BS_2}$ 计算用户设备的切换标签 $HO_{ticket}^{UE} = ENC_{PK_{BS_2}}(TID_{UE}, SEQ, K_{BS_1})$。其中，$TID_{UE}$ 为用户的临时身份，SEQ 为计数器值，$K_{BS_1}$ 为初始基站与用户设备间的会话密钥。同时认证切换模块基于预测结果将用户的身份 $ID_{UE}$ 和计算出的用户设备的切换标签 $HO_{ticket}^{UE}$ 预分配到目标基站 $BS_2$。

（3）用户设备发送切换请求。当用户设备进入目标基站的覆盖范围时，选择随机数 $N_1$，并使用初始基站的加密密钥 $CK_{BS_1}$ 将随机数 $N_1$、用户能力 $CA_{UE}$ 和计数器值 SEQ 加密 $\text{ENC}_{\text{CK}_{\text{BS}_1}}(N_1,\ \text{CA}_{\text{UE}},\ \text{SEQ})$。计算新的消息认证码 $\text{MAC}_1 = H(\text{IK}_{\text{BS}_1},$ $\text{TID}_{\text{UE}}, N_1, \text{ID}_{\text{BS}_2}, \text{CA}_{\text{UE}}, \text{SEQ})$，其中 $\text{IK}_{\text{BS}_1}$ 为初始基站的完整性密钥，$N_1$ 为随机数，$\text{ID}_{\text{BS}_2}$ 为目标基站的身份，$H$ 为哈希函数。构造一个切换请求信息，将 $\text{TID}_{\text{UE}}$ 和 $\text{MAC}_1$ 一起发送给目标基站。

（4）目标基站处理切换请求。目标基站收到由用户设备发送的切换请求后，进行如下流程。

①目标基站利用私钥 $\text{SK}_{\text{BS}_2}$ 解密用户设备的切换标签 $\text{HO}_{\text{ticket}}^{\text{UE}}$ 后得到 $\text{TID}_{\text{UE}}$、$K_{\text{BS}_1}$ 和 SEQ，然后根据接收到的用户的临时身份 $\text{TID}_{\text{UE}}$，查找对应的初始基站与用户的会话密钥 $K_{\text{BS}_1}$ 和计数器值 SEQ。利用临时身份 $\text{TID}_{\text{UE}}$ 和会话密钥 $K_{\text{BS}_1}$ 生成初始基站的完整性密钥 $\text{IK}_{\text{BS}_1}$ 和初始基站的加密密钥 $\text{CK}_{\text{BS}_1}$，计算用于下一次切换认证的相关密钥信息 $\text{IK}_{\text{BS}_1} \| \text{CK}_{\text{BS}_1} = H(K_{\text{BS}_1}, \text{SEQ}, \text{TID}_{\text{UE}})$。

②目标基站利用初始基站的加密密钥 $\text{CK}_{\text{BS}_1}$ 解密收到的 $\text{ENC}_{\text{CK}_{\text{BS}_1}}(N_1, \text{SEQ})$，并检查此计数器值 SEQ 是否有效，如果无效就丢弃它。

③目标基站使用初始基站的完整性密钥 $\text{IK}_{\text{BS}_1}$ 验证收到的消息验证码 $\text{MAC}_1$ 是否有效，如果有效，则说明目标基站信任此用户设备，否则就向用户设备发送切换认证失败消息。

④目标基站进一步通过验证用户能力 $\text{CA}_{\text{UE}}$ 来确定用户设备的合法性，如果合法，目标基站则根据用户能力 $\text{CA}_{\text{UE}}$ 中的用户特殊属性来保证用户设备的服务质量。

⑤目标基站选择新的随机数 $N_2$ 并更新计数器值 $\text{SEQ}+1$，利用此随机数和新的计数器值生成目标基站与用户设备的会话密钥 $K_{\text{BS}_2} = H(K_{\text{BS}_1}, \text{ID}_{\text{UE}}, \text{ID}_{\text{BS}_2},$ $N_1, N_2, \text{SEQ}+1)$。其中，$K_{\text{BS}_1}$ 是初始基站与用户设备的会话密钥，$\text{ID}_{\text{UE}}$ 是用户身份信息，$\text{ID}_{\text{BS}_2}$ 是目标基站身份信息，$N_1$ 和 $N_2$ 是随机数，$H$ 是哈希函数。同时目标基站利用会话密钥 $K_{\text{BS}_2}$ 生成一个新的消息验证码 $\text{MAC}_2 = H(K_{\text{BS}_2}, \text{TID}_{\text{UE}},$ $N_1, N_2, \text{ID}_{\text{BS}_2}, \text{SEQ}+1)$，其中，$\text{TID}_{\text{UE}}$ 是用户临时身份信息，$\text{SEQ}+1$ 是更新后的计数器值。

⑥目标基站将目标基站身份信息 $\text{ID}_{\text{BS}_2}$、新的消息验证码 $\text{MAC}_2$、用初始基站的加密密钥 $\text{CK}_{\text{BS}_1}$ 加密的随机数 $N_2$ 与计数器值 $\text{ENC}_{\text{CK}_{\text{BS}_1}}(N_2, \text{SEQ}+1)$ 等切换响应消息发送给用户设备。

（5）用户设备认证目标基站并协商会话密钥。用户设备在接收到响应消息时用加密密钥 $\text{CK}_{\text{BS}_1}$ 解密所接收到的切换响应消息，并检查更新后的计数器值

$\text{SEQ}+1$ 的有效性，同时计算新的会话密钥 $K_{\text{BS}_2}$，验证 $\text{MAC}_2$ 是否有效。如果两者都有效，则用户设备对目标基站进行认证，并利用目标基站与用户设备的会话密钥 $K_{\text{BS}_2}$ 计算新的消息验证码 $\text{MAC}_3 = H(K_{\text{BS}_2}, \text{CA}_{\text{UE}}, N_1, N_2, \text{SEQ}+1)$。其中，$\text{CA}_{\text{UE}}$ 为用户能力。用户设备将消息验证码 $\text{MAC}_3$ 发送至目标基站以获得最终密钥协商结果的确认，完成切换认证。

异构网络隐私保护切换认证方法利用 SDN 技术的优势，简化了移动通信异构网络中的切换认证信令流程，提高了切换认证效率。采用临时身份机制可提供用户身份匿名性、可追溯性和不可链接性，该方法可以应用于所有的移动通信异构网络用户移动性场景，包括同一无线接入技术之间切换和异构无线接入技术之间切换。

本节方案为机器类型通信设备提供安全高效的切换认证策略，在大量设备切换基站的情况下极大地减少网络拥塞，具有安全快速的特点。该方法根据 3GPP 标准进行方案设计，不需要改变标准中的通信设备，可应用于所有 LTE-A 移动场景的网络。

## 5.2 群组用户认证与切换

本节介绍 4 种群组用户认证与切换方法：基于群组的通信设备认证方法[5]通过优化服务网络与归属网络间因认证所产生的信令数据，可有效避免较多设备在接入服务网络过程中进行认证造成的拥塞问题；基于多元身份的设备群组认证方法[6]通过群组认证和消息聚合技术，实现了对实体设备的权限管理和隐私保护；基于移动中继的群到路径移动切换认证方法[7]通过减少切换认证的信令开销和通信开销，实现了群中大量基站间的快速和安全切换认证；机器类型通信中群组匿名切换方法[8]通过大幅减少信令负载缓解长期演进技术（Long Term Evolution-Advanced，LTE-A）网络中大规模设备移动造成的拥塞，实现了群中大量设备快速和安全的接入认证。

## 5.2.1 基于群组的通信设备认证

3GPP 标准中机器类型通信设备在接入服务网络时，把组通信设备划分到各个群组中。当隶属于同群组的通信设备接入服务网络时，群组中的每个设备都要使用标准的 UMTS-AKA 协议完成一次到归属网络的认证。由于在这种通信场景下涉及的通信设备数量较多，群组中的每个设备在接入服务网络时都要进行一次完整的认证，服务网络与归属网络间由认证所产生的信令数据就会急剧增加，从而造成链路之间出现拥塞。基于群组的通信设备认证方法能够有效解决上述问题，可避免较多设备在接入服务网络过程中因进行认证造成链路之间的拥塞问题。

1. 基于群组的通信设备认证流程

基于群组的通信设备的认证流程如图 5-7 所示，主要为：①将一组设备在设备服务器上进行注册，并根据需要进行相应的群组配置，为该组设备建立一个群组；②当设备成功注册和配置后，从鉴权中心获取一组群认证向量，群组中的设备以群为单位进行认证；③通过认证的群组设备在与服务网络进行正常通信的过程中，如果某些设备需要退出该群组，则执行设备退出过程。与 3GPP 标准中已有认证方法相比，该方法优化了服务网络与归属网络间由认证所产生的信令数据，减小了链路的拥塞，适用于部署于有机器类型通信设备的物联网场景。

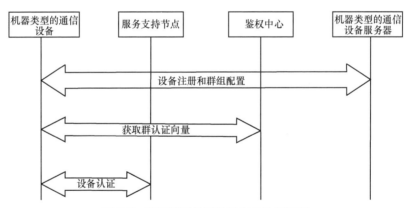

图 5-7 基于群组的通信设备的认证流程

2. 基于群组的通信设备认证的应用示例

基于群组的通信设备认证包括机器类型的通信设备的注册和群组配置、群认证向量的获取、群组设备的认证、群组中的设备退出 4 个阶段。

机器类型通信设备的注册和群组配置阶段由出厂配置、节点接收与信息转发、群标识符分配 3 个环节组成。注册和群组配置子流程如图 5-8 所示。

（1）出厂配置。在出厂时，设备制造商把永久密钥 $K$ 分别保存在机器类型通信设备和鉴权中心内。同时，在通信设备和通信设备服务器上设置用于群组配置的策略，并为该组设备设置一个相同的临时连接身份。

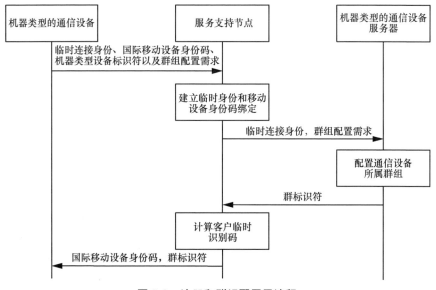

图 5-8　注册和群组配置子流程

（2）节点接收与信息转发。当通信设备在需要接入服务网络时，向通用分组服务支持节点发送自己的临时连接身份、国际移动设备身份码、机器类型设备标识符以及群组配置需求。服务支持节点收到机器类型通信设备的临时连接身份和国际移动设备身份码后，建立机器类型通信设备的临时连接身份并与国际移动设备身份码进行绑定，即在服务支持节点中建立一个数据库，该数据库包括机器类型通信设备的临时连接身份和对应的国际移动设备身份码，用于对群组中各个设备的识别。服务支持节点根据收到的机器类型设备标识符，向通信设备服务器转发收到的设备临时连接身份和群组配置需求。

（3）群标识符分配。通信设备服务器收到临时连接身份和群组配置需求后，根据机器类型设备标识符和群组配置需求配置该设备所属的群组，分配和该群组对应的群标识符，并把群标识符发送给服务支持节点。服务支持节点收到群标识符后，使用 3GPP 标准中的标准算法计算客户临时识别码，并将其和群标识符发送给通信设备。机器类型通信设备收到服务支持节点发来的群标识符和临时识别码后，该设备的注册过程完成。重复上述步骤完成对群组中其他设备的注册。

群认证向量的获取由接入请求发送、建立身份列表、构造群认证向量 3 个环节组成。认证向量获取子流程如图 5-9 所示。

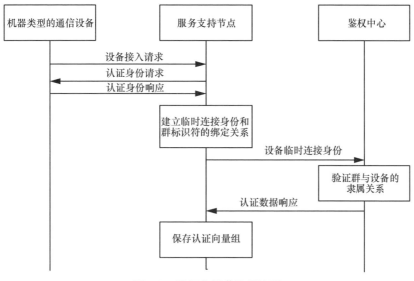

图 5-9　认证向量获取子流程

（1）接入请求发送。当群组中的机器类型通信设备需要进行认证时，其中一个设备向服务支持节点发送设备接入请求，服务支持节点收到后向通信设备返回认证身份请求消息。

（2）建立身份列表。通信设备将自己的客户临时识别码和群标识符发送给服务支持节点，节点收到后使用 3GPP 标准中的标准算法从临时识别码中恢复出临时连接身份，同时建立一个身份列表，把群组中每个设备的临时连接身份和群标识符进行绑定。具体来说，即在服务支持节点中建立一个数据库，该数据库包括通信设备的临时连接身份和对应的群标识符，该身份列表用于通信设备的接入控制。

（3）构造群认证向量。服务支持节点将获得的临时连接身份发送至鉴权中心，鉴权中心收到临时连接身份后确定设备所属的群组。使用预先保存的永久密钥 $K$，通过 3GPP 标准中的标准算法生成挑战随机数、认证令牌、认证挑战、加密密钥和完整性密钥参数构造群认证向量。构造完成后鉴权中心将群认证向量发送给服务支持节点。服务支持节点保存从鉴权中心收到的一组群认证向量，使用其中一个群认证向量用于通信设备的认证，剩下的群认证向量则用于群组中其他设备的认证，因此当其他设备需要进行认证时，SGSN（Serving GPRS Support Node）就不需要再向 AuC 重新获取群认证向量。

群组设备的认证由通信设备验证参数和服务支持节点验证参数两个环节组成。群组设备认证子流程如图 5-10 所示。

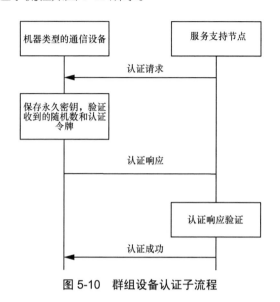

**图 5-10　群组设备认证子流程**

（1）通信设备验证参数。服务支持节点将得到的挑战随机数和认证令牌发送给通信设备，通信设备根据 3GPP 标准中的标准算法验证从服务支持节点发来的挑战随机数和认证令牌，验证通过后，使用 3GPP 标准中的标准算法计算用户认证响应，并将其发送给服务支持节点，反之，终止此次认证。

（2）服务支持节点验证参数。服务支持节点根据 3GPP 标准中的标准算法验证接收到的用户认证响应，如果通过，则通信设备的认证过程完成；反之，终止此次认证，并向其发送一条认证失败消息。群组中其他设备的认证过程与上述步骤相同，服务支持节点直接挑选一个保存的群认证向量发送给需要认证的设备，当群组中所有的设备成功认证后，整个认证过程结束。

在群组中的设备退出阶段，当 SGSN 判断群组中的某个机器类型通信设备需要退出该群组时，只需要删除建立的身份列表中该设备的临时连接身份即可。这样一来，该设备的临时连接身份和群标识符的绑定关系就被撤销。当退出该群组的设备还想使用原来群组的临时连接身份进行认证时，服务支持节点对它进行接入控制，并在建立的身份列表中查找该设备的临时连接身份和群标识符的绑定关系，如果查找不到，则不允许该设备进行认证，从而保证了整个系统的安全性。

基于群组的通信设备认证方法可应用于设备低速移动且位置分布相对集中、移动路径方向趋同的物联网场景。在保证认证安全性的同时，减少了数量较多的设备在进行认证过程中所造成的链路拥塞。

## 5.2.2　基于多元身份的设备群组认证

目前，在泛在网络中的各类服务系统中，同一设备可能具有多元身份，参与多个业务流程，且在各业务流程中实现不同的功能。如果在这些业务流程中把同一设备作为同一个主体身份接入系统，可能会将该设备的隐私信息不必要地暴露给业务交互对象。为了更好地对设备进行权限管理和隐私保护，需要根据其多元身份的特征进行身份管理。基于多元身份的设备群组认证方法能够满足不同服务系统对多元身份管理的需求，通过引入群组认证方法和消息聚合技术，可解决设备权限管理和隐私保护问题。

**1. 基于多元身份的设备群组认证流程**

基于多元身份的设备群组认证主要流程为：①根据设备所参与的业务类型，将业务流程中协同工作的设备划分到一个群组中，对该组设备在注册服务器 RS 上进行注册，将所有相关身份关联生成多元身份环，并进行群组的初始化配置；②在群组内设备都开机后，群组成员以群组为单位向认证服务器发起认证请求，认证服务器与群组设备进行双向身份认证，并分别协商出与每个设备之间的群会话密钥；③群组成员根据与认证服务器协商的会话密钥和业务服务系统进行通信；④如果有新设备加入群组或旧设备退出群组，则执行设备更新过程。

**2. 基于多元身份的设备群组认证系统**

基于多元身份的设备群组认证系统的体系架构如图 5-11 所示。统一身份管理系统包括注册服务器和认证服务器，负责管理参与开具、查询、核准或状态管理等业务设备的多元身份认证。其中，注册服务器负责设备注册请求接收、设备群组划分、群组代表选择、群组标识符、群组新身份、长期密钥和长期群组密钥的生成等；认证服务器负责设备认证请求信息接收、群组内所有成员的身份验证和身份认证信息的生成并发送等。

**3. 基于多元身份的设备群组认证的应用示例**

下面结合系统体系架构，通过示例说明基于多元身份的设备群组认证方法。该方法主要由群组初始化配置、身份认证与会话密钥协商、群组加密通信和群组设备更新这 4 个步骤组成。基于多元身份的设备群组认证的流程如图 5-12 所示。

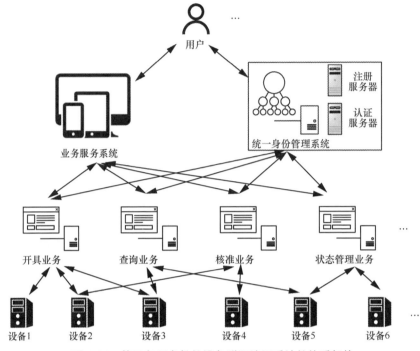

图 5-11　基于多元身份的设备群组认证系统的体系架构

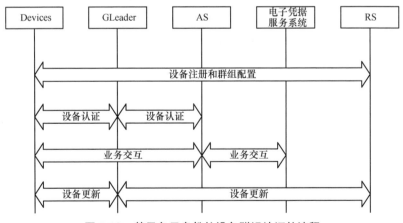

图 5-12　基于多元身份的设备群组认证的流程

（1）群组初始化配置。注册服务器选择并公布系统参数，为认证服务器分配长期密钥；设备将其设备标识符和地理位置标识符/业务类型标识符等发送给注册服务器，并向其发起注册请求；注册服务器根据地理位置标识符/业务类型标识符划分群组，选择群组代表，为群组内设备生成群组标识符、群组身份认证方式、群组新身份、长期密钥和多元身份环等；群组代表建立群组成员信息表，维护本组成员身份信息；设备在收到注册服务器返回的注册结果信息后，建立设备容器、群组标识符、业务类型/地理区域与设备群组身份之间的一一对应关系，将其身份信息写入相应容器中。

（2）身份认证与会话密钥协商。设备根据身份认证协议及设备长期密钥等信息计算出设备认证信息，发送给群组代表；群组代表根据维护的群组设备身份信息表确认群组成员身份，将请求信息聚合后发送至认证服务器；认证服务器根据群组身份认证协议及认证请求中携带的身份信息计算群组验证信息，并验证群组内所有成员的身份，如果验证成功，则生成服务器的身份认证信息并附上服务器认证消息返回给群组代表；群组代表根据维护的群组设备信息表，将服务器认证消息返回给组内各设备；设备收到群组代表返回的信息后，利用长期密钥验证服务器的认证消息计算与认证服务器的会话密钥，并与业务服务系统建立连接。

（3）群组加密通信。经过以上流程，设备中各身份分别与服务器共享一组会话密钥。在设备与业务服务系统通信时，群组成员根据与认证服务器协商的会话密钥，通过商定好的加密方式和业务服务系统进行通信。

（4）群组设备更新。如果某业务流程/地理区域中有设备需要退出，则该设备通过安全信道向统一身份管理系统发起退出群组的请求；统一身份管理系统删除设备多元身份环中该身份的描述集合，并在群组代表的多元身份环中删除该设备的基本身份信息。群组代表维护的设备信息表中该设备的身份描述集合，包含设备容器、群组标识符、业务类型/地理区域与设备群组身份之间的对应关系及相应容器中的身份信息等。如果某业务流程中有新设备请求加入，则仅新设备向注册服务器发起请求。注册成功后，统一身份管理系统更新群组代表的多元身份环，为新设备生成多元身份环，并增加群组代表维护的群组成员信息表中该新设备的身份描述集合。

基于多元身份的设备群组认证方法充分考虑设备具有多元身份的特性，为其建立多元身份信息表和多元身份环，从而有效保护设备的隐私，在一个业务过程中不向业务交互方泄露其他身份的相关信息；通过采用设备的群组认证方式，由群组组长设备将组内所有设备的认证信息聚合后统一发给认证服务器，大幅减少设备与认证服务器之间的通信次数，有效地减轻网络拥塞问题。

## 5.2.3　基于移动中继的群到路径移动切换认证

当前移动通信网络的典型特征是使高速移动用户无差别地接入网络，尤其体现在高速铁路网场景中。为了满足高铁用户的不间断通信需求，可在高速移动装置中部署车载移动中继节点（Mobile Relay Node，MRN）实现车载中海量用户切换。当列车运行时，使 MRN 跟随列车内的 UE 一同运动即可让乘客通过 MRN 上网。目前，只有很少的方案考虑采用相关机制来简化在高铁的通信系统中的 MRN 切换过程。但是，这些方案都没有考虑 MRN 的切换安全问题，并且还没有针对大量 MRN 设备在 LTE-A 高铁网络中切换认证过程的相关研究工作。基于移动中继的群到路径动态切换方法[7-8]通过大幅度减少切换认证的信令开销和通信开销，优化了 LTE-A 高铁网络中部署在高铁上的所有 MRN 移动时造成的切换时延，实现群中大量 MRN 和高铁沿线上的基站间的快速和安全切换认证。

### 1. 基于移动中继的群到路径移动切换认证流程

基于移动中继的群到路径动态切换认证的主要流程为：①根据高铁路线的固定性，同一辆列车路径上的所有主机站 DeNB 组成一个路径 DeNB 群；②在同一辆列车上，所有的移动中继节点 MRN 组成一个 MRN 群，其中选择一个 MRN 作为负责控制其他 MRN 的 cMRN（控制移动中继）；③当 MRN 初次接入 LTE-A 网络时，每一个 MRN 都可以从源 DeNB 得到一个 HT（切换标签）；④对于列车行进过程中的每一次切换，cMRN 收集 MRN 群成员发送的切换请求信息，并生成一个聚合消息认证码，向目标 DeNB 发送一个携带聚合消息认证码以及所有群成员切换标签的认证请求信息；⑤cMRN 与 DeNB 之间通过对聚合消息认证码的验证实现对 MRN 群的认证。

### 2. 基于移动中继的群到路径移动切换认证的应用示例

基于移动中继的群到路径动态切换认证过程如图 5-13 所示，主要由初始化认证、基于群到路径切换认证、MME 内切换、MME 间切换、发送群切换命令信息和发送群切换确认信息这 6 个部分组成。其中，DeNB 是通信基站，MRN 是移动中继节点，HSS 是归属用户服务器，E-UTRAN 是演进的通用陆地无线接入网，LTE-A 是长期演进技术，MME 是移动管理实体。

（1）初始化认证

①同一辆列车中的所有移动中继节点 MRN 组成一个 MRN 群，MRN 群的群

首定义为控制移动中继 cMRN，设备供应商提供一个 MRN 群标识符 GID 并给每个群内成员提供一个 MRN 群密钥 GK，这个群密钥 GK 只在 MRN 群以及归属用户服务器 HSS 中可见；同一辆列车行驶路径上的所有基站 DeNB 组成一个路径 DeNB 群，设备供应商提供一个路径群标识符 $ID_{route}$ 并给每一个群内成员提供一个路径 DeNB 群密钥 RGK，这个路径群标识符 $ID_{route}$ 和路径 DeNB 群密钥 RGK 只在路径 DeNB 群以及归属用户服务器 HSS 中可见。

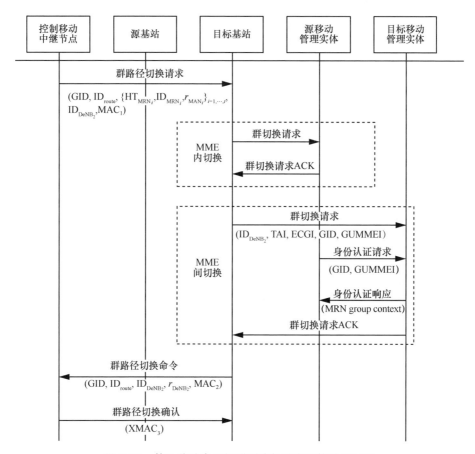

**图 5-13 基于移动中继的群到路径动态切换认证过程**

②当移动中继节点 MRN 群接入 LTE-A 网络时，对 MRN 群中的每一个成员 $MRN_i (i = 1 \sim t)$，应用标准演进分组系统（Evolved Packet System，EPS）的认证与密钥协商过程要进行初始认证。

③初始认证成功后，每一个移动中继节点 $MRN_i$ 和归属用户服务器 HSS 生成

一个共享密钥 $K_{\text{ASME}}^{\text{MRN}_i}$，并利用群密钥 GK 计算一个临时 MRN 群密钥 $\text{TGK}=\text{KDF}(\text{GK},\text{GID},\text{ID}_{\text{route}})$。其中，GID 是 MRN 群身份信息，KDF 是密钥生成函数。然后归属用户服务器 HSS 将共享密钥 $K_{\text{ASME}}^{\text{MRN}_i}$、临时 MRN 群密钥 TGK 和路径群标识符 $\text{ID}_{\text{route}}$ 传输给移动管理实体 MME。

④MME 接收到共享密钥 $K_{\text{ASME}}^{\text{MRN}_i}$ 后，根据现有的切换密钥管理机制得到 $\text{MRN}_i$ 和源基站 $\text{DeNB}_1$ 之间的会话密钥 $K_{\text{DeNB}_1}^{\text{MRN}_i}$。

⑤MME 将 $K_{\text{DeNB}_1}^{\text{MRN}_i}$、TGK 和 $\text{ID}_{\text{route}}$ 发送给源基站 $\text{DeNB}_1$。

⑥源基站 $\text{DeNB}_1$ 接收到 $K_{\text{DeNB}_1}^{\text{MRN}_i}$、TGK 和 $\text{ID}_{\text{route}}$ 后，根据 $\text{ID}_{\text{route}}$ 在自己的数据库中查询 $\text{ID}_{\text{route}}$ 所对应的路径 DeNB 群密钥 RGK，并利用 RGK 生成一个临时路径 DeNB 群密钥 TRGK，计算式为

$$\text{TGK}=\text{KDF}(\text{RGK},\text{GID},\text{ID}_{\text{route}}) \tag{5-5}$$

同时，源基站 $\text{DeNB}_1$ 为 $\text{MRN}_i$ 生成一个切换标签 $\text{HT}_{\text{MRN}_i}$，计算式为

$$\text{HT}_{\text{MRN}_i}=\text{ENC}_{\text{TRGK}}\left(\text{ID}_{\text{MRN}_i},\text{TGK},\text{ID}_{\text{route}},K_{\text{DeNB}_1}^{\text{MRN}_i},T_{\text{exp}}\right) \tag{5-6}$$

其中，$T_{\text{exp}}$ 是 $\text{HT}_{\text{MRN}_i}$ 的有效时间，$\text{ENC}_{\text{TRGK}}(X)$ 表示采用对称加密算法利用 TRGK 对 $X$ 进行加密，$\text{ID}_{\text{MRN}_i}$ 表示移动中继节点 MRN 的身份信息。最后将 $\text{MRN}_i$ 的切换标签 $\text{HT}_{\text{MRN}_i}$ 发给 $\text{MRN}_i$。

（2）基于群到路径切换认证

①当 MRN 群进入目标基站 $\text{DeNB}_2$ 的覆盖范围时，MRN 群中的每一个 $\text{MRN}_i$ 生成一个新的随机数 $r_{\text{MRN}_i}$，并计算一个新的消息认证码

$$\text{MAC}_{\text{MRN}_i}=H\left(K_{\text{DeNB}_1}^{\text{MRN}_i},\text{GID},\text{ID}_{\text{MRN}_i},r_{\text{MRN}_i},\text{HT}_{\text{MRN}_i}\right)$$

其中，$H$ 表示哈希函数。然后每一个 $\text{MRN}_i$ 构造一个路径切换请求信息，将 MRN 群身份信息 GID、路径群身份信息 $\text{ID}_{\text{route}}$、$\text{MRN}_i$ 的切换标签 $\text{HT}_{\text{MRN}_i}$、随机数 $r_{\text{MRN}_i}$ 以及消息认证码 $\text{MAC}_{\text{MRN}_i}$ 发送给控制移动中继 cMRN。

②控制移动中继 cMRN 收到 MRN 群每一个群成员所发送的路径切换请求消息认证码后，选择一个新的随机数 $r_{G_1}$，并计算一个新的消息认证码

$$\text{MAC}_1=\text{MAC}_{\text{MRN}_1}\oplus\text{MAC}_{\text{MRN}_2}\oplus\cdots\oplus\text{MAC}_{\text{MRN}_i}\oplus H\left(\text{TGK},r_{G_1},\text{ID}_{\text{DeNB}_2}\right)$$

其中，$\text{ID}_{\text{DeNB}_2}$ 为目标基站的身份信息。然后 cMRN 构造一个群路径切换请求信息，将 GID、$\text{ID}_{\text{route}}$、$r_{G_1}$、$\text{MAC}_1$、每一个 MRN 群成员的 $r_{\text{MRN}_i}$ 以及 $\text{ID}_{\text{MRN}_i}$ 发送给目标基站 $\text{DeNB}_2$。

③检查 $ID_{route}$ 是否与路径 DeNB 群的身份信息一致，并检查 $r_{MRN_i}$ 的新鲜性，如果身份一致且 $r_{MRN_i}$ 是新的随机数，则进行下一步，否则将它丢弃；搜索相关 $ID_{route}$ 的路径群密钥 RGK 并计算 $TRGK=KDF(RGK,GID,ID_{route})$；然后利用 TRGK 解密所有收到的 $HT_{MRN_i} (i=1\sim t)$，获得 $K_{DeNB_1}^{MRN_i} (i=1\sim t)$ 以及 TGK，检查每一个切换标签 $HT_{MRN_i}$ 中的 $T_{exp}$ 是否合法，如果都非法，则舍弃，否则进行下一步；利用所得到的 $K_{DeNB_1}^{MRN_i}$ 检查所收到 $MAC_1$ 是否合法，如果合法，$DeNB_2$ 就确认所有的 MRN 群成员合法，否则将发送切换认证失败的消息给 cMRN。

④目标基站 $DeNB_2$ 根据不同的切换场景执行下列操作：当切换发生在源基站与目的基站之间且存在一个 X2 接口时，跳转到步骤（5）发送群切换命令信息；当切换发生在源基站与目的基站之间不存在 X2 接口，并由同一个 MME 管理时，跳转到步骤（3）针对 MME 内切换；当切换发生在源基站与目的基站之间，并且源基站和目的基站由不同 MME 管理时，跳转到步骤（4）针对 MME 间切换。

（3）MME 内切换

基于移动中继的针对 MME 内切换流程如图 5-14 所示。目标基站 $DeNB_2$ 向源移动管理实体 $MME_1$ 发送一个群切换请求消息，将 MRN 群身份信息 GID 发送给 $MME_1$；源移动管理实体 $MME_1$ 收到群切换请求消息后，将向 $DeNB_2$ 发送一个群切换请求确认消息，以便目标基站 $DeNB_2$ 准备执行切换，然后跳转到步骤（5）发送群切换命令信息。

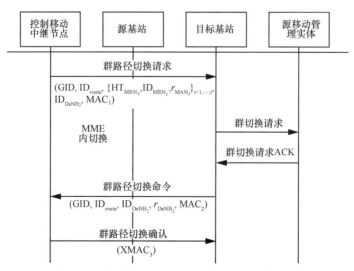

图 5-14　基于移动中继的针对 MME 内切换流程

（4）MME 间切换

基于移动中继的针对 MME 间切换流程如图 5-15 所示。目标基站 $DeNB_2$ 向目标移动管理实体 $MME_2$ 发送包含目标基站 $DeNB_2$ 的身份信息 $ID_{DeNB_2}$、E-UTRAN 单元综合识别码 ECGI、跟踪区标识符 TAI、源目标移动管理实体 $MME_1$ 的身份信息 GUMMEI，以及 MRN 群身份信息 GID 的群切换请求消息到 $MME_2$；$MME_2$ 接收到群切换请求消息后，发送包含 GID 和 GUMMEI 的身份认证请求消息给源移动管理实体 $MME_1$；$MME_1$ 接收到消息之后，发送包含 MRN 群所有相关安全会话信息的身份响应消息给目标 $MME_2$，该信息包含所有群内成员的身份信息和密钥 $K_{ASME}^{MRN_i}$；$MME_2$ 收到身份响应消息后，将向 $DeNB_2$ 发送一个群切换请求确认消息以便目标基站 $DeNB_2$ 准备执行切换，然后跳转到步骤（5）发送群切换命令信息。

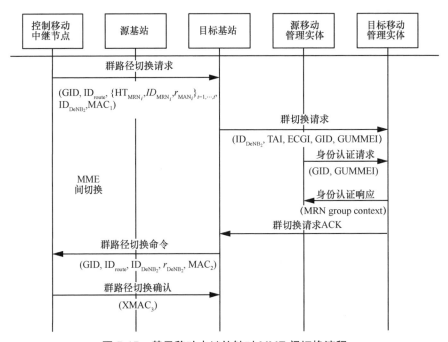

图 5-15　基于移动中继的针对 MME 间切换流程

（5）发送群切换命令信息

目标基站 $DeNB_2$ 收到群切换请求确认消息后，选择一个随机数 $r_{DeNB_2}$，并为每个 MRN 群成员生成一个会话密钥。

$$K_{DeNB_2}^{MRN_i} = KDF\left(K_{DeNB_1}^{MRN_i}, ID_{DeNB_2}, FRQ_{DeNB_2}, r_{MRN_i}, r_{DeNB_2}\right), i = 1, \cdots, t$$

其中，KDF 为密钥生成函数，$FRQ_{DeNB_2}$ 为 $DeNB_2$ 的相关频谱参数。然后计算一个新的消息认证码 $MAC_2 = H\left(TGK, ID_{route}, GID, ID_{DeNB_2}, r_{G_1}, r_{DeNB_2}\right)$，最终构造一个群切换命令信息，将 MRN 群身份信息 GID、路径群身份信息 $ID_{route}$、目标基站的身份信息 $ID_{DeNB_2}$、$r_{G_1}$、$r_{DeNB_2}$ 以及 $MAC_2$ 发送到控制移动中继 cMRN。

（6）发送群切换确认消息

控制移动中继 cMRN 收到了群切换命令消息后，将该信息广播到 MRN 群中；收到来自 cMRN 发送的广播消息后，每个 $MRN_i$ 检查 $r_{DeNB_2}$ 的新鲜性，并利用 TGK 检查 $MAC_2$ 是否合法，如果 $r_{DeNB_2}$ 是新的而且 $MAC_2$ 合法，$MRN_i$ 认证 $DeNB_2$ 并计算会话密钥 $K_{DeNB_2}^{MRN_i}$；如果不合法，$MRN_i$ 将发送认证失败消息给 cMRN，最后每个 $MRN_i$ 计算消息认证码

$$XMAC_{MRN_i} = H\left(K_{DeNB_1}^{MRN_i}, GID, ID_{route}, ID_{MRN_i}, ID_{DeNB_2}, r_{MRN_i}, r_{DeNB_2}\right)$$

并将 $XMAC_{MRN_i}$ 发送至 cMRN。cMRN 收到所有来自 MRN 群成员的 $XMAC_{MRN_i}$ 消息后，计算 $XMAC_3 = XMAC_{MRN_1} \oplus \cdots \oplus XMAC_{MRN_i}$，并发送群切换确认消息，将 $XMAC_3$ 发送给 $DeNB_2$。$DeNB_2$ 收到 cMRN 所发送的 $XMAC_3$ 后，利用 $K_{DeNB_2}^{MRN_i}$ 验证 $XMAC_3$ 的合法性，如果验证合法，则发送群路径切换完成的消息给 cMRN 来完成切换。

基于移动中继的群到路径动态切换认证方法可大幅度减少切换认证的信令开销和通信开销，优化了 LTE-A 高铁网络中部署在高铁上的所有 MRN 移动时造成的切换时延，可实现群中大量 MRN 和高铁沿线上基站间快速和安全的切换认证。该方法根据 3GPP 标准设计，不需要改变标准中的通信设备，可直接应用于所有 LTE-A 移动场景的网络中。

## 5.2.4　机器类型通信中群组匿名切换

3GPP 在移动通信技术的长期演进版本 10 即 LTE-A 中已经提出了避免拥塞的机器类型通信设备分组方法，该方法将大量机器类型通信设备组成一个群组以便 LTE-A 网络管理。但是在使用这种方法时，机器类型通信设备切换接入点需要进行多轮信令交互，设备能量消耗过大，目前还缺少群组机器类型通信设备在 LTE-A 网络中的切换认证机制。通过归属用户服务器生成共享密钥和移动群组实体临时身份信息机制可以大幅度减少信令负载，机器类型通信中群组匿名切换方法能够

缓解 LTE-A 网络中大规模设备移动造成的拥塞，实现群中大量设备快速和安全的接入认证[9]。

1. 机器类型通信中群组匿名切换流程

机器类型通信中群组匿名切换的主要流程为：①在机器类型通信设备切换群中的第一个机器类型设备从当前基站切换到目标基站的过程中，当前基站或者当前移动管理实体传输所有切换群成员的安全会话信息给目标基站或者移动管理实体；②切换群中其余的机器类型设备可以在不接触移动管理实体的情况下直接与目标基站进行切换认证，并分别与目标基站协商得到会话密钥，从而实现群组中设备的快速切换认证。

2. 机器类型通信中群组匿名切换的典型场景

机器类型通信中群组匿名切换典型场景如图 5-16 所示，包括若干机器类型通信设备切换群、SeNB（源基站）、TeNB（目标基站）和 MME（移动管理实体）。源基站和目标基站由移动管理实体管理，机器类型通信设备切换群将从源基站切换至目标基站。

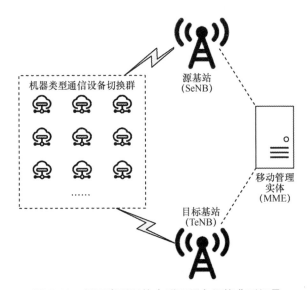

图 5-16　机器类型通信中群组匿名切换典型场景

3. 机器类型通信中群组匿名切换的应用示例

（1）源基站与目的基站之间不存在 X2 接口，并拥有同一个 MME 管理场景下的切换认证方法流程，主要流程包括设备群组初始认证、归属用户服务器生成共享密钥、移动管理实体计算和分发临时身份信息、首个切换设备发送测量报告消息、源基站计算新临时身份和中间密钥、目标基站获取切换请求、目标基站完成切换准备、机器类型通信设备完成切换和群组内其他设备切换基站 9 个步骤。

①设备群组初始认证。当机器类型通信设备切换群接入 LTE-A 网络时，对机器类型通信设备切换群中的每一个机器类型通信设备 $MTCD_i(i=1\sim n)$ 执行 EPS-AKA 过程进行初始认证。

②归属用户服务器生成共享密钥。初始认证成功后，每一个机器类型通信设备 $MTCD_i$ 和归属用户服务器生成一个共享密钥 $K_{ASME_i}$，然后归属用户服务器将共享密钥传输给移动管理实体。

③移动管理实体计算和分发临时身份信息。移动管理实体接收到共享密钥后，根据现有的切换密钥管理机制得到机器类型通信设备 $MTCD_i$ 和源基站之间的会话密钥 $K_{eNB_i}$ 以及下一跳参数 $NH_{NCC_i}$，然后计算临时身份信息 $GUTI_i$；移动管理实体将会话密钥和下一跳参数发送给源基站，并将临时身份信息 $GUTI_i$ 通过源基站发给机器类型通信设备 $MTCD_i$。

④首个切换设备发送测量报告消息。切换群中最先移动到目标基站的机器类型通信设备 $MTCD_1$ 第一次移动到目标基站的覆盖范围时，向源基站发送一个包含目标基站物理单元 ID、E-UTRAN 单元综合识别码和跟踪区标识符的测量报告消息。

⑤源基站计算新临时身份和中间密钥。源基站从设备 $MTCD_1$ 收到消息后，使用群切换分组算法对当前源基站范围内的设备进行分类，搜索 $MTCD_1$ 所在的机器类型通信切换群组的所有成员，并根据搜索结果分别计算切换群中每个设备的新临时身份信息 $GUTI_i^*$ 和中间密钥 $K_{eNB_i}^*$。

⑥目标基站获取切换请求。源基站向移动管理实体发送包含整个切换群组所有设备的新临时身份信息 $GUTI_i^*$、中间密钥 $K_{eNB_i}^*$ 和其他必要参数的切换请求信息；移动管理实体接收到切换请求信息后，利用中间密钥为切换群的每个设备分别计算新的中间密钥 $K_{eNB_i}^{*+}$ 和下一跳参数 $NH_{NCC_i}^*$；同时，移动管理实体将发送给目标基站一个新的切换请求消息，该切换请求消息包含整个切换群中所有设备的新临时身份信息 $GUTI_i^*$、新中间密钥 $K_{eNB_i}^{*+}$、下一跳参数 $NH_{NCC_i}^*$ 和其他必要参数。

⑦目标基站完成切换准备。目标基站在收到切换请求消息后，将向移动管理实体发送切换请求确认消息确认切换；移动管理实体接收到切换请求确认消息后，

将通过源基站向切换设备 $\mathrm{MTCD_1}$ 发送一个切换命令消息来执行切换；目标基站为每个设备计算新的会话密钥，其计算式为

$$K_{\mathrm{eNB}_i}^{**} = \mathrm{KDF}\left(K_{\mathrm{eNB}_i}^{*}, \mathrm{GUTI}_i^{*}, \mathrm{ID_{TeNB}}, \mathrm{FRQ_{TeNB}}\right) \qquad (5\text{-}7)$$

其中，KDF 是密钥生成函数，$\mathrm{FRQ_{TeNB}}$ 是目标基站的相关频谱参数。

⑧机器类型通信设备完成切换。当接收到切换命令消息后，切换设备 $\mathrm{MTCD_1}$ 计算出中间密钥 $K_{\mathrm{eNB}_i}^{*}$、新临时身份信息 $\mathrm{GUTI}_i^{*}$、新会话密钥 $K_{\mathrm{eNB}_i}^{**}$ 和下一跳参数 $\mathrm{NH}_{\mathrm{NCC}_i}^{*}$，并向目标基站发送一个切换确认消息来完成切换。

⑨群组内其他设备切换基站。当同一机器类型通信设备切换群中其余设备进入目标基站的覆盖范围时，切换过程如下：首先，设备向源基站发送一个测量报告消息来请求执行切换；然后，源基站直接向设备发送切换命令消息而不需要其他过程；最后，设备与目标基站建立联系并发送切换确认消息来完成切换。

（2）当源基站与目标基站之间存在一个 X2 接口时，相比于基站之间不存在 X2 接口且基站归属同一移动实体管理的场景，其切换认证方法的步骤还包括不同的目标基站获取切换请求、目标基站完成切换准备两个部分，内容如下。

①在目标基站获取切换请求部分，源基站向目标基站发送包含整个切换群组所有设备的新临时身份信息 $\mathrm{GUTI}_i^{*}$、中间密钥 $K_{\mathrm{eNB}_i}^{*}$ 的切换请求消息。

②在目标基站完成切换准备部分，目标基站接收到切换请求信息后，向源基站发送切换请求确认消息确认设备切换；源基站接收到切换确认消息后，向切换设备 $\mathrm{MTCD_1}$ 发送一个切换命令消息来执行切换；同时目标基站为每个设备计算新的会话密钥 $K_{\mathrm{eNB}_i}^{**}$。

（3）当切换发生在源基站与目标基站之间，并且源基站和目标基站由不同移动管理实体管理时，相比于基站之间不存在 X2 接口且基站归属同一移动实体管理的场景，其切换认证方法的步骤还包括不同的目标基站获取切换请求、目标基站完成切换准备两个部分，内容如下。

①在目标基站获取切换请求部分，源基站向源移动管理实体发送包含整个切换群组所有设备新临时身份信息 $\mathrm{GUTI}_i^{*}$、中间密钥 $K_{\mathrm{eNB}_i}^{*}$ 和其他必要参数的切换请求信息；源移动管理实体接收到切换请求信息后，通过将切换群内所有设备的共享密钥 $K_{\mathrm{ASME}_i}$ 加到切换请求信息，构建一个前向迁移请求消息，并将此消息发送给目标移动管理实体；目标移动管理实体接收到切换请求信息后，利用中间密钥为切换群的每个设备分别计算新的中间密钥 $K_{\mathrm{eNB}_i}^{*+}$ 和下一跳参数 $\mathrm{NH}_{\mathrm{NCC}_i}^{*}$；同时，

目标移动管理实体将发送给目标基站一个新的切换请求消息，该切换请求消息包含整个切换群中所有设备的新临时身份信息 $GUTI_i^*$、新中间密钥 $K_{eNB_i}^{*+}$、下一跳参数 $NH_{NCC_i}^*$ 和其他必要参数。

②在目标基站获取切换请求部分，目标基站在收到切换请求消息后，向目标移动管理实体发送切换请求确认消息；源移动管理实体接收到切换请求确认消息后，将通过源基站向切换设备 $MTCD_1$ 发送一个切换命令消息来执行切换；目标基站为每个设备计算新的会话密钥 $K_{eNB_i}^{**}$。

机器类型通信中群组匿名切换方法可在 LTE-A 网络中为机器类型通信设备提供安全高效的切换认证策略，在大量设备切换基站的情况下极大地减少网络拥塞，具有安全快速的特点。该方法根据 3GPP 标准进行方案设计，不需要改变标准中的通信设备，可应用于所有 LTE-A 移动场景的网络。

## 5.3 通用认证与密钥管理

本节介绍 4 种通用认证与密钥管理方法：多因子通用可组合认证及服务授权方法[10]结合生物特征、口令字及智能卡等三因子进行身份认证，实现 4 种安全等级的身份认证，可用于完成复杂服务网络中高效安全的用户认证及服务授权；不同公钥系统间的认证加密方法[11]通过引入双线性映射方法和会话密钥加密技术，可解决证书公钥系统和身份公钥系统之间传输复杂且效率低的问题；基于中国剩余定理的群组密钥管理方法[12]可解决组密钥安全生成、安全分发，以及成员变动后组密钥更新等群组密钥管理问题，并保证群组成员间的安全通信；基于自认证公钥的两方密钥协商方法[13]以轻量级密码体制 ECC 为理论基础，减小通信和计算开销，可实现移动自组织网络中通信双方的会话密钥共享。

### 5.3.1 多因子通用可组合认证及服务授权

当前移动支付、电子商务、电子政务等复杂信息系统广泛采用多因子认证的方式，结合生物特征、口令字、智能卡及短信等认证因子对实体用户进行认证。但这些方案大多基于特定场景设计，只能提供一种固定的安全强度，很少按照服务需求分类认证，缺乏一种可拆分组合的通用认证协议实现多安全等级的用户认证及服务授权方案。通过结合生物特征、口令字及智能卡等三因子进行身份认证，多因子通用可组合认证及服务授权方法可实现一个多因子认证协议的拆分组合使用，不需要部署多种方案即可均衡效率及安全性，可用于完成复杂服务网络中高效安全的用户认证及服务授权。

多因子通用组合认证及服务授权方法通过模块化的设计，将认证阶段灵活地组合或者拆分执行，实现 4 种安全等级的身份认证，并根据不同强度的认证设计了对应的密钥协商协议完成服务授权。其认证流程主要由认证初始化、注册、认证接入、生物特征及智能卡认证、口令字及智能卡认证、会话密钥协商和服务授权等环节组成。多因子用户身份认证及会话密钥协商流程如图 5-17 所示。

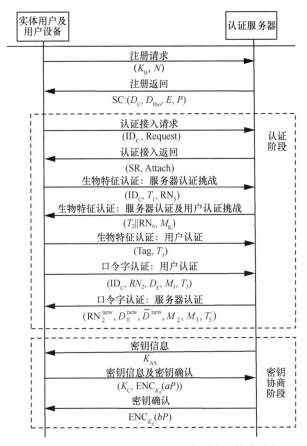

图 5-17　多因子用户身份认证及会话密钥协商流程

（1）认证初始化。首先，认证服务器 AS 运行公钥生成算法生成一对密钥 $(\text{PK}_{AS}, \text{SK}_{AS})$，之后 AS 运行对称密钥生成算法生成用于该用户认证的私钥 $\text{SK}_C$，最后 AS 确定一个椭圆曲线 $E$ 并计算其基点 $P$，$n$ 是基点 $P$ 的阶。

（2）注册。认证服务器 AS 检查该用户是否注册，若已注册，则直接执行认证接入阶段；若未注册，则生成一个系统唯一的用户标识 $\text{ID}_C$，该标识后链接可获取功能标识及安全等级两个可扩展域，安全等级的取值为 0、1、2、3 中的一个，并且 0~3 表示安全强度逐一加强，注册步骤具体如下。

①用户 C 在一个可信的设备上采集生物特征，并输入模糊提取器产生一对 $(R, N)$，其中 $R$ 是从生物特征中提取的随机数，$N$ 是可公开的辅助参数。若在模糊提取器中输入相同的生物特征及 $N$，则可恢复出 $R$。

②用户 C 计算一个消息认证码密钥 $K_B = \text{Hash}(R)$，并将 $(K_B, N)$ 发送至认证服务器 AS。

③认证服务器 AS 接收到消息后，NRF 生成随机数 $\text{RN}_1$ 并且用对称加密算法 ENC 及密钥 $\text{SK}_C$ 将 $K_B$ 加密，生成 $D_K$、$\overline{D_K}$，计算式分别为

$$D_K = \text{ENC}_{\text{SK}_C} \left( \text{ID}_C \, \| \, K_B \, \| \, \text{Hash} \left( \text{ID}_C \, \| \, K_B \, \| \, \text{RN}_1 \right) \right) \tag{5-8}$$

$$\overline{D_K} = \left( \text{ENC}_{\text{SK}_C} \left( K_B \, \| \, \text{RN}_1 \right), \text{ID}_C \right) \tag{5-9}$$

AS 构造生物特征认证信息组 $D_{\text{Bio}}$、$\overline{D_{\text{Bio}}}$，计算式分别为

$$D_{\text{Bio}} = \left( N, D_K, \text{Hash}, \text{Rep} \right) \tag{5-10}$$

$$\overline{D_{\text{Bio}}} = \left( N, \overline{D_K}, \text{Hash}, \text{Rep} \right) \tag{5-11}$$

其中，Hash 为方案中使用的 Hash 函数，Rep 为模糊提取器中的恢复函数。AS 生成 2 个新随机数 $\text{RN}_2$、$\text{RN}_3$，并计算口令字认证信息 $D_E$、$\overline{D}$，计算式分别为

$$D_E = \text{Hash} \left( \text{ID}_C \, \| \, \left( \text{SK}_C \oplus \text{RN}_2 \right) \right) \oplus \text{RN}_3 \tag{5-12}$$

$$\overline{D} = \text{Hash} \left( \text{ID}_C \, \| \, \left( \text{SK}_C \oplus \text{RN}_3 \right) \right) \tag{5-13}$$

AS 构造 $D_C = \left( \text{ID}_C, \text{RN}_2, D_E, \overline{D}, \text{Hash} \right)$。

④认证服务器 AS 将存有 $D_C$、$D_{\text{Bio}}$ 及共享的椭圆曲线 $E$、C 的智能卡 SC 移交给用户 C，对于无线网络中的移动设备，安全传输并保存以上数据。

⑤用户 C 用 $K_B$ 加密 $D_{Bio}$ 并存储，选择口令字 PW，用户设备产生随机数 $RN_4$，计算口令字认证信息 $D = \overline{D} \oplus \text{Hash}(PW \oplus RN_4)$。

⑥认证服务器存储 $\left(\overline{D_{Bio}}, D_C, E, P\right)$，并删除 $RN_3$、$D_{Bio}$。

（3）认证接入。用户 C 选择需要的服务并检查是否有有效的授权 token，若用户 C 具有获取服务的有效 token，则不执行以下步骤，直接执行会话密钥协商阶段；若无有效 token，则执行以下步骤。

①C 发送一个服务认证请求 $(ID_C, \text{Request})$ 至认证服务器。

②认证服务器 AS 检查 $ID_C$ 后链接的安全等级中最大的 SR，若 SR 为 0，则完成认证并直接执行会话密钥协商；若 SR 为 1、3，则执行生物特征及智能卡认证；若 SR 为 2，则直接执行口令字及智能卡认证。AS 根据判断发送 $(SR, \text{Attach})$ 通知用户 C 执行相应步骤。

（4）生物特征及智能卡认证。用户 C 生成一个新的随机数 $RN_5$，并将 $(ID_C, T_1, RN_5)$ 发送至认证服务器 AS，当认证服务器 AS 收到消息后，执行以下步骤。

①检查时间戳 $T_1$ 是否有效，若不是有效时戳，则认证失败，停止认证；若是有效时戳，则继续执行。

②通过 $ID_C$ 在数据库中找到该用户对应的 $\overline{D_K}$，并用 $SK_C$ 解密获得 $K_B$。

③生成随机数 $RN_6$，计算认证消息 $D_K$、$M_K$，计算式分别为

$$D_K = \text{ENC}_{SK_C}\left(ID_C \| K_B \| \text{Hash}\left(ID_C \| K_B \| RN_1\right)\right) \tag{5-14}$$

$$M_K = \text{Hash}\left(\text{Hash}\left(D_K\right) \oplus RN_5 \| T_2\right) \tag{5-15}$$

④发送 $\left(T_2 \| RN_6, M_K\right)$ 至用户 C。

当用户 C 收到消息后，执行以下步骤。

①检查时间戳 $T_2$ 是否有效，若不是有效时戳，则认证失败，停止认证；若是有效时戳，则继续向下执行。

②在设备上录入生物特征 Bio′，通过模糊提取器及辅助串 $N$ 恢复 $R' = \text{Rep}(\text{Bio}', N)$ 并计算 $K_B' = \text{Hash}(R')$。

③用 $K_B$ 解密 $\text{ENC}_{K_B}(D_{Bio})$ 获得 $D_K$、$M_K$，计算式为

$$D_K = \text{ENC}_{SK_C}\left(ID_C \| K_B \| \text{Hash}\left(ID_C \| K_B \| RN_1\right)\right) \tag{5-16}$$

④计算 $M_{\mathrm{K}} = \mathrm{Hash}\big(\mathrm{Hash}(D_{\mathrm{K}}) \oplus \mathrm{RN}_5 \| T_2\big)$ 是否成立，若等式不成立，则认证失败；若等式成立，则跳转到步骤⑤。

⑤计算 $\mathrm{Tag} = \mathrm{MAC}_{K_{\mathrm{B}}'}\big(\mathrm{RN}_6 \oplus \mathrm{Hash}(D_{\mathrm{K}}) \| T_3\big)$，并发送 $(\mathrm{Tag}, T_3)$ 至认证服务器 AS。

当认证服务器 AS 收到消息后，执行以下步骤。

①检查时间戳 $T_3$ 是否有效，若不是有效时戳，则认证失败，停止认证；若是有效时戳，则继续向下执行。

②验证 $\mathrm{Tag} = \mathrm{MAC}_{K_{\mathrm{B}}}\big(\mathrm{RN}_6 \oplus \mathrm{Hash}(D_{\mathrm{K}}) \| T_3\big)$ 是否成立，若等式不成立，则认证失败；若等式成立，则继续向下执行。若 $\mathrm{SR} = 1$，认证成功，直接执行会话密钥协商；若 $\mathrm{SR} = 3$，则执行口令字及智能卡认证。

（5）口令字及智能卡认证。用户 C 输入口令字 $\mathrm{PW}'$ 并计算口令字认证消息 $M_1$，计算式为

$$M_1 = \mathrm{Hash}\big(\mathrm{Hash}\big(D \oplus \mathrm{Hash}(\mathrm{PW}' \oplus \mathrm{RN}_4) \oplus D_{\mathrm{E}}\big) \oplus T_4\big) \tag{5-17}$$

C 将 $(\mathrm{ID}_{\mathrm{C}}, \mathrm{RN}_2, D_{\mathrm{E}}, M_1, T_3)$ 发送至认证服务器 AS，当认证服务器 AS 收到消息后，执行以下步骤。

①检查时间戳 $T_4$ 是否有效，若不是有效时戳，则认证失败，停止认证；若是有效时戳，则继续向下执行。

②计算 $\mathrm{RN}_3 = D_{\mathrm{E}} \oplus \mathrm{Hash}\big(\mathrm{ID}_{\mathrm{C}} \| (\mathrm{SK}_{\mathrm{C}} \oplus \mathrm{RN}_2)\big)$，并验证 $\mathrm{Hash}(\mathrm{RN}_3 \oplus T_4) = M_1$ 是否成立，若等式不成立，认证失败；若等式成立，则继续向下执行。

③生成新的随机数 $\big(\mathrm{RN}_2^{\mathrm{new}}, \mathrm{RN}_3^{\mathrm{new}}\big)$，并计算新的口令字参数 $D_{\mathrm{E}}^{\mathrm{new}}$、$\overline{D}^{\mathrm{new}}$，计算式分别为

$$D_{\mathrm{E}}^{\mathrm{new}} = \mathrm{Hash}\big(\mathrm{ID}_{\mathrm{C}} \| (\mathrm{SK}_{\mathrm{C}} \oplus \mathrm{RN}_2^{\mathrm{new}})\big) \tag{5-18}$$

$$\overline{D}^{\mathrm{new}} = \mathrm{Hash}\big(\overline{D} \oplus \mathrm{RN}_2^{\mathrm{new}}\big) \oplus \mathrm{Hash}\big(\mathrm{ID}_{\mathrm{C}} \| \mathrm{SK}_{\mathrm{C}} \oplus \mathrm{RN}_3^{\mathrm{new}}\big) \tag{5-19}$$

④计算认证消息 $M_2$、$M_3$，计算式分别为

$$M_2 = \mathrm{Hash}\big(\mathrm{Hash}\big(\overline{D} \oplus D_{\mathrm{E}}^{\mathrm{new}}\big) \oplus T_5\big) \tag{5-20}$$

$$M_3 = \mathrm{Hash}\big(\mathrm{Hash}\big(\overline{D} \oplus \overline{D}^{\mathrm{new}}\big) \oplus T_5\big) \tag{5-21}$$

⑤发送 $\left(\text{RN}_2^{\text{new}}, D_{\text{E}}^{\text{new}}, \overline{D}^{\text{new}}, M_2, M_3, T_5\right)$ 至用户 C。

当用户 C 收到消息后，执行以下步骤。

①检查时间戳 $T_5$ 是否有效，若不是有效时戳，则认证失败，停止认证；若是有效时戳，则继续向下执行。

②验证等式 $\text{Hash}\left(\text{Hash}\left(D \oplus \text{Hash}\left(\text{PW}' \oplus \text{RN}_4\right) \oplus D_{\text{E}}^{\text{new}}\right) \oplus T_5\right) = M_2$ 及 $\text{Hash}\left(\text{Hash}\left(D \oplus \text{Hash}\left(\text{PW}' \oplus \text{RN}_4\right) \oplus \overline{D}^{\text{new}}\right) \oplus T_5\right) = M_3$ 是否都成立，若均成立，则继续向下执行；若有一个等式不成立，则认证失败。

③生成新随机数 $\text{RN}_4$，计算新的认证信息 $D^{\text{new}}$，计算式为

$$D^{\text{new}} = \text{Hash}\left(D \oplus \text{Hash}\left(\text{PW}' \oplus \text{RN}_4\right) \oplus \text{RN}_2^{\text{new}}\right) \oplus \overline{D}^{\text{new}} \oplus \text{Hash}\left(\text{PW}' \oplus \text{RN}_4^{\text{new}}\right) \quad (5\text{-}22)$$

④将 $\left(D_{\text{E}}, D, \text{RN}_2, \text{RN}_4\right)$ 替换为 $\left(D_{\text{E}}^{\text{new}}, D^{\text{new}}, \text{RN}_2^{\text{new}}, \text{RN}_4^{\text{new}}\right)$。

（6）会话密钥协商。认证服务器 AS 执行以下步骤。

①检查步骤（4）及步骤（5）阶段时的 SR，若 SR = 0，则直接进行步骤（7），否则执行步骤（2）。

②选择一个随机数 $a \in Z_n^*$。

③计算秘密辅助信息 $\text{SM}_{\text{AS}}$，计算式如式（5-23）~式（5-25）所示。

$$\text{当 SR} = 1 \text{ 时，} \quad \text{SM}_{\text{AS}} = \text{Hash}\left(\text{ID}_{\text{C}} \| K_{\text{B}} \| \text{RN}_6\right) \quad (5\text{-}23)$$

$$\text{当 SR} = 2 \text{ 时，} \quad \text{SM}_{\text{AS}} = \text{Hash}\left(\text{Hash}\left(\text{ID}_{\text{C}} \| \text{SK}_{\text{C}} \oplus \text{RN}_3^{\text{new}}\right)\right) \quad (5\text{-}24)$$

$$\text{当 SR} = 3 \text{ 时，} \quad \text{SM}_{\text{AS}} = \text{Hash}\left(\text{ID}_{\text{C}} \| K_{\text{B}} \| \text{RN}_6\right) \oplus \text{Hash}\left(\text{Hash}\left(\text{ID}_{\text{C}} \| \text{SK}_{\text{C}} \oplus \text{RN}_3^{\text{new}}\right)\right)$$

$$(5\text{-}25)$$

④计算 $K_{\text{AS}} = \text{SM}_{\text{AS}} \oplus aP$。

⑤发送 $K_{\text{AS}}$ 至用户 C。

用户 C 收到消息后，执行以下步骤。

①选择一个随机数 $b \in Z_n^*$。

②计算秘密辅助信息 $\text{SM}_{\text{C}}$，计算式如式（5-26）~式（5-28）所示。

$$\text{当 SR} = 1 \text{ 时，} \quad \text{SM}_{\text{C}} = \text{Hash}\left(\text{ID}_{\text{C}} \| K_{\text{B}} \| \text{RN}_6\right) \quad (5\text{-}26)$$

$$\text{当 SR} = 2 \text{ 时，} \quad \text{SM}_{\text{C}} = \text{Hash}\left(D^{\text{new}} \oplus \text{Hash}\left(\text{PW} \oplus \text{RN}_4^{\text{new}}\right)\right) \quad (5\text{-}27)$$

当 SR = 3 时，$\text{SM}_C = \text{Hash}\left(\text{ID}_C \| K_B \| \text{RN}_6\right) \oplus \text{Hash}\left(D^{\text{new}} \oplus \text{Hash}\left(\text{PW} \oplus \text{RN}_4^{\text{new}}\right)\right)$

$$(5\text{-}28)$$

③计算 $K_C = \text{SM}_C \oplus bP$。

④计算 $K_S = b\left(K_{\text{AS}} \oplus \text{SM}_C\right)$，其中 $K_S$ 为认证服务器及用户协商的会话密钥。

⑤发送 $\left(K_C, \text{ENC}_{K_S}\left(aP\right)\right)$ 至认证服务器 AS。

当认证服务器 AS 收到消息后，执行以下步骤。

①计算 $K_S = a\left(K_C \oplus \text{SM}_{\text{AS}}\right)$。

②用 $K_S$ 解密 $\text{ENC}_{K_S}\left(aP\right)$，若解密结果为 $aP$，则认证服务器 AS 认为协商成功，否则协商失败。

③发送 $\text{ENC}_{K_S}\left(bP\right)$ 至用户 C。用户 C 用 $K_S$ 解密 $\text{ENC}_{K_S}\left(bP\right)$，若解密结果为 $bP$，则用户 C 认为协商成功，否则协商失败。

（7）服务授权。当用户 C 需要获取某个服务时，查询是否拥有获取该服务的有效 token，若有则，直接执行授权；否则用户 C 及认证服务器 AS 执行认证接入完成相应等级的认证及密钥协商。若认证或密钥协商失败，则结束服务授权，授权失败；若两者均成功，则用户 C 发送服务授权请求 $M_{\text{RS}} = \left(\text{ID}_C, \text{ServiceRequest}\right)$ 至认证服务器 AS。当认证服务器 AS 收到消息后，执行以下步骤。

①确定服务请求中的 SR 小于或等于认证过程中的 SR，若服务请求中的 SR 大于认证中的 SR，则跳转执行注册环节。

②生成令牌 $\text{Token}_C = \text{SIGN}_{\text{SK}_{\text{AS}}}\left(\text{ID}_C, \text{ID}_S, K_{\text{CS}}, \text{SR}, T_6, \text{lifetime}\right)$，其中，$\text{ID}_S$ 为提供用户需求服务的服务器，$K_{\text{CS}}$ 为该服务器及用户间的会话密钥。认证服务器将通过安全系统通道将 $K_{\text{CS}}$ 发送给该服务器。

③发送 $\text{ENC}_{K_S}\left(\text{Token}_C, \text{ID}_S, K_{\text{CS}}, T_6, \text{lifetime}\right)$ 至用户 C，当 SR = 0 时，数据不进行加密。

用户 C 收到消息后，将消息用 $K_S$ 解密，并将服务请求发送至提供服务的服务器 $\text{ENC}_{K_{\text{CS}}}\left(\text{Token}_C, \text{ID}_C, T_6, \text{lifetime}, \text{servicecode}\right)$。该服务器收到消息后通过认证服务器验证 token 的合法性。认证服务器将验证结果返回至提供服务的服务器，若 token 不合法，则授权失败；若 token 合法，则授权成功，并提供用户所需服务。

多因子通用可组合认证及服务授权方法结合生物特征、口令字及智能卡 3 种认证因子进行身份认证。通过模块化的设计，可将认证阶段灵活地组合或者拆分执行，实现 4 种安全等级的身份认证，大大减少了系统的复杂性，提高了系统效率。

## 5.3.2 不同公钥系统间认证加密方法

证书公钥系统不需要获取用户的私钥，但是需要管理大量证书，任务繁重；身份公钥系统不需要证书，但是其拥有所有用户的私钥，因此可以解密任何用户的密文与伪造用户签名，存在密钥托管的问题。在实际应用中，不同的机构根据具体情况可能采用证书公钥系统，也可能采用身份公钥系统。现有的方法在这两种系统之间传输消息比较复杂且传输效率较低。通过引入双线性映射方法和会话密钥加密技术，不同公钥系统间的认证加密方法[11]能够满足不同系统间的认证加密传输需求，可解决证书公钥系统和身份公钥系统之间传输复杂且效率低的问题。

1. 不同公钥系统间认证加密流程

不同公钥系统间的认证加密的主要流程为：①证书公钥系统和身份公钥系统从公钥函数数据库中选取参数，分别生成证书公钥系统和身份公钥系统的公私钥，根据系统的参数和公私钥生成用户的公私钥，并利用双线性映射、发送者的私钥和接收者的公钥，计算身份公钥系统与证书公钥系统的用户之间的会话秘钥；②证书公钥系统和身份公钥系统利用该会话密钥认证加密消息得到密文，并把密文发送给接收者；③接收者先利用双线性映射和自身的私钥，计算出会话密钥，再用该会话密钥解密出明文消息，并认证发送者的身份。

2. 不同公钥系统间认证加密系统

不同公钥系统间的认证加密系统涉及 CA、PKG 和节点。不同公钥系统间认证加密通信系统功能结构如图 5-18 所示。CA 为证书公钥系统的"证书中心"，负责颁发和管理公钥证书；PKG 为身份公钥系统的"私钥生成中心"，负责生成用户私钥；节点 A 为证书公钥系统的一个用户；节点 B 为身份公钥系统的一个用户；证书公钥系统和身份公钥系统可以各自独立，也可以是某个公钥系统下的两个子系统。

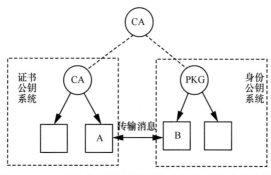

**图 5-18 不同公钥系统间认证加密通信系统功能结构**

3. 不同公钥系统间认证加密的应用示例

下面通过示例来说明不同公钥系统间的认证加密方法，主要包括系统公私钥生成、用户公私钥生成、会话密钥生成、加密传输和解密认证 5 个步骤。不同公钥系统间的认证加密方法工作流程如图 5-19 所示。

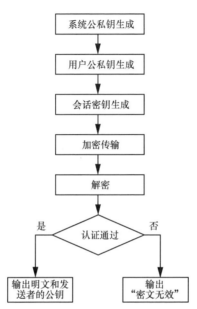

图 5-19 不同公钥系统间的认证加密方法工作流程

（1）系统公私钥生成。证书公钥系统和身份公钥系统从公钥函数数据库中选取一套参数，包括两个阶为素数 $q$ 的循环群 $G_1$ 和 $G_2$，一个双线性对 $\hat{e}: G_1 \times G_1 \to G_2$，4 个哈希函数 $H_1: \{0,1\}^* \to G_1$，$H_2: Z_q^* \times G_2 \to \{0,1\}^n$，$H_3: \{0,1\}^n \to \{0,1\}^n$ 和 $H_4: \{0,1\}^n \times \{0,1\}^n \to Z_q^*$。其中，$P$ 为 $G_1$ 的生成元，$n$ 是明文消息的比特长度，$Z_q^*$ 表示有限域 $Z_q$ 去掉零元素后的乘法群。证书公钥系统从 $Z_q^*$ 中随机选取一个元素 $s$ 作为系统的私钥，计算公钥 $\text{mpk} = sP$；身份公钥系统从 $Z_q^*$ 中随机选取一个元素 sk 作为系统的私钥，计算公钥 $\text{pk} = \text{sk}P$。

（2）用户公私钥生成。身份公钥系统将用户身份 $\text{ID}_B$ 作为用户 B 的公钥，根据系统私钥 $s$ 和用户公钥 $\text{ID}_B$ 计算用户私钥 $D_B = sH_1(\text{ID}_B)$；证书公钥系统的用户 A 从 $Z_q^*$ 中任意选择一个元素 $x_A$ 作为其私钥，并将该私钥与系统参数中 $G_1$ 的生成元 $P$ 相乘，计算出用户 A 的公钥 $Y_A = x_A P$。

（3）会话密钥生成。身份公钥系统的发送者 B 给证书公钥系统的接收者 A 发送

消息 $M$，B 用自己的私钥 $D_B$ 和接收者 A 的公钥 $Y_A$ 计算会话密钥 $K_{BA} = \hat{e}(Y_A, D_B)$。

证书公钥系统的发送者 A 给身份公钥系统的接收者 B 发送消息 $M$，A 用自己的私钥 $x_A$ 和接收者 B 的公钥 $ID_B$ 计算出会话密钥 $K_{AB} = \hat{e}(\text{mpk}, H_1(ID_B))^{x_A}$。

（4）加密传输。发送者用以上得到的会话密钥 $K_{BA}$、$K_{AB}$ 加密消息 $M$，并将该密文发送给接收者。具体过程为：发送者从集合 $\{0,1\}^n$ 中任意选取一个元素 $\sigma$，计算 $H_4(\sigma, M)$，记为 $U = H_4(\sigma, M)$。集合 $\{0,1\}^n$ 由 $n$ 比特长的二进制序列组成；计算 $\sigma \oplus H_2(U, K)$，记为 $V = \sigma \oplus H_2(U, K)$，其中 $K = K_{BA}, K_{AB}$；计算 $M \oplus H_3(\sigma)$，记为 $W = M \oplus H_3(\sigma)$；根据计算的结果，生成密文 $C = (U, V, W)$，并将该密文发送给接收者。

（5）解密及认证。接收者根据双线性对的性质，用自己的私钥和发送者的公钥计算出会话密钥 $K_{BA} = \hat{e}(\text{mpk}, H_1(ID_B))^{x_A}$ 或 $K_{AB} = \hat{e}(Y_A, D_B)$，再用该会话密钥解密出明文消息，并认证发送者的身份，具体过程如下：

①证书公钥系统的接收者 A 收到由身份公钥系统的发送者 B 发送的密文 $C = (U, V, W)$，根据双线性对的性质 $K_{BA} = \hat{e}(Y_A, D_B) = \hat{e}(x_A P, s H_1(ID_B)) = \hat{e}(sP, H_1(ID_B))^{x_A} = \hat{e}(\text{mpk}, H_1(ID_B))^{x_A}$，用自己的私钥 $x_A$ 和发送者 B 的公钥 $ID_B$ 计算会话密钥 $K_{BA} = \hat{e}(\text{mpk}, H_1(ID_B))^{x_A}$。

②身份公钥系统的接收者 B 收到由证书公钥系统的发送者 A 发送的密文 $C = (U, V, W)$，根据双线性对的性质 $K_{BA} = \hat{e}(\text{mpk}, H_1(ID_B))^{x_A} = \hat{e}(sP, H_1(ID_B))^{x_A} = \hat{e}(x_A P, s H_1(ID_B)) = \hat{e}(Y_A, D_B)$，用自己的私钥和发送者 A 的公钥计算出会话密钥 $K_{AB} = \hat{e}(Y_A, D_B)$。

③接收者计算明文消息 $M = W \oplus H_3(\sigma')$，计算 $H_4(\sigma', M)$，验证 $H_4(\sigma', M)$ 是否等于 $U$，如果是，则输出消息 $M$ 和发送者的公钥，否则输出"密文无效"，其中，$\sigma' = V \oplus H_2(U, K)$，$U$、$V$ 和 $W$ 是步骤（4）计算出的密文，$K = K_{BA}, K_{AB}$。

利用双线性对，不同公钥系统间的认证加密方法计算出证书公钥系统和身份公钥系统的用户之间的会话密钥，并用该密钥对消息进行认证加密和传输，这避免了发送者同时用数字签名和公钥加密，或者先到接收者所在的公钥系统申请公私钥，然后在同一个公钥系统中对消息进行认证加密的复杂过程。上述方法具有实施过程简单、传输效率高的优点，可用于证书公钥系统与身份公钥系统之间对秘密文件的可认证传输。

## 5.3.3 基于中国剩余定理的群组密钥管理

多播技术在网络中的应用越来越广泛，基于多播的群组通信被广泛应用于远程会议、计费电视和网络游戏等方面。由于因特网上的安全威胁日益严重，加上多播群组通信自身暴露的安全问题，多播应用必须考虑群组通信的安全性。通过采用群组二次划分和子组密钥共享的方式，基于中国剩余定理的群组密钥管理方法能够解决组密钥安全生成、安全分发，以及成员变动后组密钥更新等群组密钥管理问题，使群组成员共享一个不为非群组成员知晓的组密钥，从而保证群组成员间的安全通信。

1. 基于中国剩余定理的群组密钥管理流程

基于中国剩余定理的群组密钥管理的主要流程为：①将群组分为多个子组，成员子组由子组密钥管理器管理，SKS 子组由总组密钥管理器管理，组成员向子组密钥管理器提供成员信息，子组密钥管理器分发成员子组的子组密钥，总组密钥管理器分发 SKS 子组的子组密钥；②在子组密钥分发完成后，总组密钥管理器和子组密钥管理器分发组密钥，更新间隔中子组密钥管理器对公开数做预计算，群组成员变动后子组密钥管理器更新子组密钥；③在子组密钥更新完成后，子组密钥管理器更新组密钥，在群组通信的整个过程中，SKS 子组以基于时间的更新模式不断更新子组密钥。

2. 基于中国剩余定理的群组密钥管理的应用示例

群组密钥管理方法中的主要符号及其含义见表 5-1。

表 5-1 群组密钥管理方法中的主要符号及其含义

| 符号 | 含义 |
| --- | --- |
| GKS | 总组密钥管理器，负责 SKS 子组的子组密钥的生成、分发和更新，以及整个群组的组密钥的生成、分发和更新 |
| $SKS_i$ | 第 $i$ 组的子组密钥管理器，负责第 $i$ 组的子组密钥的生成、分发和更新，以及组密钥的分发和更新 |
| GM | 组成员 |
| $K$ | 群组成员共同享有的组密钥 |
| $k_i$ | 第 $i$ 组的子组密钥，只有第 $i$ 组的组成员持有 |
| $N$ | 群组成员个数 |
| $n$ | 子组成员个数 |
| $m_{x_y}$ | 第 $x$ 组的第 $y$ 个成员所持有的秘密数 |

（续表）

| 符号 | 含义 |
|------|------|
| $\{P\}$ | $m_{x_y}$ 的生成库，即一个包含无限多个不重复的正整数的库，且这些正整数两两互素。在密钥的分发过程中，随机选取使用 $\{P\}$ 中的数，这些数使用过后便被丢弃，以保证每个数都不会被重复使用 |
| $\left(P_{x_y}, Q_{x_y}\right)$ | 每个组成员和子组密钥管理器所持有的公私钥对，下标 $x$ 是子组的标记，下标 $y$ 是同一子组内区分不同成员的标记 |

群组密钥管理流程如下。

（1）建立初始系统模型。群组结构如图 5-20 所示。将群组分为 $j$ 个独立的成员子组，其中 $j>0$。每个成员子组都由一个子组密钥管理器管理，且每个成员子组的成员个数不超过 $L$，其中 $L$ 依据群组应用系统的规模确定或者依据子组密钥管理器的能力确定，$L>0$。全部的子组密钥管理器组成一个单独的子组，称为 SKS 子组，由总组密钥管理器管理，SKS 子组中子组密钥管理器的个数多于成员子组的个数。

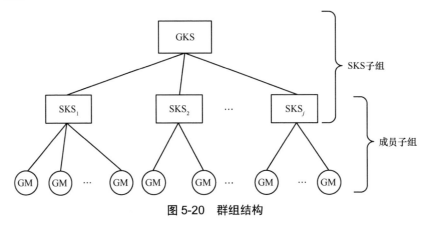

图 5-20　群组结构

（2）组成员提供信息。组成员加入群组后其所在子组的子组密钥管理器提供身份 ID、证书、公钥 $Q_{x_y}$、加入群组时间和预离开群组时间信息。其中，身份 ID 包括组成员的姓名和身份编号；证书是成员加入群组时通过身份认证后得到的证书，作为合法加入本群的证明；公钥是由组成员依据群组规定的加解密算法所生成的；加入群组时间是指成员加入群组的当前时间；预离开群组时间是成员合法性的到期时间，在密钥更新时，子组密钥管理器参考此时间进行预计算。

（3）生成并分发子组密钥。子组密钥管理器生成并分发成员子组的子组密钥，总组密钥管理器生成并分发 SKS 子组的子组密钥，具体流程如下。

①第 $i$ 组 ($i = 0, 1, 2, \cdots, j$) 的子组密钥管理器在 $\{P\}$ 中选取 $n$ 个秘密数 $m_{i_1}, m_{i_2}, \cdots, m_{i_n}$，分别将其通过秘密渠道发送给 $n$ 个组成员，其中第 0 组为 SKS 子组，第 0 组的子组密钥管理器为总组密钥管理器。

②第 $i$ 组 ($i = 0, 1, 2, \cdots, j$) 的子组密钥管理器随机选取子组密钥 $k_i$，根据选取子组密钥 $k_i$ 计算公开数 $X_i$

$$X_i = \left( M'_{i_1} M_{i_1} \mathrm{ENC}_{Q_{i_1}}(k_i) + M'_{i_2} M_{i_2} \mathrm{ENC}_{Q_{i_2}}(k_i) + \cdots + M'_{i_n} M_{i_n} \mathrm{ENC}_{Q_{i_n}}(k_i) \right) \bmod m_i$$

其中，$m_i = m_{i_1} m_{i_2} \cdots m_{i_n}$，$M_{i_q} = \dfrac{m_i}{m_{i_q}}$，$M'_{i_q} M_{i_q} \equiv 1 \left( \bmod m_{i_q} \right)$，$\mathrm{ENC}_{Q_{i_q}}(k_i)$ 是用第 $i$ 组的第 $q$ 个成员的公钥 $Q_{i_q}$ 加密子组密钥 $k_i$ 的数据结果，$q = 1, 2, \cdots, n$，子组密钥 $k_i$ 的选取必须符合要使用的加解密算法标准。

③第 $i$ 组 ($i = 0, 1, 2, \cdots, j$) 的子组密钥管理器将公开数 $X_i$ 发送给第 $i$ 组的组成员。

④第 $i$ 组 ($i = 0, 1, 2, \cdots, j$) 的第 $q$ 个 ($q = 1, 2, \cdots, n$) 组成员收到公开数 $X_i$ 后，计算第 $i$ 组的子组密钥 $k_i$

$$k_i = \mathrm{DEC}_{P_{i_q}} \left[ X_i \bmod m_{i_q} \right]$$

其中，$P_{i_q}$ 是第 $i$ 组的第 $q$ 个成员的私钥，$\mathrm{DEC}_{P_{i_q}}[]$ 是用 $P_{i_q}$ 进行的解密运算。

（4）组密钥分发。总组密钥管理器将组密钥分发给子组密钥管理器，子组密钥管理器将组密钥分发给组成员，具体流程如下。

①总组密钥管理器随机选取组密钥 $K$，用 SKS 子组的子组密钥 $k_0$ 加密组密钥 $K$，得到组密钥的密文 $\mathrm{ENC}_{k_0}(K)$，并将 $\mathrm{ENC}_{k_0}(K)$ 发送给子组密钥管理器，其中，组密钥 $K$ 的选取必须符合要使用的加解密算法标准。

②第 $i$ 组 ($i = 0, 1, 2, \cdots, j$) 的子组密钥管理器收到 $\mathrm{ENC}_{k_0}(K)$ 后，用子组密钥 $k_0$ 解密得到组密钥 $K$。

$$K = \mathrm{DEC}_{k_0} \left[ \mathrm{ENC}_{k_0}(K) \right]$$

③第 $i$ 组 ($i = 0, 1, 2, \cdots, j$) 的子组密钥管理器用第 $i$ 组的子组密钥 $k_1$ 加密组密钥 $K$ 得组密钥密文 $\mathrm{ENC}_{k_1}(K)$，并将 $\mathrm{ENC}_{k_1}(K)$ 发送给第 $i$ 组的组成员。

④ 第 $i$ 组 ($i = 0, 1, 2, \cdots, j$) 的组成员收到 $\mathrm{ENC}_{k_1}(K)$ 后，用第 $i$ 组的子组密钥 $k_1$ 解密得到组密钥 $K$。

$$K = \mathrm{DEC}_{k_1}\left[\mathrm{ENC}_{k_1}(K)\right]$$

（5）公开数预计算及分发。组密钥分发完成后，群组处在更新间隔中，子组密钥管理器在该间隔中对下一次子组密钥更新所需的公开数 $X$ 进行预计算，当群组中的成员变动后，将该预计算结果分发给组成员，安全更新子组密钥，具体流程如下。

第 $i$ 组 $(i = 0, 1, 2, \cdots, j)$ 的子组密钥管理器随机选取 $l$ 个新的秘密数 $m_{i_{(n+1)}}$，$m_{i_{(n+2)}}, \cdots, m_{i_L}$，其中 $l=L-n$，并丢弃将要离开成员的秘密数 $m_{i_p}$。

第 $i$ 组 $(i = 0, 1, 2, \cdots, j)$ 的子组密钥管理器选取新的子组密钥 $k_i'$，根据秘密数计算新的公开数 $X_i'$

$$X_i' = \Big(M_{i_1}' M_{i_1} \mathrm{ENC}_{Q_{i_1}}(k_i') + \cdots + M_{i_{(p-1)}}' M_{i_{(p-1)}} \mathrm{ENC}_{Q_{i_{(p-1)}}}(k_i') +$$
$$M_{i_{(p+1)}}' M_{i_{(p+1)}} \mathrm{ENC}_{Q_{i_{(p+1)}}}(k_i') + \cdots + M_{i_n}' M_{i_n} \mathrm{ENC}_{Q_{i_n}}(k_i') + M_{i_{(n+1)}}'$$
$$M_{i_{(n+1)}}\big(m_{i_{(n+1)}} \oplus k_i'\big) + \cdots + M_{i_L}' M_{i_L}\big(m_{i_L} \oplus k_i'\big)\Big) \bmod m_i$$

其中，$m_i = m_{i_1} m_{i_2} \cdots m_{i_n}$，$M_{i_q} = \dfrac{m_i}{m_{i_q}}(q = 1, 2, \cdots, L)$，$M_{i_q}'(q = 1, 2, \cdots, L)$ 是 $M_{i_q}$ 模 $m_{i_q}$ 的逆，由式 $M_{i_q} M_{i_q}' \equiv 1 \pmod{m_{i_q}}$ 确定，$Q_{i_q}(q = 1, 2, \cdots, L)$ 是第 $q$ 个成员的公钥，$\mathrm{ENC}_{Q_{i_q}}(k_i')(q = 1, 2, \cdots, L)$ 是用 $Q_{i_q}$ 加密 $k_i'$ 的结果，$\oplus$ 是逐比特异或。

第 $i$ 组 $(i = 0, 1, 2, \cdots, j)$ 的组成员变动后，子组密钥管理器将公开数 $X_i'$ 发送给当前组成员。

第 $i$ 组 $(i = 0, 1, 2, \cdots, j)$ 的未变动成员收到公开数 $X_i'$ 后，计算新的子组密钥

$$k_i' = \mathrm{DEC}_{P_{i_q}}\left[X_i' \bmod m_{i_q}\right]$$

第 $i$ 组 $(i = 0, 1, 2, \cdots, j)$ 的新加入成员收到公开数 $X_i'$ 后，计算新的子组密钥

$$k_i' = m_{i_q} \oplus \left[X_i' \bmod m_{i_q}\right]$$

（6）组密钥安全更新。子组密钥更新完成后，子组密钥管理器用新的子组密钥加密组密钥后再发送给组成员，实现组密钥的安全更新，具体流程如下。

①在更新间隔中，总组密钥管理器选取新的组密钥 $K'$，用 SKS 子组的子组密钥 $k_0$ 加密得新组密钥的密文 $\mathrm{ENC}_{k_0}(K')$，并将 $\mathrm{ENC}_{k_0}(K')$ 发送给子组密钥管理器。

②在更新间隔中，子组密钥管理器收到 $\mathrm{ENC}_{k_0}(K')$ 后，计算新的组密钥 $K'$。

$$K'=\mathrm{DEC}_{k_0}\left[\mathrm{ENC}_{k_0}(K')\right]$$

③在成员子组的子组密钥更新完成后，第 $i$ 组（$i = 0, 1, 2, \cdots, j$）的子组密钥管理器用第 $i$ 组的新子组密钥 $k_i'$ 加密组密钥 $K'$ 得新组密钥的密文 $\mathrm{ENC}_{k_i'}(K')$，并将 $\mathrm{ENC}_{k_i'}(K')$ 发送给第 $i$ 组的组成员。

④第 $i$ 组（$i = 0, 1, 2, \cdots, j$）的组成员收到 $\mathrm{ENC}_{k_i'}(K')$ 后，用第 $i$ 组的子组密钥 $k_i'$ 解密，得到组密钥 $K'$。

$$K'=\mathrm{DEC}_{k_i'}\left[\mathrm{ENC}_{k_i'}(K')\right]$$

（7）子组密钥更新。在群组通信的整个过程中，SKS 子组以基于时间的更新模式不断更新子组密钥，以提高 SKS 子组的安全性，具体流程如下。

①总组密钥管理器在更新间隔中选取新的子组密钥 $k_0'$，计算新的公开数 $X_0'$，并组播给子组密钥管理器。

②子组密钥管理器收到公开数 $X_0'$ 后，计算新的子组密钥为

$$k_0'=\mathrm{DEC}_{P_{0_q}}\left[X_0' \bmod m_{0_q}\right]$$

其中，$P_{0_q}$ 是第 $q$ 个（$q = 1, 2, \cdots, j$）子组密钥管理器的私钥，$m_{0_q}$ 是第 $q$ 个（$q = 1, 2, \cdots, j$）子组密钥管理器的秘密数，$\mathrm{DEC}_p[]$ 是解密函数。

③子组密钥管理器在更新时间间隔 $t$ 结束时，启用新的子组密钥。

基于中国剩余定理的群组密钥管理方法通过预计算大大降低更新时延，弥补了由于公私钥加解密所带来的较长的计算时间的不足，可应用于大型群组通信系统，满足前向安全、后向安全、抗联合攻击等安全要求，对组成员的存储能力和计算能力要求较低。

## 5.3.4 基于自认证公钥的两方密钥协商

相对于传统网络，移动自组织网络存在节点性能有限、无中心和易受攻击等特点。在通信两方会话密钥协商方面，移动自组织网络中应用基于公钥的两方密钥协商存在依赖中心服务器生成公钥、需要密钥托管、需要安全信道传送秘密信息、计算量和通信量大等问题。基于自认证公钥的两方密钥协商方法[13]以轻量级密码体制 ECC 为理论基础，能够应用于资源受限的移动自组织网络，并减小通信和计算开销，且在不需要安全信道、无中心和无密钥托管的条件下，可实现移动

自组织网络中通信两方的会话密钥共享。

**1. 基于自认证公钥的两方密钥协商流程**

基于自认证公钥的两方密钥协商的主要流程为：①利用门限密码学方法将共享密钥分给若干个虚拟中心节点；②会话一方 Alice 选择自己的秘密随机数，计算公开参数，将自己的身份及公开参数发送给虚拟中心以申请自己的自认证公钥；③会话另一方 Bob 选择自己的秘密随机数，计算公开参数，将自己的身份及公开参数发送给虚拟中心以申请自己的自认证公钥；④在相互交换了自认证公钥、身份和公开参数后，各自计算出共享会话密钥。

**2. 基于自认证公钥的两方密钥协商的应用示例**

基于自认证公钥的两方密钥协商流程如图 5-21 所示。基于自认证公钥的两方密钥协商方法主要包括离线初始化、申请自认证公钥和密钥协商获取会话密钥 3 个步骤。其中，$p$ 和 $q$ 为大素数，$\mathrm{GF}(q)$ 为 $q$ 阶有限域，$E$ 为 $\mathrm{GF}(q)$ 上的椭圆曲线，$E\big(\mathrm{GF}(q)\big)$ 为 $E$ 上的点构成的 $p$ 阶循环群，$P \in E\big(\mathrm{GF}(q)\big)$ 为生成元。

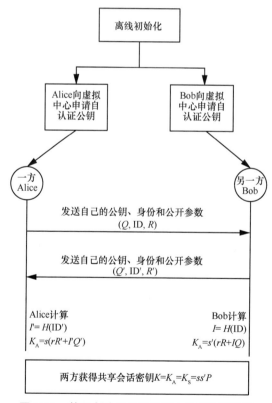

**图 5-21  基于自认证公钥的两方密钥协商流程**

（1）离线初始化。在网络运行之前进行离线初始化，首先，中心处理节点 C 选择虚拟中心节点共享秘密钥 $a \in Z_p^*$ 和 $t$ 次秘密多项式 $f(x) = a + a_1 x + a_2 x^2 + \cdots + a_t x^t$，$a_i \in Z_p$，$i = 1, \cdots, t$，并计算 $Y = aP$，$Y \in E(\text{GF}(q))$ 是虚拟中心的公开密钥；然后，中心处理节点 C 将秘密钥 $a$ 按照 $d_i = f(i)$ 拆成 $n$ 个份额，$i = 1, \cdots, n$，并在离线状态下，将秘密份额 $d_i$ 分发给 $n$ 个虚拟中心节点 $A_i$，$i = 1, \cdots, n$，分发完秘密份额之后退出网络，销毁秘密钥 $a$ 和秘密多项式 $f(x)$。

（2）申请自认证公钥。用户 Alice 申请自认证公钥的具体流程，如图 5-22 所示。图 5-22 中涉及移动自组织网络中的用户 Alice 和其他节点 $A_i$，$i = 1, \cdots, n$。

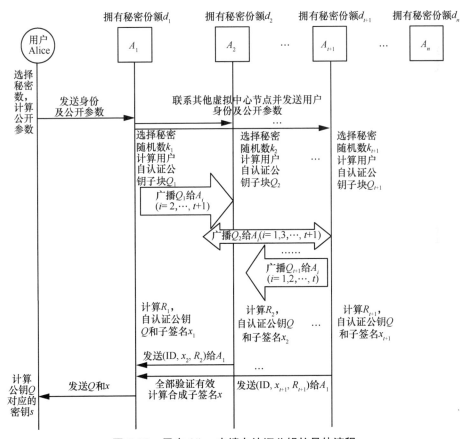

**图 5-22 用户 Alice 申请自认证公钥的具体流程**

①会话一方 Alice 选取自己的随机秘密整数 $h \in Z_p^*$，计算自己的公开参数 $U = hP$，$R = hY$，将 $U$、$R$ 以及身份 ID 发送给离其最近的某个虚拟中心节点，

设为 $A_1$，其中 $P \in E(\text{GF}(q))$ 是生成元，$U \in E(\text{GF}(q))$，$R \in E(\text{GF}(q))$；节点 $A_1$ 作为发起者来联系其他 $t$ 个虚拟中心节点，并将用户 Alice 的公开参数 $U$、$R$ 以及身份 ID 发送给这个 $t$ 个虚拟中心节点，这 $t+1$ 个节点 $A_i$ 称为发布者，$i = 1, \cdots, t+1$。

②每个发布者节点 $A_i$ 选取自己的随机秘密整数 $k_i \in Z_p$，根据 Alice 的公开参数 $U$ 计算 Alice 自认证公钥子块 $Q_i = k_i U$，并广播 $Q_i$ 给其他 $t$ 个发布者，$Q_i \in E(\text{GF}(q))$；每个发布者节点接收到其他发布者的消息后，计算 Alice 自认证公钥 $Q = \sum_{i=1}^{t+1} Q_i = kU$，其中 $k = \sum_{i=1}^{t+1} k_i$；每个发布者节点计算子签名 $x_i = (d_i' r + k_i I) \bmod p$，其中，$r = x_Q \bmod q$ 是 $Q$ 的 $x$ 坐标模 $q$ 取整，$I = H(\text{ID})$ 是用户 Alice 身份信息 ID 的哈希值且模 $p$ 不为 0 的整数，$d_i' = \left( d_i \prod_{j \in \{1, \cdots, t+1\}, j \neq i} j(j-i)^{-1} \right) \bmod p$，$(i-j)^{-1}$ 是 $(i-j)$ 模 $p$ 的逆元；每个发布者节点计算中间变量 $R_i = d_i' U$；每个发布者将 $r$、ID、$x_i$、$R_i$ 发送给合成者 $A_1$，如果 $r = 0$，$A_i$ 自己可以重新选择随机数计算 $Q_i$，并广播给其他发布者，所有发布者重新计算 $Q$、$r$ 和子签名。

③合成者 $A_1$ 在收到发布者 $A_i$ 的子签名 $x_i$ 并验证其有效性后计算合成签名 $x = \sum_{i=1}^{t+1} x_i$，将 $Q$ 和 $x$ 发送给用户 Alice，验证过程即验证等式 $Q_i = x_i I^{-1} U - r I^{-1} R_i$ 是否成立。若等式不成立，则拒绝该发布者的消息；若等式成立，则合成者能够确定所接收的来自发布者 $A_i$ 的子签名 $x_i$ 是真实有效的。

④用户 Alice 根据合成者发送的合成签名 $x$ 和自己的秘密整数 $h$ 计算自己的秘密钥 $s = (xh) \bmod p$，其中 $x = \sum_{i=1}^{t+1} x_i = \sum_{i=1}^{t+1} (d_i' r + k_i I) = r \sum_{i=1}^{t+1} d_i' + I \sum_{i=1}^{t+1} k_i = (ra + kI) \bmod p$。用户 Alice 的自认证公钥为 $Q$，对应的秘密钥为 $s$。

同理，另一个用户 Bob 选取的随机秘密整数为 $h' \in Z_p^*$，公开参数为 $U'$、$R'$，身份信息为 $\text{ID}'$，身份信息哈希值为 $I'$，自认证公钥为 $Q'$，对应的秘密钥为 $s'$。

（3）两方密钥协商。在 Alice 和 Bob 交换了公钥和身份等公开信息之后，Alice 和 Bob 会话双方各自计算出共享的会话密钥。

①Alice 将其公钥 $Q$、身份信息 ID 和公开参数 $R$ 发送给 Bob，同样，Bob 将其公钥 $Q'$、身份信息 $\text{ID}'$ 和公开参数 $R'$ 发送给 Alice。

②Alice 计算 $I' = H(\text{ID}')$ 和 $K_A = s(r'R' + I'Q')$，同样，Bob 计算 $I = H(\text{ID})$ 和

$K_{\mathrm{B}} = s'(rR + IQ)$。

③取 $K_{\mathrm{A}}$ 或 $K_{\mathrm{B}}$ 作为共享会话密钥 $K$，其中 $K_{\mathrm{A}} = K_{\mathrm{B}} = ss'P$，而 $R = hS = h(aP)$ 是 Alice 预先计算的自己的公开参数，$R' = h'S = h'(aP)$ 是 Bob 预先计算的自己的公开参数，$h$ 是 Alice 的随机秘密整数，$h'$ 是 Bob 的随机秘密整数，$r$ 是 Alice 公开钥 $Q$ 的 $x$ 坐标模 $q$ 取整，$r'$ 是 Bob 公开钥 $Q'$ 的 $x$ 坐标模 $q$ 取整。

基于自认证公钥的两方密钥协商方法可解决复杂的证书管理问题，降低了网络的存储、通信和计算开销，且在申请和协商过程传送的所有信息均为公开信息，不需要建立安全信道，非常适合资源受限的无中心的移动自组织网络场景。

# 参考文献

[1] 曹进，马如慧，卜绪萌，等. 适用于 5G 网络设备的轻量级安全接入认证方法及应用: 201910885958.6[P]. 2020-02-07.

[2] 曹进，于璞，李晖，等. 一种海量 NB-IoT 设备的抗量子快速认证与数据传输方法: 201811482918.9[P]. 2019-05-14.

[3] 曹进，李晖，张跃宇，等. 一种用户终端通过 HNB 接入核心网快速重认证方法[C]// 全国通信安全学术会议. 北京: 国防工业出版社, 2010: 66-71.

[4] 曹进，付玉龙，于璞，等. 一种基于 SDN 的隐私保护切换认证方法、5G 异构网络: 201711117764.9[P]. 2018-04-17.

[5] 李晖，赖成喆，张跃宇，等. 基于群组的机器类型通信设备的认证方法: ZL 201110057736.9[P]. 2011-06-08.

[6] 曹进，路世翠，李晖，等. 一种基于多元身份的设备群组认证方法及系统: 201910167442.8[P]. 2019-06-25.

[7] 曹进，龚宇翔，魏澎琛，等. 一种基于移动中继的群到路径移动切换认证方法: 201710189800.6[P]. 2017-07-18.

[8] 曹进，马如慧，李晖，等. 基于固定路径的群预切换认证方法、高铁网络通信平台: 201910078075.4[P]. 2019-05-17.

[9] 曹进，李晖，赖成喆，等. 一种机器类型通信中基于群组的匿名切换认证方法: ZL201510057961.0[P]. 2015-05-06.

[10] 曹进，罗玙榕，李晖，等. 多因子通用可组合认证及服务授权方法、通信服务系统: 201910060302.0[P]. 2019-04-16.

[11] 李晖，孙银霞，朱辉. 证书公钥系统与身份公钥系统之间的认证加密方法: ZL200910023167.9[P]. 2009-12-02.

[12] 李晖, 付晓红, 吕锡香. 基于中国剩余定理的群组密钥管理方法: 201010107171.6[P]. 2010-07-28.

[13] 吕锡香, 李晖, 张卫东. 基于自认证公钥的两方密钥协商方法: 200910219108.9[P]. 2010-05-05.

# 第 6 章

# 网络资源安全防护

泛在网络环境下的网络资源具有跨平台跨域流转、多方协同共享、频繁访问传输和攻击途径多样等特点，传统的安全防护机制难以直接满足信息跨域流转过程中的受控共享和攻击快速检测的需求，亟须构建支持细粒度延伸访问控制、资源安全隔离和威胁精准感知的网络资源安全防护机制。本章围绕泛在网络环境下网络资源的安全防护需求，重点介绍访问控制、隔离机制和威胁检测等方面的关键技术与解决方案。本章内容可应用于云计算、天地一体化网络和物联网等场景。

## 6.1　访问控制

本节首先介绍面向网络空间的访问控制模型[1]，该模型通过引入多种访问控制要素，能够满足动态开放环境下的细粒度、多层次、灵活多变的信息及数据共享中的访问控制需求；然后介绍数据跨域流转过程中的延伸访问控制机制[2]，该机制通过引入访问控制方法和属性映射技术，实现数据跨域流转过程中的共享延伸授权；接下来介绍访问冲突消解策略[3]，该策略通过设计定价机制来激励资源拥有者对访问控制策略进行调整，实现资源传播与隐私损失之间的平衡；最后介绍访问控制异常权限配置挖掘方法[4]，针对访问控制系统迁移过程中存在角色异常权限配置的问题，实现更准确的权限配置方法。

# 6.1.1 面向网络空间的访问控制模型

用户通过动态开放的泛在网络访问网络资源,其安全性随所处环境动态变化。因此,需要动态的访问控制模型来解决安全性问题。目前所见的一些方案仅针对单一具体计算模式或应用场景,难以实现跨平台跨系统的细粒度、自适应访问控制。通过引入基于访问请求实体、广义时态、接入点、资源、访问设备、网络等要素,面向网络空间的访问控制(Cyberspace oriented Access Control,CoAC)模型能够实现动态开放的跨域泛在网络中的细粒度访问控制,可有效防止由于数据所有权与管理权分离、信息二次/多次转发等带来的安全问题。

## 1. 系统模型

如图 6-1 所示,面向网络空间的访问控制系统由访问请求实体、广义网络及资源三部分组成。

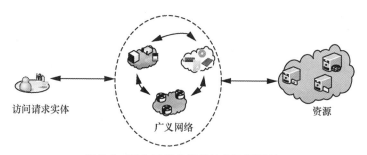

**图 6-1　面向网络空间的访问控制系统**

访问请求实体指资源访问的发起方,其依据生成访问请求时所使用的设备、广义时态、接入点、所要访问的资源等要素获取相应权限。广义网络指信息传播的载体。访问请求实体发起的资源访问请求经由广义网络到达资源服务器。广义网络可以是任意互联的网络传播通道的集合(如移动核心网、有线网络等),也可以是基于传统媒介的传播方式(如光盘、U 盘、纸张等)。资源指访问的对象及其相关属性。

在该系统模型中,访问请求实体发起对相应资源的访问请求。该请求经由广义网络到达资源服务器。资源服务器将访问请求实体在生成访问请求中所使用的设备、广义时态、接入点、所要访问的资源等信息与预先设定的访问控制策略进行匹配。如果匹配成功,则将资源通过广义网络返回给访问请求实体;反之,资源服务器将拒绝访问请求实体对资源的访问。

2. 面向网络空间的访问控制模型形式化描述

图 6-2 给出了面向网络空间的访问控制模型。

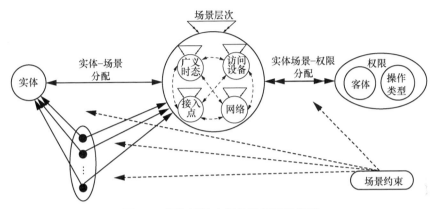

图 6-2 面向网络空间的访问控制模型

定义 6-1 面向网络空间的访问控制模型

$Q$、SC、$P$、$S$ 分别是访问请求实体、场景、权限、会话，其中，$\text{SC} = (T, L, D, \text{NG})$，$T$、$L$、$D$、NG 分别表示广义时态、接入点、访问设备、网络。

$\text{QSC} \subseteq Q \times \text{SC}$ 表示多对多的访问请求实体–场景的分配关系。

$\text{QSCP} \subseteq \text{QSC} \times P$ 表示多对多的实体场景–权限的分配关系。

entity:session $\rightarrow Q$ 表示将会话 $s$ 映射到单个访问请求实体 entity($s$) 的函数。

scene:$S \rightarrow 2^{\text{sc}}$ 将会话 $s$ 映射到场景集合的函数，其中

$$\text{scene}(s) \subseteq \{\text{sc} \mid (\exists \text{sc}' \geq \text{sc})[(\text{entity}(s), \text{sc}') \in \text{QSC}]\} \tag{6-1}$$

会话 $s$ 具有权限

$$\bigcup\nolimits_{\text{sc} \in \text{scene}(s)} \{p \mid (\exists \text{sc}' \leq \text{sc})[(\text{sc}', p) \in \text{QSCP}]\} \tag{6-2}$$

除了定义 6-1 之外，在面向网络空间的访问控制模型中，网络交互图通过限制资源在网络中的传输路径，约束访问请求实体对资源的访问权限。当访问请求实体 $q$ 通过网络向服务器提出对资源 $o$ 的访问请求时，服务器在得到访问请求时将获得 $q$ 的网络位置信息，如 IP 地址、端口号等。服务器以自身地址为起点，以 $q$ 的网络位置信息为终点发起"路径发现"，若发现的路径包含于资源 $o$ 的网络交互图，则该次访问请求被允许；否则被拒绝。例如，按访问控制策略，某公司高管 $a$ 有权限访问 $o$；当 $a$ 出差在外，其接入公司网络的链路不包含于 $o$ 的网络交

互图，此时 $o$ 不能被 $a$ 访问。

　　资源传播链通过限制资源在不同访问请求实体间的转发路径约束请求实体对资源的访问权限，实现资源的受控二次/多次分发、信息保护及溯源。当 $q$ 向服务器提出 $o$ 的访问请求时，服务器判断 $q$ 是否存在于 $o$ 的资源传播链。若 $q$ 存在于资源 $o$ 的资源传播链，则该次访问请求被允许；否则访问请求被拒绝。当 $q$ 向服务器请求 $o$ 的转发操作权限，服务器将判断 $q$ 转发资源的接收者是否存在于资源传播链。若存在，则允许转发操作；否则拒绝，从而实现资源的受控二次/多次分发。通过资源传播链，还能实现资源的溯源。资源在不同访问请求实体间进行转发，经由的每个访问请求实体的信息都将记录于资源的元数据中或被返回服务器，通过资源本身携带的元数据或者服务器中记录的资源元数据实现资源的溯源。

### 3. 管理场景与管理模型

　　在访问控制模型中，由于管理场景可对其他场景进行安全管理，因此管理场景自身的安全性关系到访问控制模型整体的安全性。令 AQ 表示管理资源访问实体集合，通过引入受限的广义时态、接入点、访问设备和网络对管理场景进行定义，见定义 6-2。

**定义 6-2** 管理场景

　　管理场景（Administration Scene，ADSC）可以表示成一个五元组 (aq, limt, liml, limd, limng)，其中 $aq \in AQ$, $limt \in T$, $liml \in L$, $limd \in D$, $limng \in NG$。$limt$ 的集合记为 LIMT，$liml$ 的集合记为 LIML，$limd$ 的集合记为 LIMD，$limng$ 的集合记为 LIMNG。ADSC 是一种特殊的场景，满足场景的所有属性，但其广义时态、接入点、访问设备和网络属性是受限的。

　　通过在受限的场景中引入可信平台模块，场景中的管理场景可以提供更安全的服务，从而对一般场景进行可信的管理。令 ADP（Administration Permission）表示管理权限集合，管理模型见定义 6-3。

**定义 6-3** 管理模型

$Q$ 表示资源访问实体。

$P$ 表示权限集合。

$S$ 表示会话集合。

ADP 表示管理权限集合。

constraints 表示约束条件。

SC 表示一般场景集合，$\text{SC} = (T, L, D, \text{NG})$。其中，$T$、$L$、$D$、NG 分别表示广义时态、接入点、访问设备和网络。

ADSC 表示管理场景集合，$\text{ADSC} = (\text{AQ}, \text{LIMT}, \text{LIML}, \text{LIMD}, \text{LIMNG})$。其中，AQ、LIMT、LIML、LIMD 和 LIMNG 分别为管理资源访问实体、受限广义时态、受限接入点、受限访问设备和受限网络。

管理模型中包含如下分配关系。

$\text{SCSC} \subseteq \text{SC} \times \text{SC}$ 表示多对多的场景–场景分配关系。

$\text{QSC} \subseteq Q \times \text{SC}$ 表示多对多的资源访问实体–场景分配关系。

$\text{QADSC} \subseteq Q \times \text{ADSC}$ 表示多对多的资源访问实体–管理场景分配关系。

$\text{ADSCP} \subseteq \text{ADSC} \times P$ 表示多对多的管理场景–权限分配关系。

管理模型包含以下偏序序列。

$\text{SCH} \subseteq \text{SC} \times \text{SC}$ 表示场景集合 SC 上的偏序关系。

$\text{ADSCH} \subseteq \text{ADSC} \times \text{ADSC}$ 表示管理场景集合 ADSC 上的偏序关系。

管理模型所涉及的映射函数定义如下。

$\text{entity} : S \to Q$ 表示将会话 $s$ 映射到单个资源访问实体 $\text{entity}(s)$ 的函数（会话生命周期内保持不变）。

$\text{scene} : S \to 2^{\text{SC} \cup \text{ADSC}}$ 表示将会话 $s$ 映射到场景集合的函数，其中

$$\text{scene}(s) \subseteq \{\text{sc} \mid (\exists \text{sc}' \geqslant \text{sc})\big[(\text{entity}(s), \text{sc}') \in \text{QSC} \cup \text{QADSC}\big]\} \quad (6\text{-}3)$$

会话 $s$ 具有权限 $U_{\text{sc} \in \text{scene}(s)} \{p \mid (\exists \text{sc}' \leqslant \text{sc})\big[(\text{sc}', p) \in \text{QSCP} \cup \text{ADSCP}\big]\}$。

图 6-3 给出了场景管理模型结构，其中包含了一般场景层次、管理场景层次、广义时态层次、访问设备层次和网络层次。从图 6-3 中可知，场景管理模型通过管理场景集合 ADSC 对资源访问实体–场景分配、场景–权限分配和场景状态进行管理。场景管理模型利用 constraints 对"资源访问实体–场景分配、场景–权限分配、资源访问实体–管理场景分配、管理场景–管理权限分配"进行控制。由于管理场景模块在受限的广义时态、访问设备、接入点和网络下进行一般的场景管理，因此可以保证管理场景的安全性。

### 4. 管理模型的功能

CoAC 中的资源访问实体–管理场景和管理场景–管理权限的控制关系定义以及场景状态管理中的相关函数见定义 6-4～定义 6-6。

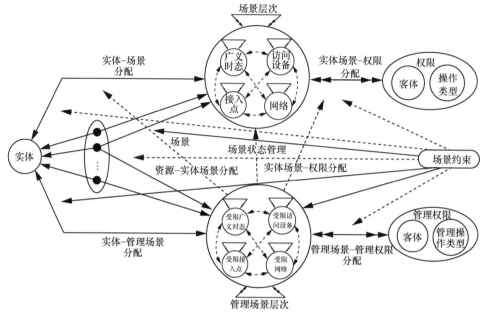

图 6-3 场景管理模型结构

**定义 6-4** 先决条件是通过 $\land$ 和 $\lor$ 操作符对 $x$ 和 $\bar{x}$ 进行操作的布尔表达。其中，$x \in SC$ 是一般场景。对于资源访问请求实体 $q$，有

若 $x$ 为真，则 $(\exists x' \geqslant x)\big((q, x') \in QSC \land (q, x') \notin QADSC\big)$。

若 $\bar{x}$ 为真，则 $(\forall x' \geqslant x)\big((q, x') \in QSC \land (q, x') \notin QADSC\big)$。

对于给定一般场景集合 SC，令 CSC 表示使用 SC 中场景可能得到的所有先决条件。其中，$x \in ADSC$ 是管理场景。对于资源访问请求实体 $q$，有

若 $x$ 为真，则 $(\exists x' \geqslant x)\big((q, x') \in QADSC \land (q, x') \notin QSC\big)$。

若 $\bar{x}$ 为真，则 $(\forall x' \geqslant x)\big((q, x') \in QADSC \land (q, x') \notin QSC\big)$。

对于给定的管理场景集合 ADSC，令 CADSC 表示使用 ADSC 中管理场景可能得到的所有先决条件。

**定义 6-5** 管理模型使用式（6-4）和式（6-5）分别表示对资源访问实体–管理场景进行分配、对已经分配的资源访问实体–管理场景进行撤销。

$$\text{can.assignsq} \subseteq \text{ADA}' \times \text{CADSC} \times 2^{\text{ADSC}} \tag{6-4}$$

$$\text{can.revokesq} \subseteq \text{ADA}' \times 2^{\{\text{ADSC}\backslash\{\text{superadsc}\}\}} \tag{6-5}$$

其中，$\text{ADA}' = \text{ADA}\backslash\{a \mid \nexists a' \in \text{ADA}, a' < a\}$，superadsc 是超级管理场景，位于

管理层次结构的顶层，且不能被撤销。设 $Z$ 表示"可被分配的管理场景"的集合，can.assignsq$(x, y, Z)$ 表示管理场景 $x$ 可以对满足先决条件 $y$ 的用户分配管理场景 $z \in Z$。设 $Z$ 表示撤销的管理行为集合，则 can.revokesq$(x, Z)$ 表示管理场景 $x$ 可以撤销分配给用户的管理场景集合 $Z$。

**定义 6-6** 管理模型分别使用式（6-6）和式（6-7）对管理场景–管理权限进行分配和撤销。

$$\text{can.assignsq} \subseteq \text{ADA}' \times \text{CADSC} \times 2^{\text{ADP}} \tag{6-6}$$

$$\text{can.revokesq} \subseteq \text{ADA}' \times 2^{\text{ADP}} \tag{6-7}$$

其中，ADP 表示各管理类权限的集合，包括资源访问实体管理、场景管理、权限管理、访问请求实体–场景分配管理、场景–权限分配管理、场景状态管理等。

定义 6-7～定义 6-9 采用 Z-符号对场景状态管理中的添加、修改和删除操作进行了形式化定义。其中，NAME 为抽象数据类型，表示场景模型中的场景、资源访问请求实体、广义时态、接入点、访问设备、网络、会话、权限等组件；QUERYS 为访问请求实体集合；SCENES 为场景集合；TSTATES 为广义时态状态集合；LOCATES 为接入点集合；DEVICES 为访问设备集合，NETGRAPHYS 为网络集合；SESSIONS 为会话集合；OPS 为操作集合；OBS 为对象集合。

**定义 6-7** 添加

AddScene(scene:NAME)◁

scene∉SCENES

if scene.query∉QUERYS

then QUERY'=QUERYS∪{query}

if scene.temporalstate∉TSTAES

then TSTATES'=TSTATES∪{temporalstate}

if scene.locate∉LOCATES

then LOCATES'=LOCATES∪{locate}

if scene.device∉DEVICES

then DEVICES'=DEVICES∪{device}

if scene.netgraphy∉NETGRAPHYS

then NETGRAPHY'=NETGRAPHYS∪{netgraphy}

SCENES'=SCENES∪{scene}

QSC'=QSC∪{scene↦φ}

SCP'=SCP∪{scene↦φ}▷

**定义 6-8  修改**

ModifyScene(scene, query, temporalstate, locate, device, netgraphy: NAME)◁

scene∈SCENES

if scene.query∉QUERYS

then QUERY'=QUERYS∪{query}

if scene.temporalstate∉TSTAES

then TSTATES'=TSTATES∪{temporalstate}

if scene.locate∉LOCATES

then LOCATES'=LOCATES∪{locate}

if scene.device∉DEVICES

then DEVICES'=DEVICES∪{device}

if scene.netgraphy∉NETGRAPHYS

then NETGRAPHY'=NETGRAPHYS∪{netgraphy}

[ ∀s∈SESSIONS; ∀scene∈SCENE • scene(s)⇒DeleteSession(s)]

scene'=(temporalstate, locate, device, netgraphy)

SCENE'=SCENE\{scene}∪{scene'}

QSC'=QSC∪{ ∀q∈QUERY • scene↦q}∪{scene'↦φ}

SCP'=SCP∪{ ∀op∈OPS; ∀ob∈OBS • scene↦(op, ob)}∪{scene'↦φ}▷

**定义 6-9  删除**

DeleteScene(scene:NAME)◁

scene∈SCENES

[s∈SESSIONS.action∈SCENE.action(s)⇒DeleteSession(s)]

[∀sc∈SCENES\{scene}, sc.q≠scene.q⇒QUERYS'=QUERYS\{scene.q}]

[∀sc∈SCENES\{scene}, sc.temporalstate≠scene.temporalstate⇒

TSTATES'=TSTATES\{scene.temporalstate}]

[∀sc∈SCENES\{scene}, sc.locate≠scene.locate⇒

LOCATES'=LOCATES\{scene.locate}]

[∀sc∈SCENES\{scene}, sc.device≠scene.device⇒

DEVICES′=DEVICES\{scene.device}]

[∀sc∈SCENES\{scene}, sc.netgraphy≠scene.netgraph ⇒

NETGRAPHYS′= NETGRAPHYS\{scene.netgraphy}]

QSC′=QSC\{∀q∈QUERY • scene↦q}

SCP′=SCP∪{∀op ∈OPS; ∀ob∈OBS • scene↦(op,ob)}

SCENES′=SCENES\{scene} ▷

通过识别资源访问实体的用户身份、访问代理、角色信息、广义时态、接入点、访问设备、网络等信息，利用相关函数对场景的资源访问实体–场景、场景–权限和场景状态进行管理。

面向网络空间的访问控制模型可有效控制用户在何时、何地、使用何种设备、经由何种网络、采用何种操作访问何种资源，从而满足了分布式计算、移动计算、云计算等新型泛在网络服务模式中的需求，包括细粒度、多层次、灵活多变的数据共享访问控制需求。

## 6.1.2 数据跨域流转过程中的延伸访问控制机制

在泛在网络环境中，各种各样的大型应用系统为完成某项任务，往往需要多个子系统协同运作。这些子系统大部分属于不同管理域，或部署在不同地域。而数据需要在这些不同的子系统之间相互流转和共享，数据跨系统跨域流转已成为泛在网络环境数据共享的趋势。如何确保数据跨系统跨域流转后的受控共享是访问控制面临的重大挑战。数据跨域流转过程中的延伸访问控制机制通过引入属性映射技术，能够满足复杂网络环境下跨系统跨域的数据受控共享需求，从而解决数据跨域流转过程中的共享延伸授权和隐私泄露问题。

**1. 数据跨域流转过程中的延伸访问控制流程**

数据跨域流转过程中的延伸访问控制流程为：①对于域内的数据流转，采用域内的局部属性（如位置、角色、身份等）进行访问控制；②假设每个域都存在一个或多个实现域内属性与全局属性映射的属性映射函数，A 域的域内属性映射函数首先将数据流的本域属性映射为全局属性，当数据流转到 B 域时，B 域的域内属性映射函数将数据流的全局属性映射为 B 域的域内属性，从而实现了不同域之间的属性映射，降低了不同域之间直接进行属性映射导致的隐私泄露风险。

**2. 数据跨域流转过程中的延伸访问控制系统模型**

数据跨域流转的系统模型包含多个不同类型的域，即实体、客体、数据容器和安全授权管理服务，如图 6-4 所示。实体包括使用者、软件和硬件等，负责接收输入数据，经过处理后生成输出数据并对输出数据进行传播操作等；客体包括各种数据资源；数据容器包括文件夹、数据库和硬盘等，负责数据的存储、备份和删除等操作；安全授权负责访问控制策略管理、不同域间属性映射和访问控制的判定与授权等。

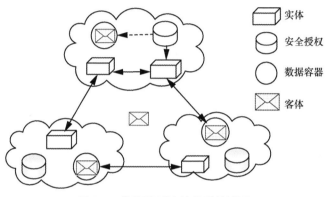

**图 6-4　数据跨域流转的系统模型**

**3. 数据跨域流转过程中的延伸访问控制机制的应用示例**

面向数据跨域流转的延伸访问控制机制根据数据流转过程中的起源数据进行访问授权，并将访问控制分为约束访问控制和传播访问控制两类。约束访问控制主要解决实体在何种条件下能够对数据进行何种操作的问题；传播访问控制用于解决实体得到数据后，在何种条件下能进行何种传播操作的问题。通过约束访问控制和传播访问控制可以实现泛在网络环境下数据跨域延伸访问控制。下面，以电子发票流转过程为例，对数据跨域流转过程中延伸控制机制进行详细说明。在电子发票流转过程中共包括 4 个实体单元：税务机构（$e_1$）、销售方（$e_2$）、个人/企业（$e_3$）和财务部门（$e_4$）。其中销售方保存空白电子发票，财务部门接收、保存、备份有效电子发票和电子记账凭证。电子发票的流转主要由空白电子发票的保存、有效电子发票的接收、有效电子发票的保存与备份三部分组成，电子发票数据流转延伸访问控制流程如图 6-5 所示。

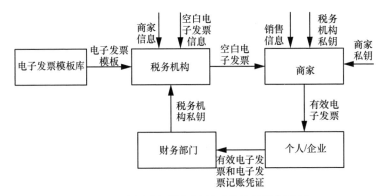

图 6-5 电子发票数据流转延伸访问控制流程

（1）空白电子发票的保存。销售方将空白电子发票保存在自己的数据容器 $dc_2$ 中，其保存空白电子发票的访问控制策略可以表示为

$$\text{auth}\left(e_2, \text{save}, e_1.\text{out}, dc_2, \text{time}\right) \Leftrightarrow$$

$$\text{auth}\left(e_2, \text{save}, e_1.\text{out}, dc_2.\text{att}, \text{time}\right) \wedge \text{auth}\left(e_2, \text{save}, e_1.\text{out}.P, dc_2.\text{att}, \text{time}\right) \quad (6\text{-}8)$$

其中，$dc_2.\text{att}$ 保存空白电子发票的数据容器的属性。假设只有安全等级大于 2 级的数据容器才可以保存空白电子发票，那么销售方要保存空白电子发票，需要 $dc_2.\text{att}.\text{securitylevel} > 2$。假设空白电子发票的有效期为 $[t_1, t_2]$，在有效期内销售方才可以保存空白电子发票；如果不在有效期内，销售方将保存的空白电子发票返回给税务机构。$e_1.\text{out}.P$ 为 $e_1.\text{out}$ 的起源数据，在对空白电子发票保存控制时，同时需要判断对其起源数据是否有保存权限。

（2）有效电子发票的接收。财务部门接收个人或企业有效电子发票和电子记账凭证 $e_3.\text{out} = e_2.\text{out} \parallel e_2.l_1$，审核通过后对有效电子发票进行报销。财务部门接收有效电子发票和电子记账凭证的访问控制策略为

$$\text{auth}\left(e_4, e_3, \text{receive}, e_3.\text{out}, e_3.\text{manner}, e_3.\text{path}\right)$$

$$\text{auth}\left(e_4, e_3, \text{receive}, e_3.\text{out}.P, e_3.\text{manner}, e_3.\text{path}\right) \quad (6\text{-}9)$$

其中，$e_3.\text{out}.P$ 为 $e_3.\text{out}$ 的起源数据，则有

$$e_3.\text{out}.P = \left\{ \langle e_2.\text{out}_1, e_2.\text{out}_1.\text{att} \rangle, \langle e_2.l_1, e_2.l_1.\text{att} \rangle \right\} \quad (6\text{-}10)$$

在接收数据时，需要考虑数据传送的方式和路径。比如，有的财务部门规定只能使用域内网络进行相关数据的发送和接收，这样财务部门在接收数据时，可以拒绝接收通过外网发送来的有效电子发票和电子记账凭证。假设个人或企业和

财务部门属于同一个安全域，在进行数据发送和接收时，不需要进行属性的映射，可以直接使用域内属性进行访问控制判断。财务部门把相关数据发送给银行或审计部门时，其属于不同的安全域，需要进行跨域的属性映射，通过全局属性映射实现域间不同实体和客体的属性映射。

（3）有效电子发票的保存与备份。报销结束后，财务部门会对 $e_3$.out 进行保存和备份。假设财务部门将有效电子发票和电子记账凭证保存和备份在自己的数据容器 $dc_4$ 中，且只备份一份。财务部门保存有效电子发票和电子记账凭证的访问控制策略为

$$\text{auth}\left(e_4,\text{save},e_3.\text{out},dc_4,\text{time}\right) \Leftrightarrow$$

$$\text{auth}\left(e_4,\text{save},e_3.\text{out},dc_4.\text{att},\text{time}\right) \wedge$$

$$\text{auth}\left(e_4,\text{save},e_3.\text{out}.P,dc_4.\text{att},\text{time}\right) \tag{6-11}$$

备份有效电子发票和电子记账凭证的访问控制策略如式（6-12）所示，对于备份多份的情况，可以对不同的数据容器采用上述策略单独考虑。

$$\text{auth}\left(e_4,\text{backup},e_3.\text{out},dc_4,\text{time}\right) \Leftrightarrow$$

$$\text{auth}\left(e_4,\text{backup},e_3.\text{out},dc_4.\text{att},\text{time}\right) \wedge$$

$$\text{auth}\left(e_4,\text{backup},e_3.\text{out}.P,dc_4.\text{att},\text{time}\right) \tag{6-12}$$

面向数据跨域流转的延伸访问控制方法将访问控制分为约束访问控制和传播访问控制两类，根据数据流转过程中的起源数据进行访问授权，解决了数据跨域共享延伸授权的问题。在保证安全性的前提下，有效地提高了访问控制的效率。

## 6.1.3　访问冲突消解策略

多方共有信息共享平台每天收集、分析数以万计的各类信息，为用户提供便捷、多样的搜索服务。同时，多方共有信息共享平台也收集了大量用户或机构的隐私信息，这些信息可能与多个用户或机构的利益密切相关。因此，为满足各方的隐私需求，这些利益相关的资源拥有方有权设定相应的访问控制策略，控制资源的访问。对资源访问者来说，为获取相应的访问权限，需要匹配全部资源拥有者的策略，实现多方共有环境下访问控制策略的融合，相关研究者提出了一些策略融合方案。但是，传统的访问控制系统大多使用资源上传者访问策略机制或一

票否决机制来处理多方策略融合过程中的冲突问题，这种方式过于简单，一方面会违背其他拥有者的隐私需求，另一方面会导致资源传播受限，不能满足尽可能为用户提供信息服务的需求。访问冲突消解策略能够在多个资源拥有者所设定的访问控制策略出现冲突时，通过设计定价机制，合理地激励资源拥有者对访问控制策略进行调整，在提高资源传播效率的同时，对隐私受损用户进行补偿，实现资源传播与隐私损失之间的平衡。

### 1. 访问冲突消解策略流程

访问冲突消解策略主要流程为：①每个与资源相关的共同拥有者依据其自身隐私需求，设置相应的访问控制策略，指定可以访问该资源的访问用户空间；②根据之前所设定的访问控制策略，利用基于集合论的方法对用户空间进行分析，构建冲突出现时的目标访问者集合；③对于冲突域中的访问者，结合用户隐私敏感度、用户财富值、用户间关系强度、信息敏感度以及信息传播价值等因素，计算相应的隐私价值和传播价值，构建竞价函数；④根据计算得到资源访问者与拥有者的出价与要价，当出价高于要价时，买卖达成，当出价低于要价时，买卖失败，并对资源访问者与拥有者的出价与要价行为进行分析，如果发现存在恶意的出价或要价行为，则利用一定的惩罚机制对恶意用户进行惩罚，保证买卖过程的公平性。

### 2. 访问冲突消解策略的系统框架

在介绍访问消解策略的系统框架之前，需要对相关定义进行说明。访问控制策略所涉及的访问用户空间可以分为以下两类：①允许访问的用户空间，对于该集合中的用户，相关资源拥有者所制定的访问控制策略允许其访问相应资源，资源拥有者 co-owner$_i$ 所设定的允许访问的用户集合可表示为 $AS_i$；②不允许访问的用户空间，对于该集合中的用户，相关资源拥有者所制定的访问控制策略拒绝其访问相应资源，资源拥有者 co-owner$_i$ 所设定的不允许访问的用户集合可表示为 $DS_i$。

将待访问用户空间分为三类：①绝对允许访问的用户空间，相关资源拥有者允许该集合中的用户访问相应资源，资源共同拥有者 co-owner$_i$ 所设定的绝对允许访问的用户空间可表示为 $AAS_i$，一般情况下 $AAS_i$ 是 $AS_i$ 集合的子集；②绝对不允许访问的用户空间，对于该集合中的用户，无论通过何种方式，相关资源拥有者一定不允许其访问相应资源，资源共同拥有者 co-owner$_i$ 所设定的绝对不允许访问的用户空间可表示为 $ADS_i$，一般情况下 $ADS_i$ 是 $DS_i$ 集合的子集；③授权不敏感用户空间，对于该集合中的用户，可以授予其相关的访问权限，也可以不授予其访问权限，最终是否授予可根据用户的意愿进行调节。资源共同拥有者 co-owner$_i$ 所设定的授权不敏感用户空间可表示为 US$_i$，一般情况下，根据用户访问策略的严格程度，US$_i$ 由 AS$_i$ 与 DS$_i$ 集合中的部分元素组成。

基于竞价机制的访问冲突消解策略框架主要包含 3 个参与方，分别是买方、卖方以及中介方，如图 6-6 所示。

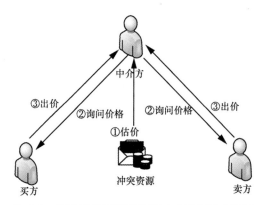

图 6-6　基于竞价机制的访问冲突消解策略框架

3 个参与方的详细定义如下。

（1）买方。当多个资源拥有者对待访问资源的访问授权出现冲突时，对于冲突域中的待访问用户，如果其属于 co-owner$_i$ 的 AAS 集合，则对应的 co-owner$_i$ 为满足自己的传播需求，需要向其他访问控制策略为拒绝授权的用户提供一定的补偿，为冲突域中用户购买相应的访问权限。定义传播收益受损的资源拥有者为买方，买方需要为相应的资源进行出价，出价 $P_b$ 表示资源的传播价值。

（2）卖方。当多个资源拥有者对待访问资源的访问授权出现冲突时，对于冲突域中的待访问用户，如果其属于 co-owner$_i$ 指定的 DS 集合，同时属于 co-owner$_i$ 指定的 US 集合时，对应的 co-owner$_i$ 可通过出让一部分隐私的方式满足访问控制策略为授权的资源拥有者的传播需求。由于隐私需求遭受一定程度的损失，这类资源拥有者可向收益方要求一定的补偿。定义隐私需求受损的资源拥有者为卖方，卖方需要为相应的资源进行报价，报价 $P_s$ 表示资源的隐私价值。

（3）中介方。中介方负责收集各资源拥有者的访问控制策略，并分析访问控制策略中可能存在的冲突。如果检测到策略冲突，中介方向策略冲突双方发起隐私信息买卖请求，并依据相关的隐私价值计算函数与传播收益计算函数向策略冲突双方给出其隐私价值与传播收益的成本价。买卖双方在成本价的基础上对相应的价格进行调整,中介方依据最终的价格进行买卖结果判断,并依据判断结果对访问控制策略决策结果进行调整,同时对恶意出价/要价的用户进行惩罚。

3. 访问冲突消解策略应用示例

访问冲突消解策略框架如图 6-7 所示。

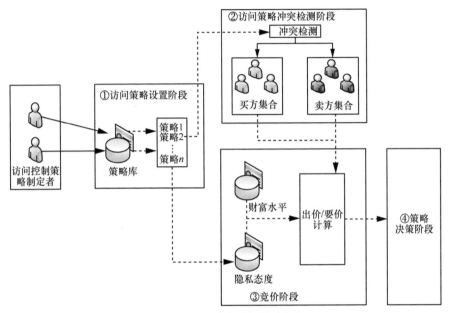

图 6-7    访问冲突消解策略框架

访问冲突消解策略主要由访问策略设置、策略冲突检测、双方竞价与策略决策 4 个阶段组成。

(1)访问策略设置。每个资源相关的共同拥有者依据其自身隐私需求,设置相应的访问控制策略,指定可以访问该资源的访问用户空间。该阶段中需要用户指定对应的 AS、DS、AAS 与 ADS 集合。

(2)策略冲突检测。根据访问策略设置中所设定的访问控制策略,利用基于集合论的方法对用户空间进行分析,构建冲突出现时的用户买卖双方的目标集合。

(3)双方竞价。对于冲突域中的访问者,买卖双方结合用户隐私敏感度、用户财富值、用户间关系强度、信息敏感度以及信息传播价值等因素,构建竞价双方的出价和要价函数,计算相应的隐私价值与传播价值。买卖竞价过程中存在许多会影响双方交易价格的因素,影响价格的主要因素包括以下 7 个方面。

①隐私态度。对于资源拥有者来说，隐私态度越高，相关资源的隐私价值越高，在进行要价时用户要价会相对较高。对于资源拥有者 co-owner$_i$，其隐私态度 $\text{PA}_i$ 为

$$\text{PA}_i = 1 - \frac{|\text{DS}_i|}{|S_i|}\frac{|\text{AAS}_i|}{|\text{AS}_i|} \tag{6-13}$$

②用户关系强度。对于资源拥有者来说，与策略冲突空间中的用户关系强度越高，冲突空间中用户可以访问该资源给相关资源拥有者带来的传播价值越高，在进行出价时用户的出价会相对较高。用户关系强度为

$$\text{RS}(\text{co},i) = \sum_{d=1}^{n} \text{cf}_{\text{co},i}^{d} \exp\left(\frac{H_{\text{co},i}^{\text{CF}}}{d}\right) \tag{6-14}$$

其中，$d$ 表示选定的用户交流时间段（通常以天为单位），$\sum_{d=1}^{n}\text{cf}_{\text{co},i}^{d}$ 表示资源拥有者 co-owner 与对应冲突域中用户 $u_i$ 在选定的 $n$ 个时间段内的交流总数，$\exp\left(\dfrac{H_{\text{co},i}^{\text{CF}}}{d}\right)$ 表示用户间交流的多样性，$H_{\text{co},i}^{\text{CF}}$ 表示 co-owner 与对应冲突域中用户 $u_i$ 间交流的交流熵。借鉴信息熵的概念，$H_{\text{co},i}^{\text{CF}}$ 可表示为

$$H_{i,j}^{\text{CF}} = -\sum_{d=1}^{n} P_{i,j}^{\text{CF},d} \log P_{i,j}^{\text{CF},d} \tag{6-15}$$

③财富水平。引入虚拟财富值的概念作为买卖双方购买和出让隐私时的虚拟货币。不同用户在具有不同财富水平时的竞价行为也不同。通常来说，用户的财富水平越高，当其出现需要购买隐私信息时的出价越高；用户的财富水平越低，当其出现需要出让隐私时的要价越低。因此，将资源拥有者的财富水平分为以下 3 种状态：富裕、一般和贫穷。财富水平计算方式为

$$W_i = \begin{cases} \dfrac{V_i}{V_p}, & V_i \leqslant V_p \\[2mm] \dfrac{2V_i + V_r - V_p}{V_r + V_p}, & V_p < V_i \leqslant V_r \\[2mm] \dfrac{2(V_r - V_p)}{V_r + V_p} + \dfrac{V_i}{V_r}, & V_i > V_r \end{cases} \tag{6-16}$$

其中，$V_i$ 表示资源拥有者 co-owner$_i$ 所有的财富值，$V_r$ 和 $V_p$ 分别表示富裕和

贫穷状态的临界值。如果 $V_i > V_p$，则表示资源拥有者处于富裕状态；如果 $V_i \leqslant V_p$，则表示资源拥有者处于贫穷状态。

④隐私价值计算。隐私价值用于度量资源共同拥有者对一个访问用户设定了拒绝授权策略，而冲突消解方案最终决策结果为对访问用户授权情况下，用隐私价值来度量待访问资源泄露对资源共同拥有者所带来的损失。待分享数据的敏感度越高，其相应的隐私价值越高；冲突用户空间中的用户重要性越高，其相应的隐私价值越高；卖方财富水平越低，其相应的要价会越高。因此，待访问资源的隐私价值可以通过一个单调递增的函数来计算，包含如下参数。

数据敏感度。对于资源拥有者来说，资源的敏感度越高，当进行策略冲突消解时其访问控制策略被违反时遭受的隐私损失越高。其计算式为

$$IS(i) = \min_{u \in AAS_i} RS(co_i, u) PA_i \tag{6-17}$$

其中，$AAS_i$ 表示 co-owner$_i$ 设定的访问控制策略所指定的一定要授权的用户集合，$\min_{u \in AAS_i} RS(co_i, u)$ 表示 $AAS_i$ 中用户与 co-owner$_i$ 之间的最小关系强度，$PA_i$ 表示 co-owner$_i$ 的隐私态度。

用户重要度。除隐私敏感度之外，用户重要度也是隐私价值计算函数的重要参数之一。通过度量冲突域中用户与用户 AAS 集合中关系强度最弱的用户（即可访问该资源的用户所需要具有的最小关系强度）之间的差异，可以反映冲突域中的用户重要度。因此，用户重要度为

$$CI(co_i, u) = \frac{RS(co_i, u)}{\min_{u \in AAS_i} RS(co_i, u)} \tag{6-18}$$

其中，$RS(co_i, u)$ 表示冲突域中用户 $u$ 与 co-owner$_i$ 之间的用户关系强度，$\min_{u \in AAS_i} RS(co_i, u)$ 表示 co-owner$_i$ 与其所设定的 AAS 集合中用户的最小关系强度。

⑤传播收益计算。传播收益用于度量资源共同拥有者对一个访问用户设定了允许授权策略，而冲突消解方案最终决策结果为拒绝对该访问用户授权情况下，待访问资源无法被访问对资源共同拥有者所带来的损失。传播收益的度量函数设计遵循以下规定：待分享的数据的传播价值越高，其相应的传播收益越高；冲突用户空间中的用户重要性越高，其相应的传播收益越高；买方财富水平越高，其相应的出价越高。因此，待访问资源的传播收益可以通过一个单调递增的函数来计算，传播收益计算函数包含如下参数。

资源传播价值。对于资源拥有者来说，资源的传播价值越高，当进行策略冲

突消解时其访问控制策略被违反时遭受的传播损失越高。资源传播价值为

$$SV_i = RS\left(co_i,u\right)\left(1-\frac{|DS_i|}{|S_i|}\right) \tag{6-19}$$

其中，$DS_i$ 表示 co-owner$_i$ 设定的访问控制策略所指定的不能授权的用户集合，$S_i$ 表示 co-owner$_i$ 策略所指定的访问用户空间，$RS\left(co_i,u\right)$ 表示冲突域中用户 $u$ 与 co-owner$_i$ 之间的用户关系强度。

用户重要度。除传播价值之外，用户重要度也是传播收益计算函数的重要参数之一。与隐私价值计算相同，可通过度量冲突域中用户与用户 AAS 集合中关系强度最弱的用户之间的差异来计算冲突域中的用户重要度。

⑥买方价格。当出现策略冲突时，中介方首先根据待访问资源对买方的传播收益以及买方的财富水平，计算买方的成本价。

$$CP_b\left(b,u\right) = \left(\omega_{B_1}SV(b)+\omega_{B_2}CI(b,u)\right)W_b \tag{6-20}$$

其中，$SV(b)$ 表示待访问资源对买方 $b$ 的传播收益，$CI(b,u)$ 表示冲突域中用户 $u$ 对买方 $b$ 的重要程度，$\omega_{B_1}$ 与 $\omega_{B_2}$ 表示传播收益与用户重要程度的权重，其中 $\omega_{B_1}+\omega_{B_2}=1$，该权重可根据系统实际需求设定，$W_b$ 表示买方 $b$ 的财富水平。

之后，买方在成本价的基础上进行相应的调整，因此，买方的真实出价可表示为

$$P_b(b,u) = \omega_b CP_b(b,u) \tag{6-21}$$

其中，$\omega_b$ 表示买方出价的意愿度，如果 $\omega_b \geqslant 1$，表示买方愿意出高于成本的价格来购买相应资源的访问权限，增加了策略冲突得到消解的可能性，对于这种行为应进行奖励；如果 $\omega_b<1$，表示买方压低购买价格，降低了策略冲突得到消解的可能性，对于这种行为应施加相应的惩罚措施，防止这类行为的出现。

⑦卖方价格。当出现策略冲突时，中介方首先根据待访问资源对买方的传播收益以及买方的财富水平，计算卖方的成本价。

$$CP_s\left(s,u\right) = \frac{\left(\omega_{S_1}IS(s)+\omega_{S_2}CI(s,u)\right)}{W_s} \tag{6-22}$$

其中，$IS(s)$ 表示待访问资源对卖方 $s$ 的隐私价值，$CI(s,u)$ 表示冲突域中用户 $u$ 对卖方 $s$ 的重要程度，$\omega_{S_1}$ 与 $\omega_{S_2}$ 表示传播收益与用户重要程度的权重，其中 $\omega_{S_1}+\omega_{S_2}=1$，该权重可根据系统实际需求设定，$W_s$ 表示卖方 $s$ 的财富水平。

之后，卖方在成本价的基础上进行相应的调整，因此，卖方的真实出价可表示为

$$P_s(s,u) = \omega_s \mathrm{CP}_s(s,u) \tag{6-23}$$

其中，$\omega_s$ 表示买方出价的意愿度，如果 $\omega_s \geqslant 1$，表示卖方的要价高于成本的价格，需要买方出更高的价格购买相应的访问权限，降低了策略冲突得到消解的可能性，同时，如果由于卖方恶意提高卖价而导致交易失败，则应施加相应的惩罚措施，防止这类行为的出现；如果 $\omega_b < 1$，表示卖方为达成冲突消解而进一步出让自己的隐私，增加了策略冲突得到消解的可能性，对于这种行为应进行奖励。

（4）策略决策。根据双方竞价阶段所计算得到买卖双方的出价与要价，当出价高于要价时，买卖达成；当出价低于要价时，买卖失败。在买卖失败后，需要对买卖双方的行为进行分析，如果发现买卖双方存在恶意的出价或要价行为后，利用一定的惩罚机制对恶意用户进行惩罚，保证买卖过程的公平性。

①惩罚机制。竞价失败后，定义买家的总成本价与真实出价分别为 $\mathrm{CP}_B = \sum\limits_{u \in \mathrm{AAS}} \mathrm{CP}_b(b,u)$ 和 $P_B = \sum\limits_{u \in \mathrm{AAS}} P_b(b,u)$，定义卖家的总成本价与真实出价分别为 $\mathrm{CP}_S = \sum \mathrm{CP}_s(s,u)$ 和 $P_S = \sum P_s(s,u)$。如果 $\mathrm{CP}_B < \mathrm{CP}_S$，说明如果买卖双方对价格不调整，严格按照成本价出价/要价的情况下竞价同样失败，则对竞价双方不做处理。如果 $\mathrm{CP}_B > \mathrm{CP}_S$，在买卖双方对价格不调整、严格按照成本价出价/要价的情况下竞价成功，那么说明买卖双方由于对出价/要价的调整，影响了最终决策结果，需对买卖双方的出价和要价行为进行分析，并利用克拉克税机制对恶意用户进行惩罚。克拉克税是指对影响决策的关键人物征税的一种税制机制，所征税额等于该关键人物参与决策给其他人造成的净损失，通过克拉克税，可以保证各决策方策略的公平性。

假设存在 $n$ 个策略决策者，对应的策略空间定义为 $G$，对于任意策略 $g \in G$，策略决策者 $u_i$ 声明对应的收益为 $v_i(g)$。对于全部的决策者，策略 $g$ 的收益之和定义为 $F(v_1(g),\cdots,v_n(g)) = \sum\limits_{i=1}^{n} v_i(g)$。定义使收益达到最大的策略 $g^*$ 为最优策略。

除决策者 $u_i$ 之外，如果其他策略决策者的最优策略与 $g^*$ 不同，那么决策者 $u_i$ 是关键决策者，并向其征收一定的税额，税值定义为

$$\pi_i(g^*) = \sum_{j \neq i} v_j \left( \underset{g \in G}{\arg\max} \sum_{k \neq i} v_k(g) \right) - \sum_{j \neq i} v_j(g^*) \tag{6-24}$$

其中，$\sum\limits_{j\neq i} v_j\left(\operatorname*{argmax}\limits_{g\in G}\sum\limits_{k\neq i} v_k(g)\right)$ 表示除去决策者 $u_i$ 之外其余用户最优策略对应

的收益值，$\sum\limits_{j\neq i} v_j(g^*)$ 表示包含决策者 $u_i$ 的最优策略对应的收益值与决策者 $u_i$ 收益

之间的差值。

② 公平性分析。对于关键用户 $u_1$，如果其对策略 $g_2$ 声明的收益大于 2，则无论如何夸大该策略的收益，所需的纳税额度均为 0.5，增加声明的收益值对策略的选取无意义。如果其声明的收益过小，则会导致最优策略变为其他策略，用户需要承担最优策略变化所带来的损失，如果用户为非利他主义的用户，则其不会降低自己声明的收益值。

对于非关键人物 $u_2$，如果其夸大策略 $g_3$ 的收益，则策略 $g_3$ 变为最优策略，同时用户 $u_2$ 转化为关键人物，导致其需要交纳税额。降低其声明的收益值，对最优策略的选择并无影响，因此，降低声明的收益值对最优策略的选取无意义。

因此，理性用户不会随意夸大或降低其策略设置偏好。继续分析买卖双方的竞价与出价，如果 $P_B > \mathrm{CP}_B$，说明买方的出价大于成本价，竞价失败是由于卖方抬高要价所导致，此时交易失败所带来的损失为 $\mathrm{Loss} = P_B - \mathrm{CP}_B$，则由相应的卖方集合承担竞价失败所带来的损失。对于卖家 $s_i$，假设其他卖家的要价为真实要价，如果其他卖家的要价之和与卖家 $s_i$ 的成本要价相加所得到的要价 $P_s'$ 小于 $P_B$，说明卖家 $s_i$ 提高要价导致竞价失败，判定卖家 $s_i$ 为关键卖家。迭代分析全部卖家信息，找出关键卖家集合 $S_{\mathrm{KEY}}$，由该集合中的全部卖家承担交易失败带来的损失，各关键用户所需缴纳的补偿可表示为

$$\mathrm{Loss}_i = \frac{P_{s_i} - \mathrm{CP}_{s_i}}{\sum\limits_{s\in S_{\mathrm{KEY}}}(P_S - \mathrm{CP}_S)}\mathrm{Loss} \tag{6-25}$$

之后，将收到的全部补偿分发给买家集合中出价高于成本价的用户，从而达到激励买家提升出价、促进竞价成功的效果。

如果 $P_S < \mathrm{CP}_S$，说明卖方的要价小于成本价，竞价失败是由于买方降低出价所导致，此时交易失败所带来的损失为 $\mathrm{Loss} = \mathrm{CP}_B - P_S$，则由相应的买方集合承担竞价失败所带来的损失。

对于买家 $b_i$，假设其他买家的出价为真实出价，如果其他买家的出价之和与买家 $b_i$ 的成本出价相加所得到的出价 $P_B'$ 大于 $P_S$，说明买家 $b_i$ 降低出价导致竞价失

败，判定买家 $b_i$ 为关键买家。迭代分析全部买家信息，找出关键卖家集合 $B_{KEY}$，由该集合中的全部买家承担交易失败带来的损失，各关键买家所需缴纳的补偿可表示为

$$\text{Loss}_i = \frac{P_{B_i} - \text{CP}_{B_i}}{\sum\limits_{b \in B_{KEY}} (P_b - \text{CP}_b)} \text{Loss} \tag{6-26}$$

之后，将收到的全部补偿分发给卖家集合中要价低于成本价的用户，从而达到激励卖家降低要价、促进竞价成功的效果。

为实现多方共有环境下访问控制策略的统一授权，需要对多方策略进行融合分析。访问冲突消解策略针对策略融合过程中由于不同资源拥有者间各异的隐私需求所导致的策略冲突问题，引入虚拟货币支付的概念，并结合消息属性对冲突资源进行定价，介绍了一种冲突资源竞价机制，在出现策略冲突时，传播需求较高的用户通过一定的货币交换方式对隐私需求较高的用户进行补偿，实现隐私信息的交换。同时，结合克拉克税机制，保证所提竞价方案的公平性。

## 6.1.4 访问控制异常权限配置挖掘

将强制访问控制、自主访问控制等访问控制系统迁移为基于角色的访问控制系统可极大提高对用户权限的管理效率。为保证系统的安全性，需要在迁移过程中生成正确的角色，而原系统中存在的异常权限配置给角色生成带来了极大的挑战。忽略这些异常权限配置将导致生成的角色中包含错误的权限，增加信息泄露的概率。访问控制异常权限配置挖掘方法针对访问控制中的异常权限配置发现问题，实现更准确的权限配置发现。

#### 1. 访问控制异常权限配置挖掘的流程

访问控制异常权限配置挖掘的主要流程为：①对原始数据进行处理，将基于角色的访问控制系统中用户权限以布尔矩阵的形式进行描述并去重，矩阵中不同列表示不同的权限，行表示单个用户的权限集合；②使用汉明距离与 Jaccard 系数结合的聚类度量、自适应的局部比例系数和自动选择的聚类个数对权限矩阵进行聚类；③基于自定义权限挖掘规则挖掘异常权限配置。

#### 2. 访问控制异常权限配置挖掘的详细步骤

访问控制异常权限配置挖掘方法分为原始数据预处理、用户聚类和异常权限

配置挖掘 3 个阶段，如图 6-8 所示。

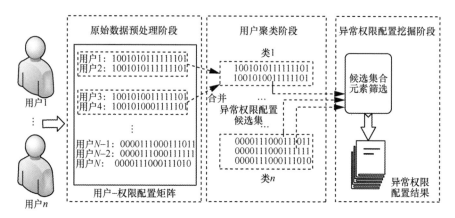

图 6-8　访问控制异常权限配置挖掘方法的 3 个阶段

（1）原始数据预处理

将基于角色的访问控制系统中用户权限以布尔矩阵的形式进行描述，矩阵中不同列表示不同的权限，行表示单个用户的权限集合。矩阵中"1"表示此权限被授予该用户，"0"表示此权限未被授予该用户。系统中的大量用户具有相同的权限，这会增加用户相似度的计算量，导致计算资源的浪费。因此，该步骤中对原始用户权限分配矩阵中具有相同权限的用户进行合并，减小用户相似度的计算量。但在构建用户亲和度矩阵时考虑全部用户，不会造成频繁出现的权限集与一个孤立的权限集相等的情况，对聚类结果无影响。

（2）用户聚类

以去重后的用户权限分配矩阵为基础，对其中具有"相似"权限的用户进行聚类。首先，基于去重的用户权限分配矩阵初始化亲和度矩阵 $A = \text{Ones}(r,r)$，$r$ 为矩阵行数；然后，计算用户权限分配矩阵中用户权限距离 $d(X,Y) = H(X,Y)\text{Jaccard}_D(X,Y)$，计算自适应局部比例系数 $\sigma_i = \left| \overline{x} - \sqrt{\dfrac{\sum\limits_{k=1}^{n}|x_k - \overline{x}|^2}{n}} \right|$；接着，计算亲和度矩阵

$A(x,y) = \exp\left(\dfrac{-d^2(x,y)}{\sigma_x \sigma_y}\right)$，计算拉普拉斯矩阵 $L = I - D^{-\frac{1}{2}}AD^{-\frac{1}{2}}$，$I$ 为单位矩阵，

$D$ 为对角矩阵 $D_{ii} = \sum\limits_{j=1}^{r} A(i,j)$；最后，计算 $L$ 的特征值，利用本征间隙位置确定聚

类个数，并使用 K-means 算法进行聚类。其中距离函数、自适应局部比例系数和聚类个数介绍如下。

①距离函数。汉明距离广泛应用于度量具有相同长度的数据间对应位不同的数量。对于向量 $\boldsymbol{X} = \langle x_1, x_2, \cdots, x_i, \cdots, x_n \rangle$ 和 $\boldsymbol{Y} = \langle y_1, y_2, \cdots, y_i, \cdots, y_n \rangle$，$x_i, y_i \in \{0,1\}$，其汉明距离定义为

$$H(\boldsymbol{X},\boldsymbol{Y}) = |\boldsymbol{X} \cup \boldsymbol{Y}| - |\boldsymbol{X} \cap \boldsymbol{Y}| = \sum_{i=1}^{n} x_i + \sum_{i=1}^{n} y_i - 2\sum_{i=1}^{n} \min\{x_i, y_i\} \qquad (6\text{-}27)$$

Jaccard 系数被广泛应用于度量两个向量中相同元素占全部元素的比例。Jaccard 系数为

$$\text{Jaccard}(\boldsymbol{X},\boldsymbol{Y}) = \frac{|\boldsymbol{X} \cap \boldsymbol{Y}|}{|\boldsymbol{X} \cup \boldsymbol{Y}|} = \frac{\sum_{i=1}^{n} \min\{x_i, y_i\}}{\sum_{i=1}^{n} \max\{x_i, y_i\}} \qquad (6\text{-}28)$$

其中，$x_i, y_i \in \{0,1\}$。Jaccard 系数定义了 2 个用户所有权限中相同权限的比例，因此，不同权限的比例定义为

$$\text{Jaccard}_D(\boldsymbol{X},\boldsymbol{Y}) = 1 - \text{Jaccard}(\boldsymbol{X},\boldsymbol{Y}) \qquad (6\text{-}29)$$

将 Jaccard 距离和汉明距离相结合，可以同时反映不同权限的个数和不同权限占全部权限的比例，即定义距离度量函数为

$$d(\boldsymbol{X},\boldsymbol{Y}) = H(\boldsymbol{X},\boldsymbol{Y})\text{Jaccard}_D(\boldsymbol{X},\boldsymbol{Y}) = \frac{\left[\sum_{i=1}^{n} x_i + \sum_{i=1}^{n} y_i - 2\sum_{i=1}^{n} \min\{x_i, y_i\}\right]^2}{\sum_{i=1}^{n} x_i + \sum_{i=1}^{n} y_i - \sum_{i=1}^{n} \min\{x_i, y_i\}} \qquad (6\text{-}30)$$

②自适应局部比例系数。为消除人为因素对聚类结果的影响，利用自适应的局部比例系数计算方法为

$$\sigma_i = \left| \overline{x} - \sqrt{\frac{\sum_{k=1}^{n} |x_k - \overline{x}|^2}{n}} \right| \qquad (6\text{-}31)$$

其中，$n$ 代表与用户 $x_i$ 的距离不为 ∞ 的用户个数；$\overline{x}$ 表示这 $n$ 个用户与 $x_i$ 之间的平均距离；$\sqrt{\dfrac{\sum_{k=1}^{n} |x_k - \overline{x}|^2}{n}}$ 表示 $x_i$ 与其他用户距离的标准差，标准差越小，相

应的 $\sigma_i$ 越大，用户间的可区分度越高。

③聚类个数。传统的聚类方法预先手动设置聚类个数，聚类结果具有一定的主观性。为解决这一问题，采用基于本征间隙的聚类个数计算方法实现聚类个数的自动选择。计算规范化亲和度矩阵的特征值，按从大到小的顺序排列为

$$\{\lambda_1, \lambda_2, \cdots, \lambda_n\} \tag{6-32}$$

本征间隙序列表示为

$$\{g_1, g_2, \cdots, g_{n-1} \mid g_i = \lambda_{i+1} - \lambda_i\} \tag{6-33}$$

本征间隙值越大，相应特征向量所构成的子空间越稳定。因此，第一个极大本征间隙出现位置确定为聚类个数。

（3）异常权限配置挖掘

在聚类结果的基础上使用异常权限挖掘规则对访问控制系统中可能存在的异常权限配置进行挖掘，通过多轮迭代，直到无异常权限配置被挖掘出来，该步骤包括聚类结果预处理、异常权限配置规则匹配、交叉聚类、异常权限配置决策和迭代挖掘 5 个部分。

①聚类结果预处理。获取用户权限配置聚类后的相似用户集合，对于每个类簇，按如下方法构建其特征模式向量：对于特征模式向量中的元素，如果类中对应位置的列向量元素均为 1，那么将特征向量中该位置置 1，其余位置全部置 0。

②异常权限配置规则匹配。异常权限配置定义为若某用户类中被授予某权限的用户占类中全部用户的比例小于阈值 $\tau_p$，对应的用户权限配置为正异常权限配置，反之则为负异常权限配置。根据预先设定好的异常权限配置挖掘规则筛选异常权限配置候选集，具体的规则如下。

当某权限仅被赋予一个类中的用户，同时被授予该权限的用户占类中用户的比例小于阈值 $\tau_p$，则将此配置标记为正确配置。

当某权限被赋予多个类中的用户，若当前类中被授予该权限的用户占其全部用户的比例小于阈值 $\tau_p$，那么除该类外，若其余包含该权限的类的特征模式向量的交集为当前类特征模式向量的子集，则定义该权限配置为正确配置，不做处理；否则，定义该权限配置为正异常权限配置，将该权限配置加入异常权限配置候选集，并在权限配置矩阵中将对应位置置 0。

当某权限未被赋予类中用户的比例占类中全部用户的比例小于阈值 $\tau_n$ 时，则定义这类配置为负异常权限配置，将这些权限配置加入异常权限配置候选集，并

在权限配置矩阵中将对应位置置 1。

③交叉聚类。在依据用户权限矩阵进行聚类并挖掘异常权限配置后，将该矩阵行列进行互换，得到该矩阵的转置矩阵。之后根据聚类算法进行交叉聚类。在得到聚类结果后，根据异常权限配置规则构造异常权限配置候选集。

④异常权限配置决策。根据以上步骤可以获取两个异常权限配置候选集合，对两个集合进行交运算，得到公共集合。定义该公共集合内的元素为最终的异常权限配置，并根据相应的修改原则对相应的元素进行更新。

⑤迭代挖掘。在对全部聚类结果进行处理后，可以得到一个新的用户权限矩阵，之后将该矩阵作为访问控制异常权限配置挖掘方法的输入并迭代执行，直到无异常权限配置被检测出或交叉聚类的异常权限配置候选集合交集为空时算法停止。

访问控制异常权限配置挖掘方法通过设计有效提高聚类结果精度的混合距离度量函数，在有效减少主观性的基础上实现了较精确的聚类自适应参数计算，给出一系列异常权限配置挖掘规则，通过使用距离度量函数和自适应参数计算方法对用户权限配置矩阵进行聚类，并利用异常权限配置挖掘规则有效发现异常权限配置，可应用于基于角色的访问控制系统中异常权限配置挖掘，实现异常权限配置发现。

# 6.2 隔离机制

本节首先针对现有基于策略或专有协议的技术手段无法抵御抗隐蔽通道攻击的问题，介绍抗隐蔽通道的网络隔离方法[5]，该方法通过在隔离控制装置中预先设定通信协议对数据包进行拆分和重组，实现数据跨网络交换时的高可靠性传输；然后针对虚拟机非法读取宿主机或其他虚拟机中的数据和虚拟机在宿主机中非法执行任意代码等问题，介绍轻量级的虚拟机资源隔离方法[6]，该方法通过引入设置安全标签方法和 LSM Hook 技术，可解决虚拟化环境中的信息泄露和执行非法代码的问题；最后针对云计算平台无法同时实现对多种虚拟、实体资源的统一管理和任务安全隔离的技术问题，介绍虚实互联环境下多任务安全隔离机制[7]，该机制通过对不同任务间的资源进行隔离，可有效提高虚拟资源隔离方案的安全性。

# 6.2.1 抗隐蔽通道的网络隔离

网络的开放性使网络安全和信息保密成为一个至关重要的问题，传统的物理隔离方法通常需要以人工方式（如通过 U 盘、光盘等介质）将数据从一个网络导入另一个网络，这种方法效率低、成本高，容易将病毒在不同网络间进行传播。尽管现在已经有防火墙、安全网关、隔离网闸等基于策略或专有协议的保护来提升网络环境的安全性，但这些技术手段不能抵抗来自隐蔽通道的攻击，不足以满足跨网、跨行业信息系统互联和数据共享所需的安全要求。针对上述问题，抗隐蔽通道的网络隔离方法可在网络间进行数据交换时保证抗隐蔽通道特性及数据传输的高可靠性。

**1. 抗隐蔽通道的网络隔离流程**

抗隐蔽通道的网络隔离主要流程为：①当不同网络之间需要进行数据传输时，源网络将传输数据发送至隔离控制装置的专用接口；②隔离控制装置接收数据后，首个控制单元将其拆分成大小相同的作业包，并依次将作业包按照装置设定的通信协议发送至其下行控制单元，直至最后的控制单元将数据重组后经由专用接口输出至目标网络。

**2. 抗隐蔽通道的网络隔离的系统结构**

抗隐蔽通道的网络隔离利用隔离控制装置，保证在硬件上将不同网络完全隔离开，该隔离控制装置主要由网络连接接口和多个控制单元组成。隔离控制装置结构如图 6-9 所示。网络连接接口（$D_1$、$D_2$）是外部网络连接该装置的专用接口，其功能为用于接收或发送不同网络需要传输的数据，并将这些数据发送至内部控制单元。不同网络与隔离控制装置之间可以有多种接口方式，在通信数据传输的整个过程中，对传输的通信数据可进行各种处理和变换，以实现各种过滤和阻断。

控制单元包括中间转发模块、上行数据缓冲区和下行数据缓冲区。各控制单元之间相互独立，仅与其相邻的控制单元直接通信，任意非相邻的控制单元不能直接通信，可保证非相邻的控制单元不能控制对方在数据传输中的状态。控制单元的功能为将传输的数据按照装置预先设定的通信协议，拆分为多个作业包或将多个作业包重组恢复为原始数据，并通过专用接口发送至不同网络。各控制单元中的上行数据缓冲区和下行数据缓冲区完全独立，各上行数据缓冲区和各下行数据缓冲区可形成两条完全隔离的读写通道，在硬件上将两个网络完全隔离开。

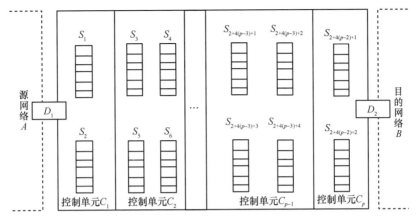

图 6-9　隔离控制装置结构

### 3. 抗隐蔽通道的网络隔离的应用示例

内部上行数据处理过程如图 6-10 所示。隔离控制装置包括 3 个控制单元 $C_1$、$C_2$ 和 $C_3$。仅网络 $A$ 与 $C_1$、$C_1$ 与 $C_2$、$C_2$ 与 $C_3$、$C_3$ 与网络 $B$ 通过上述接口模式直接相连。网络 $A$、网络 $B$、控制单元 $C_1$、控制单元 $C_2$、控制单元 $C_3$ 之间不再有任何连接（即可相互交互信息的链路）。

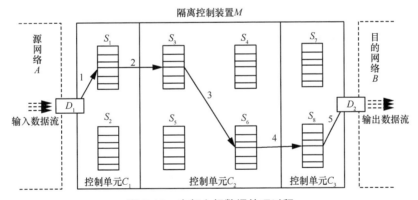

图 6-10　内部上行数据处理过程

控制单元 $C_1$ 和 $C_3$ 拥有自己的 CPU 内存和总线的独立主控模块，包括中间转发模块、上行输入缓冲区（$C_1$ 中为 $S_1$）、上行输出缓冲区（$C_3$ 中为 $S_8$）、下行输入缓冲区（$C_3$ 中为 $S_7$）、下行输出缓冲区（$C_1$ 中为 $S_2$）。控制单元 $C_2$ 可以是 FPGA 隔离卡，包括上述中间转发模块、上行输入缓冲区 $S_3$、下行输入缓冲区 $S_4$、下行输出缓冲区 $S_5$ 和上行输出缓冲区 $S_6$。

本章把数据缓冲区分成两组，上行数据缓冲区 $S_1$、$S_3$、$S_6$、$S_8$ 为一组，$S_1$ 存

储来自网络 $A$ 的作业包，$S_3$ 存储来自 $S_1$ 的作业包，$S_6$ 存储来自 $S_3$ 的作业包，$S_8$ 存储来自 $S_6$ 的作业包，即该组缓冲区仅处理自网络 $A$ 至网络 $B$ 的作业包，同理，下行数据缓冲区 $S_7$、$S_4$、$S_5$、$S_2$ 为一组，仅处理自网络 $B$ 至网络 $A$ 的作业包。这两条完全隔离的读写通道同时工作，互不干扰，可将 $A$、$B$ 两个网络在硬件上完全隔离开。接口 $D_1$ 遵从通信接口进行转发，按照相应的通信协议传输数据，确保数据的正确性。

当来自源网络 $A$ 的数据要经由隔离装置进入目的网络 $B$ 时，可进行如下步骤。

（1）数据拆分。接口 $D_1$ 接收到来自网络 $A$ 的输入数据流，首先对其进行校验，若校验未通过，则由网络 $A$ 的协议自行处理；若校验通过，则将其拆分为 $n$ 个有效数据长度固定为 256 字节的作业包，并为作业包添加包头信息，包括作业包序号、作业包有效数据长度、状态标志（1 表示当前作业包后续还有作业包，0 表示当前作业包为本次拆分的最后一包作业包）。之后对每个作业包中的数据段计算其纠错码并添加至作业包尾部，再对当前整个作业包计算校验码，将校验码添加至作业包尾部。最后将组合完毕的作业包存入上行输入缓冲区 $S_1$。

（2）数据转发。中间转发模块将 $S_1$ 中存储的作业包转发至 $S_3$，$S_3$ 对接收到的每一个作业包进行校验。由于作业包长度固定，因此直接从作业包包头开始提取固定长度 $L$ 字节（作业包中除校验码的部分）计算其校验值，并与作业包尾部的校验码进行对比。若两值相等，则说明收到的作业包正确，直接存入 $S_3$。若两值不相等，则说明作业包错误，判断错误是否在纠错码的纠错能力范围内，若已超出纠错码的纠错能力，则请求重传当前序号的作业包；否则，通过纠错码计算出正确的作业包，并存入上行输入缓冲区 $S_3$。重复上述步骤，直至作业包经 $S_1$、$S_3$、$S_6$ 的顺序发送至 $S_8$。

（3）数据重组。中间转发模块将 $S_8$ 中存储的作业包转发至接口 $D_2$，$D_2$ 经过如上类似的步骤确定收到的作业包正确后，依照作业包头部的作业包序号 ID 及作业包状态标识，将去掉包头和包尾的数据部分遵从网络 $B$ 的通信协议加入必要的控制信息进行重组，恢复出进入隔离控制装置前的符合相关协议的原始数据，并经由第二接口通过相应的通信协议转发至网络。

抗隐蔽通道的网络隔离方法可满足跨网、跨行业信息系统互联和数据共享所需的安全要求，能够保证在网络间进行数据交换时抗隐蔽通道特性及数据传输的高可靠性。

## 6.2.2 轻量级的虚拟机资源隔离

虚拟化是一种为云计算提供底层技术平台支持的关键技术，能够有效地提高服务器的利用率，节省物理存储空间及电能。但是，由于虚拟化环境的特殊性，存在虚拟机非法读取宿主机或其他虚拟机中的数据，以及虚拟机在宿主机中非法执行任意代码等问题。虚拟机的安全问题已成为阻碍云计算发展最主要的问题之一。为满足云平台中虚拟机访问控制的需求，引入设置安全标签方法，轻量级的虚拟机资源隔离方法解决了虚拟化环境中的信息泄露和执行非法代码的问题。

**1. 轻量级的虚拟机资源隔离流程**

轻量级的虚拟机资源隔离主要流程为：①配置模块为虚拟机进程对应的可执行文件和虚拟机镜像文件分配拓展属性，同时解析宿主机中的配置文件并为虚拟机进程对应的可执行文件和虚拟机镜像文件分配安全标签；②认证模块根据文件的拓展属性对文件类型进行识别，筛选出虚拟机进程和虚拟机镜像文件，并根据虚拟机进程和虚拟机镜像文件所对应的安全标签进行访问控制。

**2. 轻量级的虚拟机资源隔离系统架构**

轻量级的虚拟机资源隔离系统包括配置模块和识别模块，如图 6-11 所示。配置模块包括文件拓展属性分配子模块、虚拟机镜像文件配置子模块和虚拟机进程配置子模块。其中，文件拓展属性分配子模块负责为虚拟机进程对应的可执行文件和虚拟机镜像文件分配拓展属性；虚拟机文件配置子模块负责解析宿主机中的配置文件并为虚拟机镜像文件分配客体安全标签 $q_i$；虚拟机进程安全域配置子模块负责解析宿主机中的配置文件并为虚拟机进程分配主体安全标签 $p_i$。识别模块包括文件节点识别子模块、进程识别子模块和虚拟机访问控制子模块，其中，文件节点识别子模块负责根据文件的拓展属性对文件类型进行识别，得到虚拟机镜像文件；进程识别子模块负责对宿主机所有进程类型进行识别，得到虚拟机进程；虚拟机访问控制子模块负责控制整个平台进程对文件的访问，以保证虚拟机访问的合法性。

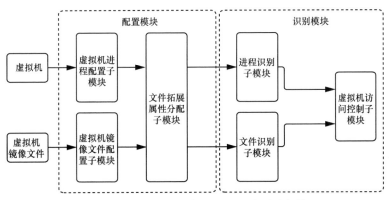

**图 6-11　轻量级的虚拟机资源隔离系统架构**

**3. 轻量级的虚拟机资源隔离的应用示例**

下面结合实际应用示例对轻量级的虚拟机资源隔离方法进行详细说明。轻量级的虚拟机资源隔离系统工作流程如图 6-12 所示。

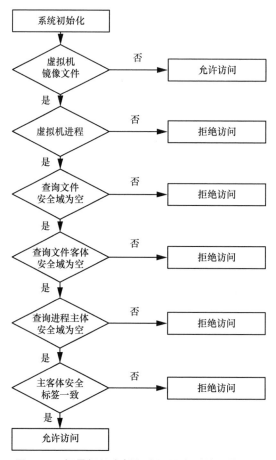

**图 6-12　轻量级的虚拟机资源隔离系统工作流程**

轻量级的虚拟机资源隔离系统主要由系统扫描、配置文件解析、安全标签分配和访问流程控制 4 个部分组成。

（1）系统扫描。借助宿主机系统 Linux 提供的安全模块 LSM 实现访问控制，将代码编译至宿主机内核中。当宿主机文件系统启动后，对宿主机中的虚拟机进程和虚拟机镜像文件进行扫描，为虚拟机进程可执行文件和虚拟机镜像文件分别添加主体拓展属性<attr,$S$>和客体拓展属性<attr,$O$>，其中 attr 为键，$S$ 为虚拟机可执行文件的值，$O$ 为虚拟机镜像文件的值。

（2）配置文件解析。读取宿主机中的配置文件，解析配置文件中序列化的配置信息，获得虚拟机编号 $i$、对应的虚拟机主体安全标签 $p_i$ 和虚拟机客体安全标签 $q_i$，其中 $p_i$ 为 $i$ 的虚拟机主体安全标签，$q_i$ 为 $i$ 的虚拟机客体安全标签，$1 \leqslant i \leqslant n$，$n$ 为虚拟机总数。

（3）安全标签分配。对虚拟机进程可执行文件和虚拟机镜像文件开辟安全域，即为安全域添加虚拟机信息和虚拟机编号 $i$，将主体安全标签 $p_i$ 分配至对应编号的虚拟机可执行文件安全域，并将客体安全标签 $q_i$ 分配至对应编号的虚拟机镜像文件安全域。

（4）访问流程控制。系统初始化完成以后，拦截整个平台进程对文件系统的访问，获得访问进程的进程控制块和被访问文件的索引节点，并根据进程控制块和被访问文件的索引节点，控制访问流程。如果被访问文件不存在客体拓展属性 $<attr,O>$，则撤销对该访问进程和被访问文件的拦截，允许该进程正常访问；否则，根据进程控制块获得访问进程的可执行文件，并判断访问文件是否存在主体拓展属性 $<attr,S>$。如果该文件不存在主体拓展属性 $<attr,S>$，则拒绝被拦截进程访问文件；否则，判断被访问文件的客体安全域是否为空。如果为空，则拒绝此次访问；否则，获取被访问文件的客体安全标签 $q_i$，判断访问进程的主体安全域是否为空。如果为空，则拒绝此次访问；否则，获取被访问文件的主体安全标签 $p_i$，比较主体安全标签 $p_i$ 与客体安全标签 $q_i$。如果 $p_i = q_i$，则撤销对该访问进程和被访问文件的拦截，允许此次访问；反之，拒绝此次访问。

轻量级的虚拟机资源隔离方法在保证虚拟机最小特权原则下，保证了宿主机和虚拟机的安全性，减小了访问控制系统的复杂度，提高了配置的灵活性，可用于各类云平台系统。

## 6.2.3 虚实互联环境下多任务安全隔离机制

云计算属于分布式计算技术的一种，其最基本的概念是透过网络将庞大的计算处理程序自动拆分成无数个较小的子程序，再交由多个服务器所组成的庞大系统经搜寻、计算、分析之后将处理结果回传给用户。然而，目前的云计算平台只能够统一管理和隔离虚拟资源，存在无法同时实现对多种虚拟、实体资源的统一管理和任务安全隔离的技术问题，且现有的虚拟资源隔离方案过于简单，存在隔离效果不佳、安全性不高的缺点。虚实互联环境下多任务安全隔离机制可以有效解决现有技术中无法同时实现对多种虚拟、实体资源的统一管理和任务安全隔离的技术问题，同时提高虚拟资源的隔离效果。

**1. 虚实互联环境下多任务安全隔离流程**

虚拟互联环境下多任务安全隔离主要流程为：①通过对用户申请的任务添加安全标签，实现任务流量的管控；②将各类实体资源统一接入云平台网络中，实现云平台对多种异构虚拟资源与实体资源的统一管理和安全隔离；③对云平台中的虚拟资源进行进程隔离和共享内存隔离，实现虚拟资源间的隔离；④通过 I/O 设备的访问进行控制，实现虚拟输入输出进行隔离。

**2. 虚实互联环境下多任务安全隔离机制的系统架构**

如图 6-13 所示，云平台虚实互联环境下多任务安全隔离系统包含任务流量标识、访问控制、任务隔离和资源管理 4 个模块组件。其中，任务流量标识模块用于给用户申请任务以及用户申请任务所需的资源增添唯一的安全标识；访问控制模块用于根据任务的安全标签，实现对用户的身份认证、信息管理和授权，同时通过网络访问虚拟资源与实体资源；任务隔离模块用于根据用户的身份认证和授权结果以及任务安全标签，隔离不同任务之间的虚拟和实体资源，同时对云平台中的各类异构虚拟资源之间进行隔离；资源管理模块用于对云平台中成功隔离的虚拟和实体资源进行统一管理。

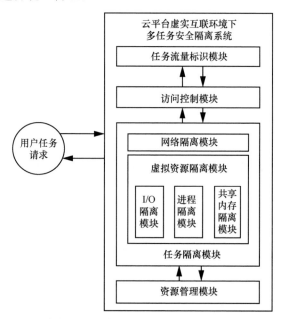

图 6-13　虚实互联环境下多任务安全隔离机制的系统架构

**3. 虚实互联环境下多任务安全隔离的应用示例**

虚实互联环境下多任务安全隔离系统的多任务安全隔离主要由任务安全标签添加、用户身份确认、任务资源申请、虚实资源配给、虚实资源安全隔离、虚拟资源进程隔离、共享内存安全隔离、输入输出隔离、资源管理、任务资源配给 10 个部分组成。

（1）任务安全标签添加。任务流量标识模块获取用户申请任务的信息和任务所需资源的信息，为用户申请任务增添唯一安全标签，得到了具有唯一安全标签的用户申请任务信息，并将带有唯一安全标签的用户申请任务信息、任务所需的资源信息存入云平台系统数据库当中；一个用户通常可以申请多个任务，一个任务通常需要多种虚拟和实体资源，流量标识模块将会对同一个用户申请的多个任务添加多个唯一的安全标签用于区别不同的任务，一个任务所使用的虚拟和实体资源将会增添和这个任务相同的安全标签，表示这些资源的所属任务。

（2）用户身份确认。访问控制模块根据申请用户的资源使用权限，判断申请用户的任务资源申请是否合法。若是，执行下一步；否则，拒绝任务资源申请。

（3）任务资源申请。访问控制模块从云平台数据库中获取用户申请任务所需资源的信息，根据这些信息尝试创建用户申请任务所需的虚拟资源，同时尝试调度用户申请任务所需的实体资源，并将尝试创建和尝试调度的资源申请返回信息存入云平台数据库当中，根据云平台数据库中的资源申请返回信息判断资源申请是否成功，并将资源申请是否成功的信息存入云平台数据库中。若资源申请成功，执行下一步；否则，给申请用户提示任务资源申请的错误信息。

（4）虚实资源配给。访问控制模块给用户申请任务所需的实体资源和用户申请任务所需的虚拟资源增添该用户申请任务的唯一安全标签，并将这些带有用户申请任务标签的资源信息存入云平台数据库当中，同时将用户申请任务所需的实体资源和用户申请任务所需的虚拟资源上传至云平台资源池。

（5）虚实资源安全隔离。网络隔离模块根据云平台数据库当中用户申请任务所需的资源申请结果，对成功申请的虚拟和实体资源进行安全隔离，并将隔离结果传递至资源管理模块，其具体步骤如下。

①对云平台中部分交换机进行分类，得到多个接入层交换机和多个汇聚层交换机。

②将所有具有相同安全标签的虚拟和实体资源连接到多个接入层交换机，对多个接入层交换机增添与这些虚拟和实体资源相同的安全标签，并根据虚拟和实

体资源的种类将这些资源分配到不同虚拟局域网（Virtual Local Area Network，VLAN）中，再创建混合型虚拟局域网（MUX-VLAN），并将不同的 VLAN 作为MUX-VLAN 的子网。

③将多个接入层交换机连接至同一个汇聚层交换机，通过汇聚层交换机设置每个 VLAN 各自的虚拟局域网接口（Virtual Local Area Network Interface，VLANIF）。

④为每一个实体设备和虚拟机分配 IP 地址，并将每一个实体设备和虚拟机的网关连接到各自 VLAN 的 VLANIF 上。

⑤在多个接入层交换机连接的同一个汇聚层交换机上设置访问控制列表（Access Control List，ACL）策略，并将该 ACL 策略中的默认策略设置为拒绝所有任务流量。

⑥对云平台同类虚拟和实体资源之间和非同类虚拟和实体之间分别进行配置：对于同类资源，在 VLANIF 上开启代理地址解析协议（Address Resolution Protocol，ARP）功能，通过三层网关实现在二层隔离的环境下三层互通，并且通过 ACL 放行同类设备之间的流量；对于非同类虚拟和实体资源，获取这些设备的IP 地址，通过 ACL 放行这些设备 IP 之间的流量，使具有相同安全标签的虚拟资源和实体资源能够相互访问。

⑦对云平台同类资源之间和非同类资源之间分别进行配置：对于同类资源，在 VLANIF 上开启代理 ARP 功能，通过三层网关实现在二层隔离的环境下三层互通，并且通过 ACL 放行同类设备之间的流量；对于非同类资源，获取这些资源的 IP 地址，通过 ACL 放行这些设备 IP 之间的流量，使具有相同安全标签的资源能够相互访问。

⑧用户申请新任务。

⑨网络模块对用户任务所需资源的隔离：网络隔离模块为用户申请的新任务创建一个虚拟机作为虚拟专用网络（Virtual Private Network，VPN）服务器，并将所有实体资源拨入 VPN 服务器，再通过汇聚层交换机放行所有虚拟和实体资源的流量，最后将虚拟和实体资源隔离信息存入云平台数据库。

（6）虚拟资源进程隔离。虚拟资源隔离模块根据任务安全标签，对虚拟资源进行进程隔离，并将进程隔离结果存入云平台数据库中，具体步骤如下。

①进程隔离模块在云平台未知进程通过虚拟文件系统访问任何文件时，判断访问文件是否为 IMG 文件，若是，则拒绝访问；否则允许访问，并执行下一步。

②进程隔离模块根据任务安全标签，创建包括虚拟机镜像位置和安全标签的配置文件，判断云平台未知进程是否为第一次访问 IMG 文件，若是，将配置文件中的 IMG 文件信息和 IMG 文件安全标签信息读入内存，并写入内存链表；否则，执行下一步。

③进程隔离模块根据云平台内核中的进程描述符 task_struct 结构体，获取云平台未知进程的可执行源文件，并找出该可执行源文件的全路径。

④进程隔离模块在云平台未知进程可执行文件的扩展属性中增添了安全标签，并根据添加的安全标签判断云平台未知进程是否为虚拟进程，若是，执行下一步；否则，拒绝访问。

⑤进程隔离模块根据内核中的进程描述符 task_struct 结构体中的信息，判断虚拟进程是否存在安全域，若是，执行下一步；否则，进程隔离模块根据虚拟进程访问的 IMG 文件的安全标签，添加虚拟进程的安全域，实现虚拟进程和虚拟进程访问的 IMG 文件之间的绑定，并执行下一步。

⑥进程隔离模块比较虚拟进程安全域与云平台内存链表中虚拟进程对应 IMG 文件的安全域是否相同，若是，虚拟进程访问合法 IMG 文件；否则，拒绝访问 IMG 文件，实现对虚拟资源的进程隔离。

（7）共享内存安全隔离。虚拟资源隔离模块根据任务安全标签，对共享内存隔离，并将共享内存隔离结果存入云平台数据库中，具体步骤如下。

①共享内存隔离模块在云平台创建虚拟机时，指定外部设备互连总线 PCI 的设备文件名和共享内存区的大小。

②共享内存隔离模块在虚拟进程启动时，根据云平台系统中的共享内存文件判断虚拟进程是否已经存在指定的共享内存区，若是，执行下一步；否则，虚拟进程隔离模块根据任务安全标签，为虚拟进程创建共享内存区，并设置共享内存区的相关数据结构，然后执行下一步。

③共享内存隔离模块根据云平台虚拟机所在的组分类 GID 和组内虚拟机自身的 $ID_1$、共享内存的组分类 MID 和组内该虚拟机自身的 $ID_2$，得出虚拟进程对共享内存区访问权限信息，并执行下一步。

④将虚拟资源的进程隔离和共享内存的隔离信息存入云平台数据库当中，实现虚拟资源共享内存的隔离。

（8）输入输出隔离。虚拟资源隔离模块对 I/O 隔离，并将 I/O 隔离结果存入云平台数据库中，具体步骤如下。

①I/O 隔离模块为每个实体设备分配一个包含 I/O 页转译保护域，并且配置每个 I/O 页的读取权限。

②I/O 隔离模块将页转译存入一个翻译后备缓冲器（Translation Lookaside Buffer，TLB）中，并且在 TLB 中配置读写权限标记和虚拟资源地址。

③用户申请任务所需的虚拟资源需要访问部分实体设备时，I/O 隔离模块根据虚拟资源所需的实体设备决定每个实体设备所属保护域，然后使用这个保护域和设备请求地址查看 TLB。

④I/O 隔离模块根据 TLB 中的读写权限标志，判断实体设备是否有内存访问权限，若有权限，则允许虚拟资源访问该实体设备；否则，拒绝虚拟资源访问该实体设备，将 I/O 隔离信息存入云平台数据库中，实现虚拟输入输出的隔离。

（9）资源管理。虚拟资源隔离模块根据虚拟资源的进程隔离、共享内存隔离和 I/O 隔离的结果，将成功隔离的虚拟资源存入资源管理模块进行统一管理。

（10）任务资源配给。资源管理模块将用户申请任务所需的资源统一分配给用户使用。

虚实互联环境下多任务安全隔离机制通过将异构虚实资源部署在系统网络中，并对任务间的资源进行隔离，从而保证不同任务所使用的资源之间不可以相互访问，实现了云平台环境中同时统一管理和安全隔离异构虚拟资源和实体资源。

# 6.3　威胁检测

本节介绍实现威胁检测的 5 种关键方法：网络系统漏洞风险评估方法[8]，利用合作博弈中沙普利值的计算方法来计算漏洞节点间的关联关系，更加准确地评估漏洞的风险；通用网络安全管理方法[9]，通过引入安全代理方法和威胁探测技术，提高扩展性和功能完备性；网络设备配置与验证方法[10]，通过利用设计一套命令集，实现对所有网络设备的有效配置；入侵响应策略确定方法[11]，通过考虑多条攻击路径响应措施间的相互影响，实现最大限度地提高应对多条攻击路径时的整体安全效用；入侵响应策略生成方法[12]，通过在选取措施和部署点时确定各选取措施部署的时序及执行时长，实现更高的安全收益。

# 6.3.1　网络系统漏洞风险评估

对网络系统产品的使用者来说，由于缺乏专业知识、发行商不能及时发布漏洞补丁或打补丁成本过高等因素，导致存在漏洞的网络系统产品无法被及时修复，这些漏洞可能会被潜在的攻击者利用，造成巨大的危害。即使用户在技术上有能力修复这些漏洞，但其修复也受到经济、人力预算等资源约束，这就需要企业用户对自己的网络系统环境进行风险评估，确定网络系统修复的优先顺序，实现最大化的修复收益。目前企业用户大多使用漏洞评估系统（Common Vulnerability Scoring System，CVSS）对漏洞进行风险评估，该系统会根据预先设定的标准，结合漏洞的特点进行风险评估，但是该系统忽略了网络环境对漏洞风险的影响。网络系统漏洞风险评估方法根据合作博弈中沙普利值的计算方法，考虑不同漏洞个体之间的相互联系关系，可更加准确地评估漏洞的风险。

### 1. 网络系统漏洞风险评估的流程

网络系统漏洞风险评估方法不仅结合了现有评价标准 CVSS 的优点，而且还充分考虑到漏洞节点之间的关联性，根据沙普利值计算出新的风险评估结果，获取整个网络系统中的高威胁程度和低威胁程度的漏洞信息，为网络安全管理人员进行脆弱性修复和安全性能优化时提供参考依据，保证网络的安全。其主要流程为：①系统对每个漏洞的评估指标进行评估量化，得到每个漏洞的攻击收益值；②根据网络漏洞依赖图，得到每个漏洞的全局被利用概率值；③根据所述攻击收益值和所述全局被利用概率值，获取攻击者利用每个漏洞的最终收益值；④根据所述最终收益值，获取每种排列组合路径下每个漏洞的沙普利值，以得到漏洞风险评估指标。

### 2. 网络系统漏洞风险评估的系统架构

网络系统漏洞风险评估装置包括评估指标量化模块、漏洞被利用率计算模块、攻击者收益值计算模块和评估模块。其中，评估指标量化模块用于对每个漏洞的评估指标进行评估量化，得到每个漏洞的攻击收益值；漏洞被利用率计算模块用于根据网络漏洞依赖图，得到每个漏洞的全局被利用概率值；攻击者收益值计算模块用于根据所述攻击收益值和所述全局被利用概率值，获取攻击者利用每个漏洞的最终收益值；评估模块用于根据所述最终收益值，获取每种排列组合路径下每个漏洞的沙普利值，得到漏洞风险评估指标。

评估指标量化模块首先对网络漏洞依赖图上每个漏洞的评估指标进行评估量

化；然后，通过漏洞被利用率计算模块为网络漏洞依赖图上的每个漏洞设置一个被攻击者利用的概率值，漏洞被利用率计算模块根据网络漏洞依赖图上各个漏洞之间的依赖关系，获取攻击者将会发起攻击的多条攻击路径，并根据每个漏洞与其前后漏洞之间的逻辑关系，得到每个漏洞在整个网络中被利用的概率，即全局被利用概率值；之后攻击者收益值计算模块根据得到的每个漏洞的攻击收益值和全局被利用概率值，得到攻击者成功利用该漏洞的最终收益值；最后，评估模块根据每个漏洞之间的依赖关系，得到基于漏洞依赖路径构成的多种排列组合路径，从而得到每种排列组合路径对应的特征函数值，然后根据沙普利值的计算公式，计算出每种排列组合路径下每个漏洞的沙普利值，以用于获取每个漏洞的最终风险评价指标，即漏洞风险评估指标。

3. 网络系统漏洞风险评估的应用示例

由于不同的网络环境会存在比较大的差异，因此需要对具体的网络环境进行分析，确定该网络环境中存在哪些可以被攻击者利用的漏洞，然后分析出攻击者可能实施的攻击路径，从而建立网络漏洞依赖图。在本方法中，网络漏洞依赖图通过漏洞节点集和有向边集构建而成。在网络漏洞依赖图中，每个节点代表一个漏洞，有向边代表各漏洞节点之间的依赖关系。下面，结合具体的实例对网络系统漏洞风险评估方法进行详细说明，其中网络环境配置如图 6-14所示。

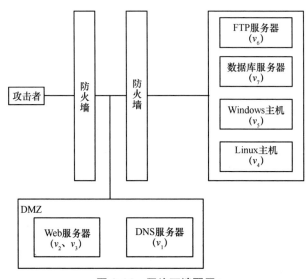

图 6-14　网络环境配置

（1）攻击者的攻击路径。攻击者从外部防火墙出发，利用 Web 服务器中的漏洞 $v_2$，获取 Web 服务器的管理员权限，再通过内网中 Windows 主机上的漏洞 $v_5$ 获取主机的权限，进一步通过漏洞 $v_6$ 和漏洞 $v_7$ 获取 FTP 服务器和数据库服务器的权限；攻击者利用漏洞 $v_1$ 攻击 DNS 服务器，从而获取服务器的 root 权限，接着利用 DNS 服务器的信任关系以及漏洞 $v_3$，获取 Web 服务器的 root 权限，再通过内网中 Windows 主机上的漏洞 $v_5$ 获取主机的权限，进一步通过漏洞 $v_6$ 和漏洞 $v_7$ 获取 FTP 服务器和数据库服务器的权限，或者，攻击者利用漏洞 $v_4$ 获取 Linux 主机的 root 权限，也可以通过漏洞 $v_6$ 和漏洞 $v_7$ 获取 FTP 服务器和数据库服务器的权限。图 6-15 是根据上述的攻击路径以及漏洞之间的依赖关系构建的网络漏洞依赖图。

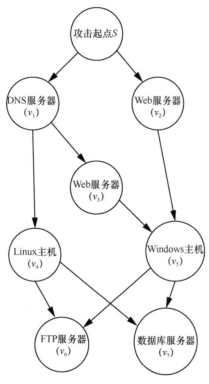

图 6-15 网络漏洞依赖图

将网络漏洞依赖图表示为 $G(V,E)$，$V$ 表示漏洞节点集，$|V| = n$，$E = \{\langle v_i, v_j \rangle, 1 \leqslant i, j \leqslant n\}$ 表示有向边集，其中，有向边 $\langle v_i, v_j \rangle$ 表示漏洞节点 $v_i$ 指向漏洞节点 $v_j$ 的边，即漏洞 $v_j$ 依赖于漏洞 $v_i$，只有在漏洞 $v_i$ 被利用后，漏洞 $v_j$ 才可以被利用。为了简化分析，可参考图 6-15，假设攻击者从同一起点出发，因此在

网络漏洞依赖图中添加一个虚拟节点 $S$，该虚拟节点指向所有攻击路径的起点。在构建漏洞依赖图的过程中，需要考虑网络环境中不同的服务器和主机上存在的漏洞及漏洞的特性，分析攻击者所有可能的攻击路径，从而得到漏洞的依赖关系。

（2）量化评估指标。选择 CVSS 评估指标中的利用方式（AV）、攻击复杂度（Attack Complexity，AC）和可利用性（EXP）这 3 个参数进行量化评估。具体地，在 CVSS 的标准里，3 个参数有不同的取值。利用方式 $AV_i$ 表示第 $i$ 个漏洞的利用方式取值，分为本地、近邻网络、远程，取值对应 0.395、0.646、1.0；攻击复杂度 $AC_i$ 表示第 $i$ 个漏洞的攻击复杂度取值，分为高、中、低，取值对应 0.35、0.61、0.71；可利用性 $EXP_i$ 表示第 $i$ 个漏洞的可利用性取值，分为未提供、验证方法、功能性代码、完整代码，取值对应 0.85、0.9、0.95、1.0。

（3）攻击收益值计算。在对每个漏洞的评估指标进行评估量化之后，攻击者利用每个漏洞的利用代价 $C_i$ 通过加权求和的方式获得。

$$C_i = wav \times AV_i + wac \times AC_i + wexp \times EXP_i \tag{6-34}$$

其中，$wav$、$wac$ 和 $wexp$ 分别表示利用方式、攻击复杂度和可利用性的权值。漏洞的利用代价越大，则说明攻击者越难利用该漏洞，即攻击者在该漏洞处得到的收益就会越低，因此可以对漏洞的利用代价取倒数，表示攻击者利用该漏洞之后得到的收益。因此，每个漏洞被成功利用后，攻击者收益值可以表示为

$$P_i = \frac{1}{C_i} \tag{6-35}$$

（4）全局被利用概率值计算。根据 CVSS 评估指标，每个漏洞的风险被量化为在[0,10]的范围内取值，在所提网络系统漏洞风险评估方法中，对该值除以 10 得到一个[0,1]范围内的值，作为第 $i$ 个漏洞单独被利用的概率值 $E_i$。由于一个漏洞节点有可能存在多个后继节点，那么攻击者可能会从后继节点中选择其中的一个或者几个继续发起攻击，因此对于每个漏洞定义一个相对可选择性，表示当受到攻击的网络漏洞依赖图中的漏洞节点存在两个或两个以上的后继漏洞节点时，在前驱漏洞节点被成功攻击的条件下，攻击者选择某一指定后继节点的概率大小。图 6-16 为漏洞节点后继关系，漏洞节点 $A$ 拥有 $N$ 个后继节点，当攻击者成功利用漏洞节点 $A$ 之后，漏洞节点 $A$ 的所有后继漏洞节点都有可能被攻击者选中。此时，对于漏洞节点 $B$，其相对被选择性为

$$S_{A-B} = \frac{E_B}{\sum\limits_{k=1}^{N} E_k} \tag{6-36}$$

其他后继漏洞节点的相对被选择性，可采用上述同样的计算方法获得。

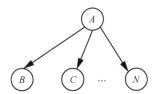

**图 6-16  漏洞节点后继关系**

根据各漏洞节点之间的依赖关系，获取每个漏洞节点的全局被利用概率值。其中，每一个漏洞节点与其前驱漏洞节点的依赖关系共有 3 种情况：直接关系、或关系、与关系。

当漏洞节点之间为直接关系时，已知漏洞节点 $A$ 的全局被利用概率值 $\mathrm{Pro}(A)$，当漏洞节点 $A$ 被利用之后，若攻击者继续验证当前路径发送攻击，则漏洞节点 $B$ 一定会被利用，因此，漏洞节点 $B$ 的全局被利用概率值为

$$\mathrm{Pro}(B) = \mathrm{Pro}(A) \times S_{A-B} \tag{6-37}$$

当漏洞节点之间为或关系时，已知漏洞节点 $A$ 的全局被利用概率值为 $\mathrm{Pro}(A)$，漏洞节点 $B$ 的全局被利用概率值为 $\mathrm{Pro}(B)$，攻击者若要利用漏洞节点 $C$，则可以选择两种攻击路径：$A$ 至 $C$ 的路径和 $B$ 至 $C$ 的路径。攻击者需要从中选择其中一条作为攻击路径，因此，漏洞节点 $C$ 的全局被利用概率值为

$$\mathrm{Pro}(C) = \mathrm{Pro}(A) \times S_{A-C} + \mathrm{Pro}(B) \times S_{B-C} - \mathrm{Pro}(A) \times S_{A-C} \times \mathrm{Pro}(B) \times S_{B-C} \tag{6-38}$$

当漏洞节点之间为与关系时，已知漏洞节点 $A$ 的全局被利用概率值为 $\mathrm{Pro}(A)$，漏洞节点 $B$ 的全局被利用概率值为 $\mathrm{Pro}(B)$，攻击者若要利用漏洞节点 $C$ 则必须同时利用漏洞节点 $A$ 和漏洞节点 $B$，因此，漏洞节点 $C$ 的全局被利用概率值为

$$\mathrm{Pro}(C) = \mathrm{Pro}(A) \times S_{A-C} \times \mathrm{Pro}(B) \times S_{B-C} \tag{6-39}$$

因此，对于网络漏洞依赖图中的每个漏洞节点 $v_i$，根据各自的依赖关系，通过上述 3 种漏洞依赖关系的计算步骤，均可得到被攻击者利用的全局被利用概率值 $\mathrm{Pro}(i)$。

（5）计算最终收益值。根据每个漏洞的攻击收益值和全局被利用概率值，获得攻击者成功利用该漏洞的最终收益值，最终收益值计算式为

$$\text{FP}(i) = P_i \times \text{Pro}(i) \tag{6-40}$$

其中，$P_i$ 表示第 $i$ 个漏洞的攻击收益值，$\text{Pro}(i)$ 表示第 $i$ 个漏洞的全局被利用概率值。

（6）计算沙普利值。对于每种排列组合路径的第一个漏洞节点，当前的特征函数值为该漏洞节点的最终收益值；对于第二个漏洞节点，若能将之前已经存在的路径继续延长，那么第二个漏洞节点的特征函数值就是第一漏洞节点和第二漏洞节点的最终收益值之和。若不能继续形成攻击路径，则说明第二个漏洞节点对当前路径的贡献值为 0，那么特征函数值仍然不变。根据上述规则，得到每个排列组合路径中每个漏洞节点对当前排列特征函数值的贡献值，最后计算每个漏洞节点的贡献值总和，获取平均值作为该漏洞节点的沙普利值。具体地，用 $\pi$ 来表示一种排列组合路径，$\mathcal{C}$ 表示该排列中的所有漏洞节点，$\mathcal{F}$ 表示特征函数，则沙普利值的定义为

$$\text{SV}_i(\mathcal{F}) = \frac{1}{|V|!} \sum_{\pi \in \Pi} \text{mc}_i\left(\mathcal{C}_i^{\pi}\right) \tag{6-41}$$

贡献值 $\text{mc}_i(\mathcal{C})$ 的计算式为

$$\text{mc}_i(\mathcal{C}) = \mathcal{F}(\mathcal{C} \cup \{v\}) - \mathcal{F}(\mathcal{C}), \pi \in \Pi(V) \tag{6-42}$$

其中，$\text{mc}_i\left(\mathcal{C}_i^{\pi}\right)$ 表示在排列组合路径 $\pi$ 中第 $i$ 个漏洞节点的贡献值。对于每种排列组合路径 $\pi$ 中的漏洞节点，首先将其逐个添加到当前排列组合路径中，根据添加前和添加后的特征函数 $\mathcal{F}$ 之间的差，得到漏洞节点 $i$ 对当前排列组合路径 $\pi$ 的贡献值 $\text{mc}_i(\mathcal{C})$；然后对所有其他排列组合路径使用上述的计算方法，并将得到的每个漏洞节点的贡献值 $\text{mc}_i(\mathcal{C})$ 进行求和取平均处理，从而得到每个漏洞节点的沙普利值。

网络系统漏洞风险评估方法通过获取不同排列组合下漏洞节点的收益，将得到的每个漏洞节点的沙普利值作为最后的风险评价指标，充分考虑网络系统环境中漏洞之间的关联关系，根据评估结果得到整个网络中不同威胁程度的漏洞信息，为网络系统的安全性能优化提供依据，保证网络系统的安全。

## 6.3.2　通用网络安全管理方法

随着安全系统建设越来越大，安全防范技术越来越复杂，泛在网络中全

局的安全风险监控安全管理与配置难以统一协调。网络安全管理需要应用多种不同的网络安全技术和设备，使之更好地协同工作，对网络系统进行安全、合理、高效的维护。然而，现有的安全管理产品存在开放性差、扩展性差和功能完备性弱等问题，不能满足泛在网络对网络安全管理的需求。通用网络安全管理方法针对不同网络安全设备统一管理的需求，通过引入安全代理方法和威胁探测技术，解决现有网络安全管理系统开放性差、扩展性差和功能完备性弱的问题。

1. 通用网络安全管理流程

通用网络安全管理主要流程为：①用户通过终端设备连接到安全管理中心，并根据需求选取安全功能和安全策略；②安全管理中心通过接口组件、数据库模块和用户接口组件将网络访问控制、入侵检测、病毒检测和漏洞管理等安全技术应用到安全代理终端上，使其具备特定的功能，在收到安全事件后，生成响应命令并发送到安全代理终端；③安全代理终端在收到响应命令后，在统一的管理和控制下，根据异常的原因采取不同的操作，使各种安全技术彼此补充、相互配合，对网络行为进行检测和控制。

2. 通用网络安全管理的系统架构

通用网络安全管理系统包括安全代理终端、安全管理中心、终端管理设备和外围设备，如图 6-17 所示。安全代理终端主要由探测器、响应组件和接口组件组成，其与安全管理中心相连，负责为所在网络环境提供安全服务；安全管理中心包括数据库模块、核心功能组件、接口组件和用户接口组件，其同时连接多个安全代理终端，负责通过安全代理终端管理多个网络设备，提供配置探测器、采集安全事件、处理安全事件、查询安全事件和发送响应命令等多种功能；终端管理设备通过用户接口组件与安全管理中心相连，负责帮助网络管理员通过网络浏览器远程登录安全管理中心进行安全管理等操作；外围设备是安全管理对象通过探测器和响应组件与安全终端代理相连，包括个人计算机、各类服务器、组建网络的交换机、路由器和防火墙等网络基础设施。

3. 通用网络安全管理的应用示例

下面，结合通用网络安全管理系统的网络拓扑（如图 6-18 所示），对通用网络安全管理方法进行说明。

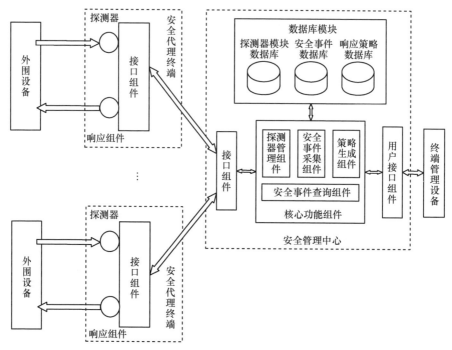

图 6-17　通用网络安全管理系统

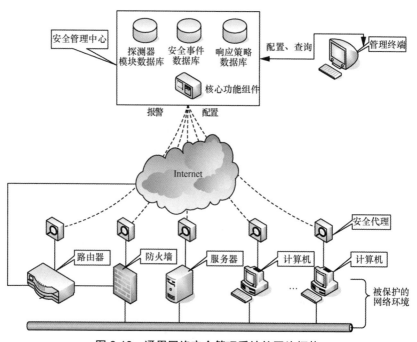

图 6-18　通用网络安全管理系统的网络拓扑

通用网络安全管理系统主要由网络安全管理初始化、已知安全威胁管理和未知安全威胁管理 3 个部分组成。

（1）网络安全管理初始化。首先，网络管理员在终端管理设备上通过网页浏览器连接到安全管理中心，在数据库中选取匹配不同外围设备的功能模块和安全策略；然后，安全管理中心将相应的功能模块和安全策略远程加载到各外围设备的安全代理终端上，使其具备特定的功能。

（2）已知安全威胁管理。当外围设备出现异常时，首先，部署在该设备上的探测器对异常进行初步分析，并由事先加载在探测器里的功能模块产生安全事件，发送到安全管理中心。然后，安全管理中心在收到安全事件后，综合其他安全代理终端发来的相关信息，判断产生异常的原因，根据响应策略库的设置，生成响应命令并发送到安全代理终端，同时向管理员发出警报并提供安全事件数据库中的记录。最后，安全代理终端在收到响应命令后，根据异常的原因采取不同的操作。如果异常的原因为网络外部攻击，则配置各个相关外围设备及时阻断攻击；如果异常的原因为网络内部人员违规操作，则及时向内网用户发出警告并阻断违规行为；如果异常的原因为网络设备本身漏洞问题，则自动从相关服务器下载补丁文件并及时修复漏洞。

（3）未知安全威胁管理。当有新的安全威胁出现时，首先，各安全代理终端中的探测器收集相关信息并发送到安全管理中心；然后，安全管理中心综合分析收到的信息，提取主要特征发送给网络管理员，网络管理员根据该特征编写针对该威胁的功能模块和处理策略；最后，安全管理中心在数据库中添加该功能模块和处理策略，并远程安装在各安全代理终端的探测器和响应组件上。

通用网络安全管理方法具有配置灵活、易于扩展、开放性好和支持分级管理的优点，能够适用于政府、高校和大中型企业计算机网络的安全管理与防护。

## 6.3.3　网络设备配置与验证

为了有效保障网络的安全，人们提出了将入侵检测系统与具有安全特性的网络设备进行联动，来构建一个动态防御体系的设想。但是不同厂商、不同型号的网络设备通常有着不同的配置命令集，当为它们配置同一安全规则时，所使用的命令往往是不同的，这增加了网络设备的配置工作的难度；并且传统的配置方案存在统一化管理程度低、配置工作量大、缺乏安全功能等缺陷。因此，网络设备配置与验证方法可以使用一套命令集实现对所有的网络设备进行配置，并同时联动安全设备处理安全事件。

1. 网络设备配置与验证流程

网络设备配置与验证通过使用一套自行设计的命令集来统一配置不同厂商、不同型号的网络设备，其主要组成部分有服务器、代理机和网络设备，服务器中加载有命令事件采集插件、回复事件采集插件、事件格式扩展插件、场景分析插件、事件响应插件和设备信息文件、命令转换信息文件、命令转换规则文件。其主要流程为自设计命令在服务器上转换为能够在目标网络设备中执行的特定命令后，经由代理机转发给网络设备执行，待执行完毕其输出信息被发送给代理机进行处理并返回给服务器。

2. 网络设备配置与验证的系统架构

网络设备配置与验证系统如图 6-19 所示，主要包括服务器、代理机和网络设备等。其中，服务器部署在网络控制中心，接收并转换管理员或安全设备输入的统一命令集中的命令、将命令发送至代理机、接收并输出来自代理机的回复信息，服务器中加载有功能插件和数据文件。

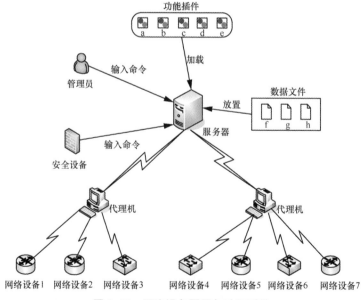

图 6-19　网络设备配置与验证系统

功能插件包括：①命令事件采集插件，用于接收输入命令、判断命令格式正误、封装并生成命令事件；②回复事件采集插件，用于接收回复信息、生成回复事件；③事件格式扩展插件，用于定义命令、命令事件和回复事件格式；④场景分析插件，用于判断命令是否能被转换、触发响应插件转换命令、由回复事件到达或计时器超时结束命令转换执行状态变迁；⑤事件响应插件，用于转换输入命令为能在目标设备执行的命令、并发送至代理机。

数据文件包括：①设备信息文件，用于存储设备 ID、设备型号、代理机 IP、代理机端口等信息；②命令转换信息文件，用于存储设备型号、各型号对应的转换规则文件名；③命令转换规则文件，用于存储统一命令、对应具体型号的命令信息。

代理机可以选用一般的 PC，根据网络规模的大小和网络设备数量的多少，设定其数量，只要满足需求即可，具体数量不限，其主要用于转发来自服务器的命令至网络设备、接收/处理网络设备中命令执行后的输出信息、将处理结果信息返回给服务器。

网络设备包括路由器、交换机，其厂商、型号不限，主要用于执行代理机发送过来的命令，并将终端输出的信息发送给代理机。

在网络设备配置与验证系统中，各组成部分的连接关系为服务器与若干台代理机相连，每台代理机又与若干台网络设备相连。它们之间传输着两种信息，一种是命令信息，即统一命令被服务器的功能插件依据数据文件转换后的命令，它经代理机传送给网络设备；另一种是回复信息，即网络设备执行命令后的输出信息，它经代理机处理后传回给服务器。服务器中的场景分析插件完成的命令转换状态变迁情况如图 6-20 所示。

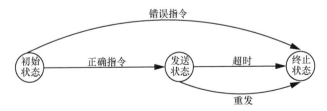

图 6-20　场景分析插件完成的命令转换状态变迁情况

命令转换状态变迁涉及命令状态转移条件和命令状态。命令状态转移条件包括如下条件。

（1）错误指令条件：若命令不符合转换规则，则匹配该条件，使命令从初始状态变迁到终止状态。

（2）正确指令条件：若命令符合转换规则，则匹配该条件，使命令从初始状态变迁到发送状态。

（3）重发条件：若接收到的回复中所带命令 ID 与发送命令 ID 相同，则匹配该条件，使命令从发送状态变迁到终止状态。

（4）超时条件：若计时器超时，则匹配该条件，使命令从发送状态变迁到终止状态。

命令状态包括如下状态。

（1）初始状态：命令一开始所处的状态。

（2）发送状态：用于触发事件响应插件转换并发送命令，同时开启计时器为接收回复消息计时。

（3）终止状态：用于结束命令的执行。

**3. 网络设备配置与验证的应用示例**

下面，以网络设备配置与验证系统实际使用为例，结合实际场景对所提网络设备配置与验证方法进行说明。该系统的工作主要由命令集设计及数据文件放置、功能插件加载、命令事件生成、命令转换状态变迁、命令发送、命令转发、输出信息发送、回复信息输出 8 个部分组成。具体工作流程如下。

（1）命令集设计及数据文件放置。设计一套与具体网络设备无关的统一命令集，为每种设备型号编写数据文件，数据文件包含：①存储统一命令、对应具体型号的命令信息的命令转换规则文件；②存储设备型号、各型号对应的转换规则文件名的命令转换信息文件；③存储设备 ID、设备型号、代理机 IP、代理机端口的设备信息文件，然后将这些文件放置于服务器中。

（2）功能插件加载。功能插件包含命令事件采集插件、命令事件格式扩展插件、场景分析插件、事件响应插件和回复事件采集插件，将这些插件编译成动态链接库放入服务器中并修改插件对应的各配置文件，即可成功加载插件于服务器上。

（3）命令事件生成。命令事件采集插件根据输入的统一命令生成命令事件，用户从终端输入需要配置的目标网络设备号和统一命令集中的一条命令，命令事件采集插件获得该命令后对其格式进行判断，若格式正确，则根据命令事件格式扩展插件中定义的命令格式封装输入的命令，继而生成命令事件；若格式错误，则结束该条命令的执行。

（4）命令转换状态变迁。命令事件生成后，场景分析插件根据命令转换信息文件和目标网络设备对应的命令转换规则文件，对命令状态转移条件进行匹配，判断终端输入的命令是否符合转换规则，若不符合转换规则，则匹配 IncorrectCmd 条件，命令从初始状态变迁到终止状态，执行结束；若符合转换规则，则匹配 CorrectCmd 条件，命令从初始状态变迁到发送状态，触发事件响应插件的动作并开启计时器为接收回复消息计时。

（5）命令发送。事件响应插件由场景分析插件中的发送状态触发后，根据目标网络设备对应的命令转换规则，先将终端输入的命令转换为能在目标网络设备上执行的若干条命令，再通过查询设备信息文件获得目标网络设备相连的代理机 IP，最后将目标网络设备号、命令 ID 和转换后的命令信息一起发送到该代理机。

（6）命令转发。代理机接收到来自服务器的信息后，根据目标网络设备号，查找到该目标网络设备的 IP，然后把命令转发给目标网络设备执行，同时将命令 ID 存储于本地。

（7）输出信息发送。目标网络设备执行来自代理机转发的命令后，将终端输出信息回复给代理机，代理机对这些信息进行集中处理，判断命令是否被成功执行，若执行成功，则将回复信息和保存的命令 ID 一起发回给服务器；若执行失败，则返回执行失败的标志性信息和命令 ID 给服务器。

（8）回复信息输出。服务器中的回复事件采集插件总是在检测是否有回复信息的到来，一旦接收到回复信息，立即生成回复事件，继而刺激场景分析进行命令状态转移条件的匹配，分析回复中所带的命令 ID 与发送的命令 ID 是否相同，若相同，则匹配 Reply 条件，命令从发送状态变迁到终止状态，系统打印回复信息到终端，并结束该条命令的执行；若不相同或始终未接收到回复信息，则下一条命令输入时，计时器超时，匹配 TimerExpiry 条件，命令也从发送状态变迁到终止状态，结束它的执行过程。

网络设备配置与验证方法可应用于大型网络的配置管理系统中，能够降低网络设备配置工作的工作量，方便网络管理人员对大型网络的管理，易于在网络中添加新的设备，功能插件的可扩展性强，并且能够切实增强网络的安全性能。

## 6.3.4　入侵响应策略确定

随着网络攻击技术的愈发复杂和多样化，攻击者利用多条攻击路径入侵目标成为可能。在这种情况下，为了保护可能被入侵的目标，入侵响应系统仅依靠权衡响应策略带来的正面效应和负面影响已经难以满足需求。入侵响应策略确定方法不仅具备同时应对多条攻击路径的能力，而且考虑了应用不同攻击路径的响应措施之间的相互影响，避免了安全收益的重复计算，从而能够最大限度地提高应对多条攻击路径时的整体安全效用，实现对多路径攻击的最佳应对。

1. 入侵响应策略确定的流程

入侵响应策略确定的主要流程为：①根据威胁报警、攻击树中各节点及节点关系，确定一条或多条攻击路径；②确定可用于阻断攻击路径的候选响应策略的安全效用；③基于贪心算法的多次迭代，为每条攻击路径选取安全效用最大的候选响应策略构成策略集合，用于实现入侵响应。在每次迭代过程中，从待阻断攻击路径的候选响应策略中选取具有最大安全效用的响应策略；然后将本次迭代所选取的响应策略作为下次迭代时的已部署策略，重新计算剩余待阻断攻击路径的候选响应策略的安全效用，用于下次迭代选取。

2. 入侵响应策略确定的详细步骤

下面，分别对攻击路径确定、候选响应策略的安全效用确定、安全效用最大的响应策略迭代选取这 3 个步骤进行详细介绍。

（1）攻击路径确定

首先，根据攻击树中各节点及节点关系，确定多条候选攻击路径；然后，根据每一候选攻击路径中原子攻击节点发生的概率及节点关系，确定相应候选攻击路径被利用的概率，选取被利用概率大于预设阈值的候选攻击路径作为攻击路径。

①攻击树。攻击树是表示系统面临的攻击及攻击之间关系的树形结构。其中，根节点代表被攻击的目标；非根节点表示原子攻击，即攻击者攻击行为的最小单位，例如漏洞利用、暴力破解、存活性探测等攻击行为。

本方法中将攻击树定义为概率攻击树，概率攻击树是一个六元组，$\text{PAT} = \langle g, \text{ATK}, \tau, \text{ALERTS}, f, P \rangle$。其中，$g$ 是树的根节点，表示网络中被保护的服务、设备等，即攻击者的攻击目标。$\text{ATK} = \{\text{aatk}_{i_j}\}$ 是概率攻击树中所有原子攻击的集合，其中 $i$ 表示原子攻击节点在树中所属的层次（根节点的层次为 0），$j$ 表示在树的同一层次中原子攻击的编号。$\tau$ 是由多个原子攻击关系二元组 $\langle \text{ATK}_i, d_i \rangle$ 组成的集合，表示 $\text{ATK}_i$ 中的元素（即原子攻击）具有 $d_i$ 关系。$d_i \in \{\text{AND}, \text{OR}\}$，$d_i = \text{AND}$ 表示 $\text{ATK}_i$ 中的所有元素具有相同的父原子攻击节点，且必须同时被利用成功，其父原子攻击节点才有可能发生；$d_i$=OR 表示 $ATK_i$ 中的所有元素具有相同的父原子攻击节点，且只要其中任意一个或多个元素发生，其父原子攻击节点就有可能发生。需注意的是，当 $d_i$=AND 时，$ATK_i$ 的元素是单个原子攻击；当 $d_i$=OR 时，$ATK_i$ 的元素有可能是具有 AND 关系的原子攻击集合。$ALERTS = \left\{ Alerts_{i_j} \right\}$ 表示概率攻击树 PAT 中所有可能的报警信息构成的集合，$Alerts_{i_j} = \left\{ alerts_{i_j,k} \right\}_{k=1}^{m}$ 表示与原子攻击 $aatk_{i_j}$ 具有映射关系的报警信息组成的集合，$m$ 表示与该原子攻击具有映射关系的报警信息的数量。$f\left( alerts_{i_j,k} \right) = aatk_{i_j}$ 表示报警信息 $alerts_{i_j,k}$ 与原子攻击 $aatk_{i_j}$ 之间具有映射关系。$P$ 是一组离散的概率分布，表示各原子攻击节点真实发生的置信度，即原子攻击发生的概率。

②节点关系。节点关系包括父子关系、AND 关系和 OR 关系等。父子关系指节点对应的原子攻击发生具有条件性，即只有子节点对应的原子攻击发生后，父节点对应的原子攻击才有可能发生；AND 关系指多个原子攻击对应的子节点具有同一父节点，且只有这些子节点对应的原子攻击同时发生后，其父节点对应的原子攻击才有可能发生；OR 关系指多个原子攻击对应的子节点具有同一父节点，且只要这些子节点对应的原子攻击中有一个发生，其父节点对应的原子攻击就有可能发生。

③攻击路径。攻击路径是基于节点关系形成的从叶子节点到根节点的完整攻击链路，由原子攻击节点或其集合的一个序列 $path = Atk_1, \cdots, Atk_j, \cdots, Atk_n$ 构成。其中，$Atk_1$ 表示攻击树中的叶子节点或其集合，$Atk_j$ 表示攻击树中的某一节点或者是具有 AND 关系的节点集合，$Atk_n$ 表示攻击树中根节点的子节点或其集合。

④原子攻击发生概率。根据接收到的报警信息与原子攻击之间的映射关系及概率知识库，获取攻击树中各原子攻击发生的概率。系统接收到报警信息后，根据报警信息与原子攻击之间的映射关系确定攻击树中各原子攻击发生的概率。该概率可以从概率知识库中获取，概率知识库中包含原子攻击的既往发生概率，或包含能够计算原子攻击发生概率的相应报警概率，具体包括在给定报警信息的前提下原子攻击发生的概率；原子攻击发生的先验概率；在原子攻击发生的情况下收到报警信息的概率；在原子攻击未发生的情况下收到报警信息的概率；攻击树中子节点对应的原子攻击发生前提下父节点对应原子攻击发生的概率；父节点对应的原子攻击与子节点对应的原子攻击同时发生的概率。

基于报警信息和原子攻击之间的映射关系，采用条件概率计算原子攻击的发生概率（即基于报警信息的攻击发生概率），如式（6-43）所示。

$$\zeta\left(\text{aatk}_{i_j}\right) = P\left(\text{aatk}_{i_j} | \text{Alt}'_{i_j}\right) = \frac{P\left(\text{aatk}_{i_j}\right) P\left(\text{Alt}'_{i_j} | \text{aatk}_{i_j}\right)}{P\left(\text{aatk}_{i_j}\right) P\left(\text{Alt}'_{i_j} | \text{aatk}_{i_j}\right) + P\left(\overline{\text{aatk}_{i_j}}\right) P\left(\text{Alt}'_{i_j} | \overline{\text{aatk}_{i_j}}\right)} \quad (6\text{-}43)$$

其中，$\text{Alt}'_{i_j} \subseteq \text{Alerts}_{i_j}$ 表示接收到的针对原子攻击 $\text{aatk}_{i_j}$ 的报警信息集合，$P\left(\text{aatk}_{i_j} | \text{Alt}'_{i_j}\right)$ 表示在给定报警信息 $\text{Alt}'_{i_j}$ 的前提下原子攻击 $\text{aatk}_{i_j}$ 发生的概率；$P\left(\text{aatk}_{i_j}\right)$ 表示原子攻击 $\text{aatk}_{i_j}$ 发生的先验概率；$P\left(\text{Alt}'_{i_j} | \text{aatk}_{i_j}\right)$ 表示在原子攻击 $\text{aatk}_{i_j}$ 发生的情况下收到报警信息 $\text{Alt}'_{i_j}$ 的可能性；$P\left(\overline{\text{aatk}_{i_j}}\right) = 1 - P\left(\text{aatk}_{i_j}\right)$；$P\left(\text{Alt}'_{i_j} | \overline{\text{aatk}_{i_j}}\right)$ 表示在原子攻击 $\text{aatk}_{i_j}$ 发生的情况下，收到报警信息 $\text{Alt}'_{i_j}$ 的可能性。

原子攻击之间的发生具有一定关联性，即某一子节点对应的原子攻击发生时，其父节点对应的原子攻击也有可能发生，这意味着可以通过子节点对应的原子攻击发生的可能性来推断其父节点对应的原子攻击发生的可能性。基于原子攻击节点之间的 AND 和 OR 关系，即基于子节点对应的原子攻击对父节点对应的原子攻击的影响，确定原子攻击的发生概率（即基于攻击关联关系的攻击发生概率），如式（6-44）所示。

$$\Psi\left(\text{aatk}_{i_j}\right) = \begin{cases} \dfrac{p\left(\text{aatk}_{i_j}\right) p\left(\text{aatk}_{i+1_{j'}} | \text{aatk}_{i_j}\right)}{\prod\limits_{j'=1}^{n} p\left(\text{aatk}_{i+1_{j'}}\right)}, & \text{若各}\text{aatk}_{i+1_{j'}}\text{间为AND关系} \\ 1 - \prod\limits_{j'=1}^{n}\left(1 - p\left(\text{aatk}_{i_j}\right) p\left(\text{aatk}_{i+1_{j'}} | \text{aatk}_{i_j}\right)\right), & \text{其他} \end{cases} \quad (6\text{-}44)$$

其中，$\text{aatk}_{i_j}$ 是 $\text{aatk}_{i+1_{j'}}$ 的父节点；$p\left(\text{aatk}_{i+1_{j'}} | \text{aatk}_{i_j}\right)$ 表示原子攻击 $\text{aatk}_{i_j}$ 发生前提下原子攻击 $\text{aatk}_{i+1_{j'}}$ 发生的概率。

将攻击树中叶子节点的基于报警信息的攻击发生概率作为这些节点的发生置信度，即原子攻击发生的概率；对于非叶子节点，对原子攻击的基于报警信息的攻击发生概率和基于攻击关联关系的攻击发生概率进行比较，将较大的值作为这些节点的发生置信度，即原子攻击发生的概率。

⑤候选攻击路径被利用概率。候选攻击路径被利用概率由原子攻击发生概率确定，该概率的计算方式是将路径上各节点的原子攻击发生概率相乘，并除以路径上的节点总数。

（2）确定候选响应策略的安全效用

针对每一攻击路径，存在对应的多个候选响应策略可以阻断该路径。需确定可用于阻断每一攻击路径的所有候选响应策略的安全效用，从而判断策略的"好坏"。安全效用反映响应策略能获得的安全收益，以及实施该策略带来的开销。本方法根据候选响应策略的安全收益、部署成本和其对服务质量的负面影响，综合确定候选响应策略的安全效用。针对单一攻击路径的响应策略，选取的目标是最大化安全收益、最小化部署成本、最小化对服务质量的负面影响。根据攻击损失确定安全收益的权值，将对应攻击路径的攻击损失作为安全收益的权重，通过加权法确定候选响应策略的安全效用。

①评估攻击路径的攻击损失。首先根据攻击路径中原子攻击发生的概率、原子攻击对相应设备造成的损失以及受损失设备的重要性，来评估攻击路径中各原子攻击造成的损失总和，以此作为每条可能被利用的攻击路径所带来损失的度量。

进一步地，可将原子攻击分为两类：漏洞利用类和非漏洞利用类（如不正确或不合理的配置）。当原子攻击属于漏洞利用类时，基于公共漏洞评分系统（Common Vulnerability Scoring System，CVSS）对每一设备由原子攻击造成的损失进行评估；反之，则由原子攻击引起的损失根据经验值设定对每一设备由原子攻击造成的损失。

在 CVSS 中，Basescore 定义了漏洞的一些固有特征，包括可利用性指标和影响力指标。其中，可利用性指标反映了利用该漏洞的难度和技术手段，影响力指标表示成功利用该漏洞的直接结果以及在安全方面造成的后果。因此，可以使用 Basescore 表示由漏洞利用类原子攻击所造成的损失。为便于描述，无论某一原子攻击是漏洞利用类攻击还是非漏洞利用类攻击，均使用 Basescore 来表示其造成的攻击损失。本方法中根据 Basescore、设备的重要性和攻击路径中原子攻击发生的概率来计算单一攻击路径造成的攻击损失，如式（6-45）所示。

$$AD(path_i) = \frac{\sum_{j=1}^{d}\Big(Im(dev_{i,j})\big(AD_p(dev_{i,j})\big)\Big)}{10\sum_{j=1}^{d}Im(dev_{i,j})} \tag{6-45}$$

其中，$d$ 表示攻击路径 $path_i$ 所经过的设备的数量；$dev_{i,j}$ 表示路径 $path_i$ 经过的设备；$Im(dev_{i,j})$ 表示设备 $dev_{i,j}$ 的重要性；$AD_p(dev_{i,j})$ 表示攻击路径 $path_i$ 对

设备 $dev_{i,j}$ 造成的损失，指攻击路径 $path_i$ 上的各原子攻击给设备 $dev_{i,j}$ 造成的损失的最大值，该值可通过原子攻击的 Basescore 乘以该原子攻击的发生概率得到。

②计算候选响应策略的安全收益。安全收益是响应策略的正向影响，即响应策略相较于已部署策略所增量覆盖的原子攻击发生概率的和，将其定义为攻击覆盖面（Attack Surface Coverage，ASC）增量。将被响应策略 $cm_i$ 所覆盖的原子攻击的集合表示为 $ATK(cm_i)$，其中响应策略覆盖原子攻击是指策略部署并执行后，原子攻击将无法再发生，或发生可能性降低。本方法基于原子攻击发生概率、已被覆盖的原子攻击、不同原子攻击间的 AND 关系计算某一策略攻击覆盖面的增量。

下面，以图 6-21 为例对策略的有效覆盖能力进行介绍，其中 $cm_1$ 和 $cm_2$ 为已部署的响应策略，$cm_3$ 为待部署的响应策略，即候选响应策略。其中，原子攻击 $a_6$ 到 $a_{15}$ 被 $cm_3$ 所覆盖，且 $a_6$ 和 $a_7$，$a_4$ 和 $a_{11}$，$a_{12}$ 和 $a_{13}$，$a_5$、$a_8$ 和 $a_{10}$ 各自之间具有 AND 关系；$a_1$ 到 $a_9$ 被已部署策略 $cm_1$ 和 $cm_2$ 所覆盖。为了准确理解部署响应策略 $cm_3$ 后安全收益的提升，需要根据原子攻击是否被已部署策略所覆盖，以及相互之间是否有 AND 关系，对待部署策略所覆盖的原子攻击进行分类讨论。

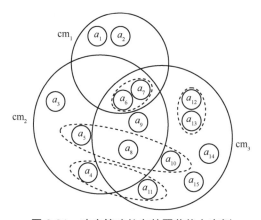

图 6-21　响应策略的有效覆盖能力实例

A 类：指与其他原子攻击不具有 AND 关系，且未被已部署策略所覆盖的原子攻击，在图 6-21 中即为 $a_{14}$ 和 $a_{15}$。待部署策略 cm 覆盖 A 类原子攻击中的每个原子攻击 $a$ 的安全收益 $h_A(cm, a)$ 为该原子攻击的攻击置信度 $p(a)$ 乘以该策略的历史有效性 $E(cm)$，即

$$h_A(cm,a) = p(a)E(cm) \tag{6-46}$$

B 类：指与其他原子攻击具有 AND 关系，且所有这些相互之间具有 AND 关系的原子攻击均未被已部署措施所覆盖的原子攻击构成的集合，在图 6-21 中即为 $\{a_{12}, a_{13}\}$。待部署策略 cm 覆盖 B 类原子攻击中每个原子攻击集合 $\mathrm{Atk_B}$ 的安全收益 $h_\mathrm{B}(\mathrm{cm}, \mathrm{Atk_B})$ 为这些原子攻击集合中攻击置信度最大的原子攻击的置信度值乘以该策略的历史有效性 $E(\mathrm{cm})$，即

$$h_\mathrm{B}\left(\mathrm{cm}, \mathrm{Atk_B}\right) = \max{}_{a \in \mathrm{Atk_B}}\left(p(a)E(\mathrm{cm})\right) \tag{6-47}$$

C 类：指与其他原子攻击具有 AND 关系，且相互之间具有 AND 关系的原子攻击中至少有一个被已部署措施所覆盖的原子攻击构成的集合，在图 6-21 中即为 $\{a_6, a_7\}$、$\{a_8, a_{10}\}$ 和 $\{a_{11}\}$。待部署策略 cm 覆盖 C 类原子攻击中每个原子攻击集合 $\mathrm{Atk_C}$ 的安全收益 $h_\mathrm{C}(\mathrm{cm}, \mathrm{Atk_C})$ 为相应集合中攻击置信度最大的原子攻击的置信度值 $p(a)$ 乘以该策略的历史有效性 $E(\mathrm{cm})$，再减去与这些原子攻击有 AND 关系但被已部署策略所覆盖的原子攻击中的置信度值乘以相应策略历史有效性的最大值（此为大于零时的情况，反之安全收益为零），即

$$h_\mathrm{C}\left(\mathrm{cm}, \mathrm{Atk_C}\right) = \max{}_{a \in \mathrm{Atk_C}}\left(p(a)E(\mathrm{cm})\right) -$$
$$\max{}_{a' \in \mathrm{Atk_{C'}}}\left(p(a')\max{}_{\mathrm{cm}' \in \mathrm{CM}^a}E(\mathrm{cm}')\right) \tag{6-48}$$

其中，$\mathrm{Atk_{C'}}$ 为与 $\mathrm{Atk_C}$ 中原子攻击有 AND 关系且被已部署响应策略覆盖的原子攻击构成的集合，$\mathrm{CM}^{a'}$ 为覆盖原子攻击 $a'$ 的已部署响应策略集合。

D 类：指与其他原子攻击不具有 AND 关系，但被已部署措施所覆盖的原子攻击，在图 6-21 中即为 $a_9$。待部署策略 cm 覆盖 D 类原子攻击中每个原子攻击 $a$ 的安全收益 $h_\mathrm{D}(\mathrm{cm}, a)$ 为该原子攻击的置信度 $p(a)$ 乘以该策略的历史有效性 $E(\mathrm{cm})$，再减去该原子攻击的置信度乘以覆盖该原子攻击的所有响应策略中的历史有效性最大值（此为大于零时的情况，反之安全收益为零），即

$$h_\mathrm{D}\left(\mathrm{cm}, a\right) = p(a)E(\mathrm{cm}) - p(a)\max{}_{\mathrm{cm}' \in \mathrm{CM}^a}E(\mathrm{cm}') \tag{6-49}$$

其中，$\mathrm{CM}^a$ 为覆盖原子攻击 $a$ 的已部署响应策略集合。

最终得到待部署策略的安全收益措施为对上述 4 类原子攻击的安全收益之和。其中，措施的历史有效性指策略部署前后对应攻击路径被利用可能性的变化程度，通过策略部署后是否还接收到同类报警信息判断得到。

根据每一候选响应策略与已部署响应策略所覆盖的原子攻击之间的覆盖关系、原子攻击发生的概率以及原子攻击间的 AND 关系，确定候选响应策略的攻

击覆盖面增量，即候选响应措施的安全收益。

③计算策略的部署成本。策略的部署成本是指部署该策略所需消耗的资源，通过综合考虑策略的部署时长、消耗的计算存储资源、部署该策略的设备的重要性等计算得到。策略的部署时长是指部署指令下发到部署完成所花费的时长，包括通信时长和执行时长。消耗的计算存储资源是指部署该策略所消耗的CPU、内存等资源。部署该策略的设备的重要性是指设备的重要程度，综合考虑设备资产价值等得到。

④评估策略的负面影响。策略对服务质量的负面影响分为直接负面影响和间接负面影响。直接负面影响指策略部署后会直接影响到服务的服务质量，综合考虑服务的重要性、策略的运行时间和使用该服务的用户数等对直接负面影响进行评估；间接负面影响指策略部署后某些服务直接被影响，依赖于这些服务的服务也会受到影响，综合考虑被间接影响的服务的重要性、对直接被影响服务的依赖程度、策略的运行时间和使用该服务的用户数等对间接负面影响进行评估。

（3）安全效用最大的响应策略迭代选取

基于贪心算法进行多次迭代，为每条攻击路径选取安全效用最大的候选响应策略构成策略集合，实现入侵防御。在每轮迭代选取中，将此前轮次迭代选取所确定的响应策略作为已部署策略，并重新计算得到每条攻击路径的最优响应策略，这些响应策略构成本轮选取的候选策略集合，在候选策略集合中选取安全效用最大的一个作为本轮选取的响应策略，并将该策略对应的攻击路径从待阻断路径集合中删除。经过多次迭代，最终确定使所有攻击路径的安全效用最高的候选响应策略集合，确定的响应策略用于实现入侵防御。

入侵响应策略确定方法能够最大限度地提高应对多条攻击路径时的整体安全效用，实现对多路径攻击的最佳应对，能够在入侵响应系统中部署，实现入侵防御。

## 6.3.5　入侵响应策略生成

为了抵御网络攻击，入侵响应系统被设计用于生成合适的响应策略来消除潜在影响并减小系统风险。随着多攻击路径的出现，目前入侵响应系统逐渐应用多措施选取方案，以选取整体收益最高的措施组合。然而为了保证获得足够的响应效用，应用多措施选取方案的入侵响应系统仍需考虑不同措施部署点对安全收益的影响、选取措施的部署时序和执行时间等问题。入侵响应策略生成方法在选取措施和部署点的同时还确定了各选取措施部署的时序及执行的时长，从而确保生成策略的准确性，能获得更高的安全收益。

**1. 入侵响应策略生成的流程**

入侵响应策略生成的主要流程为：①根据接收的报警信息及网络拓扑结构，确定用于响应攻击的候选措施集合及部署点集合；②将措施、部署点以及措施部署的时序作为数组的 3 个维度，措施执行的时长作为数组中的元素，利用三维数组对候选策略进行编码并生成多个候选策略；③根据预设的适应度函数，基于遗传算法，对所述多个候选策略进行迭代进化，直至达到预设条件，获取目标策略，以实现入侵防御。其中，每一策略包括至少一个元策略，每一元策略包括措施、部署点、措施部署的时序以及措施执行的时长。

**2. 入侵响应策略生成的详细步骤**

为方便对本入侵响应策略生成方法进行阐述，定义如下符号。

（1）$CM = \{cm_0, cm_1, \cdots, cm_{n-1}\}$ 是一个依据报警信息获取的候选措施集合，其中，$n$ 为候选措施数量，措施为针对网络攻击可以实施的具体处理方法。

（2）$DP = \{dp_0, dp_1, \cdots, dp_{m-1}\}$ 是一个依据网络拓扑信息获取的可以部署措施的部署点集合，其中，$m$ 为候选部署点数量，部署点为可以部署并执行措施的安全设备。

（3）$k \in K \left( K \subseteq \{0\} \cup N^+ \right)$ 代表部署措施至部署点的时序，其中 $N^+$ 为正整数集合。

（4）$ed \in \{0\} \cup N^+$ 代表所选措施执行的时长，需要注意的是，该执行时长以时间单元秒、分、时等为单位，时间单元的单位可由用户进行设定。

（5）定义针对一次攻击的响应策略 $\mathcal{J}$ 为一个元策略的集合，即 $\mathcal{J} = \{\mathbb{I}_1, \mathbb{I}_2, \cdots, \mathbb{I}_l\}$，其中元策略定义为一个四元组，包含选取措施和该措施对应的部署点、部署时序、执行时长，即 $\mathbb{I} = \langle cm, dp, k, ed \rangle$，该元策略代表在第 $k$ 个时序下部署措施 cm 至部署点 dp 并随即执行 ed 个时间单元。

下面将确定候选措施集合与部署点集合、生成候选策略和迭代进化获取目标策略 3 个步骤对本入侵响应策略生成方法进行介绍。

（1）确定候选措施集合与部署点集合

根据接收的报警信息及网络拓扑结构，确定用于响应攻击的候选措施集合及部署点集合。其中措施集合包括阻塞某/某些 IP 地址、阻塞某/某些端口、阻塞所有流量、修改路由表、关闭/重启服务、关闭/重启设备、断开连接、关闭连接、漏洞修复、关闭进程、修改注册表、修改用户权限、修改文件访问权限、修改用户密码、服务迁移、数据备份、数据恢复等；部署点集合包括终端（固定终端、移动终端、卫星终端）、服务器、路由器、接入网关、互联网关、内容过滤设备、防火墙、密码设备、认证设备、VPN、蜜罐、交换机、调制解调器、集线器、桥接器等。

服务器接收报警信息，依据报警信息及网络拓扑信息，获取可以用于响应该攻击的候选措施集合与部署点集合。报警信息中包括报警 ID、攻击类型、攻击严重程度、报警置信度、攻击持续时长、攻击者 IP 地址、受攻击者 IP 地址、攻击者端口号、受攻击者端口号、攻击者 ID 及受攻击者 ID 等信息。

（2）基于措施、部署点和措施部署时序生成候选策略

将措施、部署点和措施部署的时序作为数组的 3 个维度，措施执行的时长作为数组中的元素，利用三维数组对候选策略进行编码并生成多个候选策略。

基于获取的候选措施集合、部署点集合和设置的措施的最大部署时序以及最大、最小执行时长，利用三维数组对候选策略进行编码并生成多个候选策略。其中，生成的候选策略可以随机生成或者由用户自定义地生成。图 6-22 为入侵响应策略生成方法中的策略编码示例。数组的 3 个维度分别代表候选措施、部署点及部署时序，数组中每个元素代表措施执行的时长，索引 $(i,j,k)$ 与元素 $\mathrm{ed}_{i,j,k}$ 组成一个元策略 $\mathbb{I}_{i,j,k}=\langle \mathrm{cm}_i,\mathrm{dp}_j,k,\mathrm{ed}_{i,j,k}\rangle$，意味着选中的措施 $\mathrm{cm}_i$ 在第 $k$ 个时序被部署至部署点 $\mathrm{dp}_j$ 并执行 $d_{i,j,k}$ 个时间单元。当该元策略中措施执行的时长 $d_{i,j,k}$ 大于零，代表该元策略为有效元策略，所有的有效元策略构成一个候选策略。

生成的初始策略满足以下限制条件：①同一部署点无法在同一部署时序下部署多个措施；②同一措施无法在多个时序被部署在同一部署点。

将以上限制条件形式化为 3 个约束。

①令 $\Psi(\mathrm{cm})=\{\mathrm{dp}_1,\mathrm{dp}_2,\cdots,\mathrm{dp}_m\}$ 为可部署措施 $\mathrm{cm}$ 的部署点集合，则不存在 $k\in K,\mathrm{dp}_j\in \mathrm{DP}\setminus\{\Psi(\mathrm{cm}_i)\}$，使 $\mathrm{ed}_{i,j,k}>0$。

②给定 $\mathrm{cm}_a\in \mathrm{CM},\mathrm{dp}_j\in \mathrm{DP},k\in K$，若 $\mathrm{ed}_{a,j,k}>0$，则不存在 $\mathrm{cm}_i\in \mathrm{CM}\setminus\{\Psi(\mathrm{cm}_a)\}$ 使 $\mathrm{ed}_{i,j,k}>0$。

③给定 $\mathrm{cm}_i\in \mathrm{CM},\mathrm{dp}_j\in \mathrm{DP},c\in K$，若 $\mathrm{ed}_{i,j,c}>0$，则不存在 $k\in K\setminus\{c\}$ 使 $\mathrm{ed}_{i,j,k}>0$。

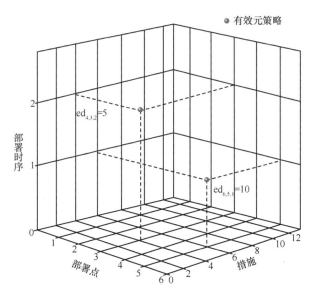

图 6-22 入侵响应策略生成方法中的策略编码示例

（3）迭代进化获取目标策略

根据攻击损失、安全收益和策略开销，确定适应度函数，基于遗传算法，对多个候选策略进行迭代进化，直至达到预设条件，获取目标策略，以实现入侵防御。

将生成的初始候选策略作为初始种群中的个体，通过迭代的个体交叉、变异、适应度计算及自然选择使种群中的个体不断进化，当达到预设条件，即迭代终止条件时，输出最终个体，即目标策略，用于实现入侵防御。其中，个体交叉、变异、适应度计算和自然选择为遗传算法中的基本步骤，交叉、变异、自然选择算子的选择依据用户需求与本方法中的三维编码方案相结合进行设计，交叉算子选择现有的单点交叉、双点交叉、均匀交叉、算术交叉及实数算术交叉等，变异算子选择现有的均匀变异、非均匀变异及边界变异等，自然选择算子选择现有的轮盘赌选择、排序选择及期待值选择等；预设条件即迭代终止条件根据用户需求进行设定，设置迭代终止条件为达到预定最大的迭代次数或个体适应度值在预定迭代代数内增幅小于预定阈值。

①攻击损失。根据攻击严重程度，选择攻击影响函数，根据攻击开始到响应攻击的时长和攻击影响函数，确定攻击损失。并采用 3 个影响方程来描述攻击损失、安全收益和服务质量影响随时间变化的趋势。

常数影响函数：$\varphi = w_1\left(w_1 \geqslant 0\right)$。

线性影响函数：$\varphi = \begin{cases} w_1 t + w_2, & w_1 t \geqslant -w_2 \\ 0, & \text{其他} \end{cases}$。

指数影响函数：$\varphi = e^{w_1 t + w_2}$。

其中，权重因子 $w_1$ 和 $w_2$ 根据需求分别设定。根据报警信息，首先提取其中的攻击持续时长并转化为时间单元数量作为响应开始时间；然后依据攻击严重程度对攻击影响函数进行选择，当严重程度高于设定阈值时，采用指数形式的攻击影响函数来描述攻击损失随时间的变化趋势；依据响应开始时间和攻击影响函数对攻击损失进行评估，攻击损失为从攻击发生到响应开始前攻击对系统造成的累积影响，因此，计算攻击影响函数从零到响应开始时间内的积分并将其作为攻击损失，如式（6-50）所示。

$$\mathrm{AD} = \int_0^\lambda \varphi_{\mathrm{AD}}(t)\mathrm{d}t \tag{6-50}$$

其中，$\lambda$ 为响应开始时间，$\varphi_{\mathrm{AD}}(t)$ 为根据攻击严重程度选择的攻击影响函数。

②安全收益。本方法中策略的安全收益通过漏洞覆盖收益进行评估，根据每一元策略覆盖漏洞的收益增益之和，确定安全收益。其中，收益增益为元策略对该漏洞的覆盖收益与该元策略部署前其他元策略对漏洞的最大覆盖收益相比的增益。

首先，根据每一元策略在对应部署点的有效性及对应的累计安全收益，确定每一元策略对相应漏洞的覆盖收益。对于每个元策略对其覆盖的某个漏洞的覆盖收益的评估，考虑该元策略中的选取措施部署在相应部署点的有效性，以及该元策略在措施执行期间的累积安全收益，如式（6-51）所示。

$$\mathrm{SB}_{v,\mathbb{I}_{i,j,k}} = E_{\mathrm{cm}_i,\mathrm{dp}_j} \mathrm{TSB}_{v,\mathbb{I}_{i,j,k}} \tag{6-51}$$

其中，$E_{\mathrm{cm}_i,\mathrm{dp}_j}$ 为措施 $\mathrm{cm}_i$ 部署在部署点 $\mathrm{dp}_j$ 的有效性，该有效性取值范围为 $[0,1]$；$\mathrm{TSB}_{v,\mathbb{I}_{i,j,k}}$ 为元策略 $\mathbb{I}_{i,j,k}$ 在时间段 $[\mathrm{ts,te}]$ 内的累计安全收益，其中，ts 和 te=ts+$\mathrm{ed}_{i,j,k}$ 分别为元策略中的措施 $\mathrm{cm}_i$ 的执行开始和结束时间单元，$\mathrm{TSB}_{v,\mathbb{I}_{i,j,k}}$ 计算式如式（6-52）所示。

$$\mathrm{TSB}_{v,\mathbb{I}_{i,j,k}} = \begin{cases} \int_{\mathrm{ts}}^{\mathrm{te}} \varphi_{\mathrm{SB}_{v,\mathbb{I}_{i,j,k}}}(t)\mathrm{d}t, \mathrm{ed}_{i,j,k} > 0 \\ 0, \mathrm{ed}_{i,j,k} = 0 \end{cases} \tag{6-52}$$

其中，$\varphi_{\mathrm{SB}_{v,\mathbb{I}_{i,j,k}}}(t)$ 为根据元策略中措施部署的有效性设置的常数影响函数、线性影响函数和指数影响函数中的一种。

在计算漏洞覆盖增益的基础上，获取策略中的所有元策略及每个元策略覆盖的漏洞列表，将策略安全收益定义为每个元策略覆盖的漏洞的收益增益之和，如式（6-53）所示。

$$\mathrm{SB}(\mathcal{J}) = \sum_{i<n}\sum_{j<m}\sum_{k<q}\sum_{v\in V(\mathrm{cm}_i,\mathrm{dp}_j)} \Delta\mathrm{SB}_{v,\mathbb{I}_{i,j,k}} \tag{6-53}$$

其中，$V\left(\mathrm{cm}_i,\mathrm{dp}_j\right)$ 为措施 $\mathrm{cm}_i$ 部署在部署点 $\mathrm{dp}_j$ 所覆盖的漏洞列表，$\Delta\mathrm{SB}_{v,\mathbb{I}_{i,j,k}}$ 为部署元策略 $\mathbb{I}_{i,j,k}$ 带来的对漏洞 $v$ 的覆盖增益；元策略对某漏洞的覆盖增益为该元策略对该漏洞的覆盖收益与该元策略部署前对该漏洞的最大覆盖收益相比的增益，具体计算式为

$$\Delta\mathrm{SB}_{v,\mathbb{I}_{i,j,k}} = \begin{cases} 0, & \Delta\mathrm{SB}_{v,\mathbb{I}_{i,j,k}} - \Delta\mathrm{SB}_{v,\mathbb{I}_{i',j',k'}} \leqslant 0 \\ \Delta\mathrm{SB}_{v,\mathbb{I}_{i,j,k}} - \Delta\mathrm{SB}_{v,\mathbb{I}_{i',j',k'}}, & \text{其他} \end{cases} \tag{6-54}$$

其中，$\Delta SB_{v,\mathbb{I}_{i,j,k}}$ 为元策略 $\mathbb{I}_{i,j,k}$ 对漏洞 $v$ 的覆盖增益，$\mathbb{I}_{i',j',k'}$ 为元策略 $\mathbb{I}_{i,j,k}$ 部署前对漏洞 $v$ 具有最大覆盖收益的元策略。

③策略开销。策略开销包括部署成本和服务质量影响。

首先，计算部署成本。根据每一元策略的开销，确定每一元策略的部署成本，将策略中所有元策略的部署成本总和作为策略的部署成本；其中，每一元策略的开销包括元策略中措施的部署时长、措施的资源消耗水平及部署点的重要程度。部署成本 $\mathrm{DC}(\mathcal{J})$ 为部署策略 $\mathcal{J}$ 需要消耗的资源，将其计算为策略中每个元策略的部署成本之和，即

$$\mathrm{DC}\left(\mathcal{J}\right) = \sum_{i<n}\sum_{j<m}\sum_{k<q} \mathrm{DC}_{\mathbb{I}_{i,j,k}} \tag{6-55}$$

其中，$\mathrm{DC}_{\mathbb{I}_{i,j,k}}$ 为元策略 $\mathbb{I}_{i,j,k}$ 的部署成本。对于每个元策略的部署成本的评估，考虑选取措施的部署时长、措施的资源消耗水平及部署点的重要程度，具体计算式为

$$\mathrm{DC}_{\mathbb{I}_{i,j,k}} = \begin{cases} \mathrm{DT}\left(\mathrm{cm}_i\right)^{\alpha} \mathrm{RS}\left(\mathrm{cm}_i\right)^{\beta} \mathrm{Im}\left(\mathrm{dp}_j\right)^{\gamma}, & \mathrm{ed}_{i,j,k} > 0 \\ 0, & \mathrm{ed}_{i,j,k} = 0 \end{cases} \tag{6-56}$$

其中，$\mathrm{DT}\left(\mathrm{cm}_i\right)$ 为措施 $\mathrm{cm}_i$ 的部署时间，$\mathrm{RS}\left(\mathrm{cm}_i\right)\in N^+$ 为措施 $\mathrm{cm}_i$ 的资源消耗水平，$\mathrm{Im}\left(\mathrm{dp}_j\right)\in N^+$ 为部署点 $\mathrm{dp}_j$ 的重要程度，$\alpha$、$\beta$ 和 $\gamma$ 为影响权重因子。

其次，计算服务质量影响。根据每一元策略对直接影响服务的影响程度，以

及元策略中措施的执行时长，并结合直接影响服务的重要程度，确定每一元策略对直接影响服务的服务质量的影响；根据每一元策略间接影响服务对直接影响服务的依赖程度，以及每一元策略中措施执行的时长，并结合间接影响服务的重要程度和元策略对间接影响服务的影响程度，确定每一元策略对间接影响服务的服务质量影响；根据所有元策略对直接影响服务的服务质量影响，和对间接影响服务的服务质量影响的总和，确定对应策略的服务质量影响。服务质量影响 $\mathrm{IQ}(\mathcal{J})$ 为策略 $\mathcal{J}$ 执行后对服务质量带来的负面影响。将其计算为每个元策略的直接服务质量影响和间接服务质量影响之和，如式（6-57）所示。

$$\mathrm{IQ}(\mathcal{J}) = \sum_{i<n}\sum_{j<m}\sum_{k<q}\left(\mathrm{DIQ}_{\mathbb{I}_{i,j,k}} + \mathrm{II}_{\mathbb{I}_{i,j,k}}\right) \tag{6-57}$$

其中，$\mathrm{DIQ}_{\mathbb{I}_{i,j,k}}$ 和 $\mathrm{II}_{\mathbb{I}_{i,j,k}}$ 分别为部署元策略 $\mathbb{I}_{i,j,k}$ 的直接服务质量影响和间接服务质量影响。在对每个元策略的直接服务质量影响的评估中，同时考虑该元策略直接影响的服务及其重要程度，以及措施执行时间段内对直接影响的服务造成的累积影响，如式（6-58）所示。

$$\mathrm{DIQ}_{\mathbb{I}_{i,j,k}} = \sum_{s_p \in S_{\mathbb{I}_{i,j,k}}} \mathrm{Im}\left(s_p\right)\mathrm{Imq}_{s_p,\mathbb{I}_{i,j,k}} \tag{6-58}$$

其中，$S_{\mathbb{I}_{i,j,k}}$ 为元策略 $\mathbb{I}_{i,j,k}$ 直接影响的服务列表，$\mathrm{Im}\left(s_p\right) \in [0,1]$ 为服务 $s_p$ 的重要程度，$\mathrm{Imq}_{s_p,\mathbb{I}_{i,j,k}}$ 为元策略 $\mathbb{I}_{i,j,k}$ 对服务 $s_p$ 的累积影响，如式（6-59）所示。

$$\mathrm{Imq}_{s_p,\mathbb{I}_{i,j,k}} = \int_0^{\mathrm{ed}_{i,j,k}} \varphi_{\mathrm{IQ}_{s_p,\mathbb{I}_{i,j,k}}}\left(t\right)\mathrm{d}t \tag{6-59}$$

其中，$\varphi_{\mathrm{IQ}_{s_p,\mathbb{I}_{i,j,k}}}\left(t\right)$ 为依据服务重要程度以及元策略影响该服务的严重程度设置的常数影响函数、线性影响函数和指数影响函数中的一种。

在对每个元策略的间接服务质量影响的评估中，同时考虑该元策略间接影响服务的重要程度、这些服务对该元策略直接影响服务的依赖程度，以及措施执行时间段内对间接影响服务的累积影响，如式（6-60）所示。

$$\mathrm{IIQ}_{\mathbb{I}_{i,j,k}} = \sum_{s_p \in s_{\mathrm{cm}_i}}\sum_{s_l \in D\left(s_p\right)} d_{l,p}\mathrm{Im}\left(s_l\right)\mathrm{Imq}_{s_l,\mathbb{I}_{i,j,k}} \tag{6-60}$$

其中，$D\left(s_p\right)$ 为依赖于服务 $s_p$ 的服务列表，$d_{l,p} \in [0,1]$ 为服务 $s_l$ 对服务 $s_p$ 的依赖程度。

④适应度函数。在进行个体适应度计算时，考虑攻击损失、部署成本、服务质量影响及安全收益等属性，适应度函数设计如式（6-61）所示。

$$\phi\left(\mathcal{J}\right)=\frac{\mathrm{SB}\left(\mathcal{J}\right)}{\mathrm{AD}+\mathrm{DC}\left(\mathcal{J}\right)+\mathrm{IQ}\left(\mathcal{J}\right)} \tag{6-61}$$

其中，AD 为攻击损失，$\mathrm{DC}\left(\mathcal{J}\right)$、$\mathrm{IQ}\left(\mathcal{J}\right)$ 和 $\mathrm{SB}\left(\mathcal{J}\right)$ 分别为策略 $\mathcal{J}$ 的部署成本、服务质量影响和安全收益。

入侵响应策略生成方法在考虑选取措施及其部署点、部署时序和执行时长的情况下，选择响应效用高的策略，保证生成策略的准确性，获得更高的响应效用，能够很好地应用于入侵响应系统。

# 参考文献

[1] 李凤华, 王彦超, 殷丽华, 等. 面向网络空间的访问控制模型[J]. 通信学报, 2016, 37(5): 9-20.

[2] 谢绒娜, 郭云川, 史国振, 等. 面向数据跨域流转的延伸访问控制机制[J]. 通信学报, 2019, 40(7): 67-76.

[3] FANG L, YIN L H, GUO Y C, et al. Resolving access conflicts: an auction-based incentive approach[C]//Proceedings of 2018 IEEE Military Communications Conference. Piscataway: IEEE Press, 2018: 52-57.

[4] 房梁, 殷丽华, 李凤华, 等. 基于谱聚类的访问控制异常权限配置挖掘机制[J]. 通信学报, 2017, 38(12): 63-72.

[5] 李凤华, 谈苗苗, 赵甫, 等. 一种抗隐蔽通道的信息隔离方法及装置: 201410363940.7[P]. 2015-01-07.

[6] 朱辉, 温凯, 李晖, 等. 轻量级的虚拟机访问控制系统及控制方法: 201610981705.5[P]. 2017-03-22.

[7] 朱辉, 宋超, 李晖, 等. 云平台虚实互联环境下多任务安全隔离系统及方法: 201710225004.3[P]. 2017-12-01.

[8] 王震, 李凤华, 段晨健, 等. 一种网络系统漏洞风险评估方法及装置: 201910451071.6[P]. 2019-08-30.

[9] 朱辉, 李晖, 张卫东, 等. 通用网络安全管理系统及其管理方法: 200910023082.0[P]. 2009-11-18.

[10] 朱辉, 李晖, 尹钰, 等. 网络设备统一配置系统及其配置方法: 200910023078.4[P]. 2009-11-18.

[11] 李凤华, 李勇俊, 郭云川, 等. 入侵响应措施确定方法及装置: 201910511652.4[P]. 2019-09-13.

[12] 郭云川, 李凤华, 张晗, 等. 入侵响应策略生成方法及装置: 201910511661.3[P]. 2019-09-27.

# 第 7 章
# 泛在网络安全服务的未来发展趋势

从泛在网络数据安全流转、高并发数据安全服务、实体身份认证与密钥管理、网络资源安全防护 4 个方面，结合最新技术发展对泛在网络安全服务的未来发展趋势和研究方向进行了展望。

## 7.1 数据安全流转

### 7.1.1 多源信息动态汇聚

当前泛在网络数据向中心的汇聚过程缺少考虑数据源特性和差异化安全需求的汇聚机制，导致汇聚效率和安全策略不能满足实际需求。针对泛在网络信息多源异构、多层次差异化部署、业务系统管理主体多元等特点，围绕信息可控安全的差异化分层汇聚，开展信息的动态汇聚管理策略、跨级可控安全传输管理机制、海量信息的高效组织与消冗压缩、自适应增量差分传输控制、传输路径与时机优化调度等方面的研究。

### 7.1.2 多源异构数据可信认证

目前数据验证技术效率较低，并存在数据泄露的风险，不适合海量异构多源数据的可信验证，且现有的机制很少处理数据流转过程的验证以及离散数据块的完整性验证。针对数据来源多样、异构海量、敏感级差异、广域共享等特点和需求，围绕多源异构数据全生命周期可信认证，考虑验证密钥切换、数据流转形式等因素对数据认证速度的影响，开展适应传输/汇聚/存储/使用等环节的批量/零散数据认证、轻量级数据源认证与传播路径验证、高效可聚合签名与验签、防数据泄露的分权式数据完整性验证、支持数据动态频繁更新的多元数据批量/零散验证等方面的研究。

## 7.2 高并发数据安全服务

### 7.2.1 一体化密码按需服务架构

现有密码服务架构大多针对特定系统定制设计，不能适应泛在网络密码服务能力动态调整重构、密码服务资源按需调配的需要。针对泛在网络的接入链路、骨干网、管控信息传输等方面的密码服务需求，以及泛在网络动态变化、业务随机多样、用户连接并发频繁等带来的动态密码计算困难的问题，围绕泛在网络的密码按需服务需求，开展跨域分层密码按需服务架构、可重构的高性能密码服务计算架构、密码资源跨域联合管理模型、跨域密码资源管理协议、全网密码装置监管协议、密码计算的层次结构及业务服务虚拟化、设备/模块间计算资源虚拟化管理机制、服务状态跨层跟随的管理机制等方面的研究。

### 7.2.2 跨域密码资源动态管理与监控

现有密码资源管理都是针对单一安全域的，由于各安全域的管理策略各不相同，网络连接复杂，现有机制难以实现跨域密码资源统一管理。针对泛在网络设备类型多、密码资源多、分区分域复杂、行政管理归属复杂等特点，围绕跨域密码资源动态管理与监控，开展一体化网络密码资源跨域管理、域内域间异构链路密码资源动态分发与参数配置、密码算法与协议重构策略、密码资源动态加载、密码计算动态调度、密码装置状态监管等方面的研究。

### 7.2.3 虚拟化的高并发密码服务调度

现有密码服务方式不能适应云计算服务模式对多租户差异化密码服务虚拟化、海量高并发作业调度的应用要求。针对泛在网络业务动态扩展、网络资源弹性重构、亿级终端数量等特点，围绕千万量级在线并发密码作业调度，开展密码计算资源虚拟化、密码服务高并发调度、亿级密钥管理、在线高并发的密码服务状态管理、密码作业服务管理与迁移、多密码算法并发调度、多算法/多密钥/多数据流随机交叉加解密等方面的研究。

### 7.2.4 高性能密码计算平台与安全防护

当前密码计算平台在工作时仅支持算法静态重构，缺乏动态重构能力和算法状态快速切换的能力，在服务性能线性增长方面也存在欠缺。针对密码计算平台高效运行、状态可管理、资源可重构以及安全防护的需求，围绕密码计算平台高效实现、动态重构、安全防护，开展计算平台运行状态高效管理机制、单模块多算法多核按需高效调度、密码算法快速切换、密码算法动态重构、密码计算平台安全防护等方面的研究。

## 7.3 实体身份认证与密钥管理

### 7.3.1 多元实体跨管理域身份认证

当前通用场景下的跨域认证方案认证效率低，不适于当前复杂应用场景下融合多种不同类型用户的高效跨域认证。针对认证体制多样、身份多元、多域交叉认证、跨域可信访问等特点和需求，围绕数据所有者和访问实体的跨域可信身份认证，充分考虑设备安全防护差异、接入环境、管理模式等因素对身份认证效率的影响，开展多元实体跨管理域身份认证、支持高并发与多种鉴别方式的实体跨域认证协议、跨域规模化实体多身份统一管理、差异化物性特征抽取与内生特征生成、场景自适应的多因子按需组合接入认证、基于信任迁移的跨域交叉认证等方面的研究。

## 7.3.2 信任动态度量与信任链构建

当前信任度量的研究大多数仅针对单一管理域内的特定应用场景中的特定信任主体来构建信任体系，缺乏针对跨系统/跨信任域等复杂网络场景下的多元实体（包括用户、节点以及服务提供者）间的融合信任度量模型。针对信任体制多样、实体多域分布、信任关系动态变化、多信任域交叉认证等特点和需求，围绕实体跨管理域的多元身份高效鉴权，充分考虑用户主观感知、主体关系变化、实体跨域移动等对信任度的影响，开展融合声誉/策略/行为等因素的信任动态度量模型、多信任体制下跨域实体信任关联与迁移、隐私保护的实体信任动态评估、跨信任域的多源实体信任关联、移动实体跨域接入的信任迁移、信任关系动态管理维护与可信保持等方面的研究。

# 7.4 网络资源安全防护

## 7.4.1 跨域访问控制模型

1. 面向跨域数据受控共享的访问控制模型

目前新型应用环境下的访问控制模型主要聚焦于云计算和在线社交网络环境。但这些模型的本质仍是建模单域内数据控制，不适用于控制数据跨域流动；此外，这些模型未将多个要素进行融合控制，忽略了信息所有权和管理权分离等特征，不能直接建模跨管理域/跨安全域/跨业务系统的数据按需受控使用。针对数据异构多源、跨域受控共享、用户身份多样、权限动态变化等特点和需求，围绕复杂应用环境下跨域的数据有序受控共享，充分考虑主体/客体/传输网络/安全域/密级等要素与属性对访问控制的影响，开展支持动态网络拓扑/安全需求差异化的访问控制模型、信息单向传输的资源控制模型、跨物理隔离的信息传播控制模型、多层级多域安全互联协同控制、数据跨域流转的动态逻辑关系生成、业务/管理/接入等多维操作与访问控制模型关联映射等方面的研究。

### 2. 复杂应用环境下的数据访问安全模型

当前的数据访问安全模型仅考虑读/写等操作及其规则，忽略了复杂应用环境下跨业务/管理/接入等系统中的其他操作与规则，不能满足数据访问安全性评估的需要。针对数据的所有权/管理权分离、安全敏感性差异、应用场景复杂、操作安全形式化评估等特点和需求，围绕复杂应用环境下数据操作规则制定与安全评估，充分考虑跨层级跨域异构数据访问对安全模型的影响，开展跨业务/管理/接入等维度的域内/域外/衍生数据安全访问、访问操作原语抽象与串并安全组合、原语安全操作规则构建，以及面向数据业务、系统监管、网络接入的访问安全模型及其组合方法等方面的研究。

### 3. 场景适应的访问控制策略生成与冲突消解

现有冲突检测存在效率与可靠性间平衡问题，策略生成技术只适用于简单语义环境，缺乏有效的策略分发与部署机制，未考虑不同节点间协同。针对数据多源持续汇聚、跨域受控共享、权限动态变更等特点和需求，围绕跨层级、跨系统、跨域的访问控制策略按需动态生成，充分考虑策略分发与更新操作、应用场景变换等对访问控制效果的影响，开展异构数据跨域交换的访问控制策略归一化描述、冲突检测与快速消解、复杂语义的访问控制策略自动生成与指令分解、指令协同有序分发与有效性验证、场景适应的访问策略动态调整、多源访问策略快速匹配等方面的研究。

## 7.4.2 海量异构数据动态授权与延伸控制

### 1. 海量异构数据的安全标记

目前数据标签技术主要聚焦于挖掘单数据域单类型的标签，缺乏海量多源异构数据的归一化描述。针对数据异构海量、安全敏感性差异、多副本留存等特点和需求，围绕海量异构数据的精准描述与自动细粒度标记，充分考虑数据属性、环境特性、用户特征等因素对数据使用授权的影响，开展面向海量多源异构数据的数据标签归一化描述、基于语义与规则的控制属性向量发现、控制属性向量/审计控制信息/传播控制操作等多维属性形式化、海量标签分级自动融合、基于标签属性的差异化数据按语义自动标识等方面的研究。

### 2. 多信任体制下场景自适应的动态授权

现有访问权限的调整主要基于风险和时间等要素，尚未做到权限随访问场景变化而自适应调整。针对跨域访问时信任体制多样、用户身份多元、数据敏感等级动态变化、动态访问授权等特点和需求，围绕跨信任域数据访问权限的细粒度动态分配，充分考虑信任体制间/内评价、主体/数据属性等因素对访问授权的影响，开展环境自适应的跨信任体制多授权策略动态映射、多因素融合决策的动态授权管理、涵盖实体/身份/资源属性/传播路径等要素的授权策略关联与合成、基于属性加密的细粒度权限分配、差异化节点访问权限自适应调整等方面的研究。

3. 跨系统信息交换的延伸控制

现有访问控制均基于单系统完成，跨系统信息交换由于所有权与管理权分离，难以实现信息的延伸控制。针对不同信息系统的信任体制多样、防护能力差异、数据所有权/管理权分离、跨系统受控共享等特点和需求，围绕数据全生命周期的可管可控，充分考虑数据跨系统流转、用户多次转发、多副本并存等对数据跨系统管控的影响，开展数据跨系统共享延伸控制机制、场景/时空/内容/权限等多要素约束条件的归一化描述、权限/约束条件跟随的延伸策略安全绑定、基于标记与访问审计的共享过程监测、数据异常共享判定与溯源等方面的研究。

## 7.4.3  泛在网络场景下威胁检测与处置

1. 异常行为深度精准感知

现有异常行为的采集大多基于网络流量、系统日志等，缺乏深度内嵌式多层联动的异常数据采集机制，异常行为感知准确率不高。针对泛在网络的运行环境开放、业务系统差异化等特点，围绕低误报率、低传输开销的深度精准感知，开展内嵌式多层联动的异常行为感知框架、涵盖泛在网络服务/管理/应用相关系统和设备的多种深度感知、感知器优化部署与动态扩展、威胁驱动下的多层联动优化采集、协议本地深度解析等方面的研究。

2. 多维度融合分析和态势预警

现有多维度融合分析和态势预警方法在异常行为特征的表征标记、多源信息的融合处理方面距实际要求还有差距。针对泛在网络服务体系的差异化异常行为信息融合、时间/系统联动分析、全网/区域态势预警等需求，围绕快速发现泛在网络服务的各类攻击行为，开展深度融合分析和安全态势预警框架、异常行为特征提取和安全事件智能研判、多源异常行为信息归一化处理与关联标注、多维融合分析、多方协同的仿冒行为监测、安全风险态势预警等方面的研究。

### 3. 安全事件追踪溯源和应急联动处置

当前针对安全事件的追踪溯源和应急联动处置虽有大量研究，但是限于泛在网络复杂的网络连接和跨域管理，追踪溯源和应急联动处理可能面临许多困难。针对泛在网络的分级管理分层部署、跨系统协同、区域定位与隔离等需求，围绕安全事件精准追溯、分级分层的应急联动处置，开展安全事件的跨层联动控制模型、异常流转快速研判、异常行为协同阻断、攻击路径和区域准确定位、自适应联动策略自动生成、协同处置命令自动分解与下发、联动响应预案智能调整等方面的研究。